기초부터 쉽게 배우는

정역학 Statics

김성일 지음

KYOWOO

머리말

정역학은 어려웠다 !

아니다. 개념과 원리를 알고 나니 쉬웠다 !

물리와 수학의 기초가 부족하더라도 기초부터 배울 수 있는 교재가 있으면 좋겠다 !

정역학은 공과대학이나 공학관련 교육과에서 배우고 있는 필수 교과목이고 기사 자격증 시험, 공무원 시험, 임용 시험, 취업 시험 등을 위해 필수적으로 공부해야 하지만, 기초가 부족하여 정역학 문제 풀이가 어렵다고 한다. 수업을 하면서 학생들이 어려워하는 부분이 무엇인지를 분석한 결과, 먼저 힘의 평형, 힘의 방향, 힘의 작용과 반작용 등의 이해가 어렵다고 하였으며, 수학과 물리의 내용이 포함되어 있어 더욱 어렵다고 한다. 특히, 고등학교에서 물리를 배우지 않았고, 문과에서 수학을 배우지 않은 학생들은 수학과 물리의 기초가 없어서 더 어렵다고 하였다. 따라서, 수학과 물리, 역학에 대한 기초가 부족한 학생들을 위해 기초부터 쉽게 이해하고 풀이하는 교재가 필요할 것이다.

이 교재는 고등학교에서 수학과 물리를 어려워하였거나 수학과 물리를 배우지 않았던 학생들도 정역학 문제를 쉽게 풀어낼 수 있도록 수학과 물리의 기초, 역학의 기초 개념을 그림과 함께 역학의 원리를 자세하게 설명하였다. 예제를 통해서 기본 개념을 배울 수 있도록 하였고, 문제 풀이에 자신감이 생길 수 있도록 연습 문제를 제시하였고 연습 문제 풀이를 기초부터 자세하게 설명하여 이해하기 쉽도록 구성하였다.

이 교재를 통하여 수학이나 물리의 기초가 부족한 공과대학의 학생들과 정역학을 배우는 공학관련 교육과의 학생들이 정역학의 개념을 쉽게 이해하고 자신감을 가져 바라는 목표가 이루어지길 바란다. 끝으로 책의 출판을 위해 도움을 주신 교우사 관계자에게 고마움을 전한다.

2022년 3월

김 성 일

C·O·N·T·E·N·T·S

목차

목차

C·O·N·T·E·N·T·S

Ⅰ 역학의 개념

역학의 기본 힘을 받고 있는 물체의 정지 상태에 대한 해석은 정역학(statics), 힘을 받고 있는 물체의 운동 상태에 대한 해석은 동역학(dynamics)이다.

정역학이란 물체에 여러 종류의 힘이 작용하였을 때 물체의 상태에 변화가 없다면 평형 상태에 있다고 하며, 정지하고 있는 시스템이나 등속 직선운동을 하고 있는 시스템과 이러한 운동 상태를 만들어 주는 힘 사이의 관계를 주로 다루며 재료역학 및 설계 등 여러 가지 다른 학문을 이해하는데 도움이 되는 학문이다. 물체의 상태 변화가 없는 평형 상태의 힘을 다룬다.

정역학을 기초로 배우는 이유는 기계 역학(동역학, 재료역학, 설계 등), 건축, 토목의 역학을 배우는데 가장 기초가 되는 역학이다.

동역학은 운동하는 물체나 물체에 가해진 힘으로 인해 발생하는 물체의 운동을 다루는 학문이다.

재료 역학은 외력에 대하여 재료가 충분한 강도(strength)와 강성도(rigidity)를 가질 수 있도록 형상과 치수를 결정하는데 필요한 학문

- 재료는 연속체이며 고체이며, 균질이며 등방성을 가지고 있으며, 외력을 작용하면 재료의 내부에 응력(내력)이 발생하고 외력을 제거하면 내력이 소멸된다. 외력에 대한 변형은 탄성한도 이내에서는 외력에 비례하고 외력을 제거하면 변형도 소멸된다고 가정하면서 문제를 풀이 한다.

정역학에서 수학과 물리학이 도움이 되는지요?

정역학에서 물리의 법칙을 다루기 때문에 물리학이 도움이 되며, 물리나 역학은 수학적으로 표현하기 때문에 수학이 필요한 것이다. 물리학이나 수학이 어렵다면 기초부터 이해하는 것이 필요하다.

1 기본 개념

◦ **하중** : 각 부재에 능동적으로 작용하는 힘이고, 반력은 각 부재에 수동적으로 작용 받는 힘이다.

◦ **집중 하중과 분포 하중** : 집중 하중은 한 점에 집중적으로 작용하는 힘이고, 분포 하중은 어떠한 범위에 걸쳐서 작용하는 하중이다.

◦ **정하중**(static load)
시간의 흐름에 관계없이 크기와 방향이 항상 일정한 하중
축 하중 : 축 방향으로 작용하여 재료가 인장되는 인장 하중이나 축 방향으로 압축하는 압축 하중
전단 하중 : 종이를 가위로 잘라내듯이 작용하는 하중
비틀림 하중 : 힘의 전달에 수건을 짜듯이 비틀림 모멘트를 일으키는 하중
굽힘 하중 : 하중의 작용으로 재료를 굽혀지게 하는 하중

◦ **동하중**(dynamic) : 시간의 흐름에 따라 변하는 하중
반복 하중 : 같은 크기로 반복해서 작용하는 하중
교번 하중: 하중의 크기와 방향이 교대로 변화하는 하중
이동 하중: 물체 상에서 이동하면서 작용하는 하중

◦ **2차원 공간과 3차원 공간** :

2차원 공간: $x-y$ 2개 축으로 이루어진 공간으로 평면이다.

3차원 공간: $x-y-z$ 3개 축으로 이루어진 공간이며 입체이다.

보통 사람이 보는 공간은 3차원이지만, 보통 정역학은 2차원 공간에 작용하는 힘을 기초로 배우고 3차원 공간을 배운다.

◦ **질량** : 장소에 관계없이 일정한 값이다(단위 : kg, 지구에서나 달에서 같은 값이다)

◦ **무게** : 질량 1 kg의 물체에 작용하는 중력(1 kg의 무게). 1 kgf = 9.80665 N

예제 질량(10 kg)을 지닌 물체가 받는 지구에서와 달에서 받는 중력의 크기는 :

풀이 달에서 물체의 무게는 지구에서의 무게((10kg×약 10(=9.8 m/s^2) = 약 100 N)보다 $\frac{1}{6}$ 정도로 작으므로(10×10(×$\frac{1}{6}$)) = 약 17N 이다.

예제 질량 1 kg의 무게(W)를 구하시오.

풀이 무게(W)= 질량×중력 가속도, 1 kgf(kg 중)로 표기함

$W = mg$ = 1 kg × 9.80665 m/s^2 = 9.80665 kg·m/s^2 = 9.80665 N

(보통 중력 가속도 g = 9.8 m/s^2 을 사용하고 있다.)

※ 몸무게는 왜 kg으로 표기하지요?

몸무게의 단위는 kgf(kg 중), N (질량 60 kg×약 10(약 9.8 m/s^2) = 약 600N)이지만, 몸무게는 항상 지구에서 측정하므로 편리하게 중력을 빼고 kg으로 하고 있다.

◦ **부피** : 물질이 차지하는 공간의 크기(가로×세로×높이) (단위 : cm^3, m^3 또는 mL, L)

예제 물체의 길이는 2 m, 폭은 1 m, 높이가 1 m 라고 한다면 이 물체의 부피(V, volume)를 구하시오.

풀이 $V = 2\ m \times 1\ m \times 1\ m = 2\ m^3$

◦ **밀도**

밀도(density, ρ : 로우) : 어떤 물질 단위 체적(부피)($V = 1m^3$, $1cm^3$)당 질량(g, kg)이며, 밀집된 정도를 나타낸다. 기체는 온도가 높아질수록, 압력이 작아질수록 부피가 커지면서 밀도가 감소한다.

$$\text{밀도}(\rho) = \frac{\text{질량}}{\text{단위체적(부피)}} = \frac{m}{V}$$

단위: [g/mL, kg/L(액체), g/cm², kg/m²(고체)]

$1kg/L = 1000\ kg/m^3$ ($1\ g/mL = 1g/cm^3$)

물의 밀도(ρ_w) : 표준 대기압(1 atm), 4℃에서 체적 $1\ m^3$의 순수한 물의 질량은 1,000kg이므로 물의 밀도 ρ_w는

$$\rho_w = \frac{1,000}{1} = 1,000\ kg/m^3$$

◦ **비중**(specific gravity)

유체의 밀도(ρ)를 순수한 물의 밀도(ρ_w)로 나누거나, 물질의 비중량(γ: 감마)을 순수한 물의 비중량(γ_w)으로 나눈 값이다. 물의 밀도나 물의 비중량을 기준으로 한다.

물질의 비중(S)은 다음 식과 같다.

$$\text{비중}\ (S) = \frac{\text{어느 물질의 밀도}(\rho)}{\text{물의 밀도}(\rho_w)} = \frac{\text{어느 물질의 비중량}(\gamma)}{\text{물의 비중량}(\gamma_w)}$$

어느 물질의 밀도(ρ) = 물의 밀도(ρ_w)×비중(S)

어느 물질의 비중량(γ) = 물의 비중량(γ_w)×비중(S)

◦ **비중량**(specific weight)

어떤 물질 단위 체적(부피)($V = 1\ m^3,\ 1\ cm^3$)당 유체의 중량(무게) W이며, 식은 아래와 같다

$$비중량(\gamma) = \frac{W(중량,\ 무게)}{V(단위체적)} = \frac{mg}{V} = \frac{m}{V} \times g = \rho g\ [N/m^3]$$

여기서 g [m/s²]는 중력 가속도이다.

표준 대기압(1 atm), 4℃에서 단위체적당 순수한 물의 비중량(γ_w)은

γ_w = 물의 밀도(ρ_w) $[kg/m^3] \times 9.8\ [m/s^2] = 1{,}000 \times 9.8 = 9{,}800\ [N/m^3] = 9.8\ [kN/m^3]$

비중과 물의 밀도가 주어져 있으면 물체의 밀도를 알 수 있다.
질량을 구하기 위해서는 물체의 부피와 물체의 밀도를 알아야 한다.
무게를 구하기 위해서는 질량과 중력 가속도를 알아야 한다.

- 물의 비중량(specific weight, γ (감마)) : 1,000 kgf/㎥ (단위체적당 중량)
  여기서 1kgf = 9.8 N = 1 kg × 9.8 m/s²
- 비체적(specific volume, v) : 단위질량 당 체적(밀도의 역수 ㎥/kg)
- 비중(specific gravity, s) : 1 atm, 4℃의 물에서 물의 질량과 어떤 물질의 질량비

◦ **압력(세기), 응력** : 압력은 단위면적에 작용하는 힘, 압력(P)=힘(N)/면적(m²) $P = \frac{F}{A}$

응력(σ , 시그마) = $\frac{P}{A}$(단위 면적당 작용하는 힘)

예제 비중이 4이고 물의 밀도가 1,000 kg/㎥이라면 물체의 밀도는 얼마인가 ?
이 물체의 부피가 가로×세로×높이(2 m×1 m×1 m)라면 물체의 질량은 얼마인가?
또한 이 물체의 무게는 얼마인가 ? (단, 중력 가속도(g)는 10 m/s²로 계산하시오)

풀이 비중은 물체의 밀도를 물의 밀도로 나눈 값이다.

$$비중(S) = \frac{물체의\ 밀도}{물의\ 밀도} = \frac{물체의\ 밀도}{1,000\ kg/m^3} = 4$$

따라서, 물체의 밀도 = 1,000 kg/m³×4 = <u>4,000 kg/m³</u>

물체의 질량을 구하기 위해서는

물체의 질량(m) = 물체의 밀도(ρ) × 물체의 부피(V)

= 4,000 kg/m³ × 2 m³ = 8,000 kg

물체의 무게 (W) = 질량(m) × 중력 가속도(g) 이므로

= 8,000 kg × 10 m/s² = 80,000 kg·m/s²

(1 N = 1 kg·m/s² 이므로)

= 80,000 N = 80 kN

◦ **비체적**(specific volume, v) : **밀도의 역수**

어떤 단위 체적 당 질량이나 단위체적 당 무게를 말하며, 식은 아래와 같다

$$비체적(v,뉴) = \frac{W(체적)}{(단위\ 질량)}\ [m^3/kg] = \frac{W(체적)}{(단위\ 무게)}\ [m^3/N]$$

따라서 $v = \frac{1}{\rho}$(절대 단위), $v = \frac{1}{\gamma}$(중력 단위:무게)

예제 4℃에서 순수한 물의 밀도는 1,000 kg/m³ 이고, 비중량(γ_w)은 9.8[kN/m³]이다. 비중이 4라면 어느 물질의 밀도를 구하시오. 또한 이 물질의 비중량(γ)을 구하시오.

풀이

$$비중(S) = \frac{어느\ 물질의\ 밀도(\rho)}{물의\ 밀도(\rho_w)} = \frac{어느\ 물질의\ 밀도}{1,000\ kg/m^3} = 4$$

답 : 어느 물질의 밀도는 4,000 kg/m³

어느 물질의 비중량(γ) = 물의 비중량(γ_w)×비중

= 9.8 [kN/m³]×비중(4) = 39.2 [kN/m³]

예제 순수한 물의 밀도는 1,000 kg/m³ 이고, 비중이 3인 균질한 물질이 부피(5 m×1 m ×1 m)박스에 담겨있다. 이 물질의 무게를 구하시오.(단, 박스의 무게는 무시하고, 중력 가속도는 10 [m/s²]로 계산하시오.)

풀이순서

① 주어진 문제를 통해 식에 대입해보자, 물의 밀도, 비중, 부피, 중력 가속도

② 물의 밀도와 비중을 알면 어느 물질의 밀도를 구할 수 있다

③ 어느 물질의 밀도를 알고 부피를 알면 질량을 구할 수 있다.

④ 무게 = 질량×중력 가속도(g) 식을 통해서 무게를 구할 수 있다
(무게의 단위를 아는 것이 중요하다)

풀이

① $\text{비중}(S) = \dfrac{\text{어느 물질의 밀도}(\rho)}{\text{물의 밀도}(\rho_w)}$

따라서 물질의 밀도(ρ) = 물의 밀도(ρ_w) × 비중(S)이므로

$= 1{,}000\ \text{kg/m}^3 \times 3 = 3{,}000\ \text{kg/m}^3$

② 물체의 질량을 구하기 위해서는

$\text{물체의 밀도}\ (\rho) = \dfrac{\text{물체의 질량(m)}}{\text{물체의 부피(V)}}$ 식으로부터 구한다.

③ 물체의 질량(m) = 물체의 밀도(ρ) × 물체의 부피(V)

$= 3{,}000\ \text{kg/m}^3 \times 5\ \text{m}^3 = 15{,}000\ \text{kg}$

(여기서, 부피는 5 m×1 m×1 m 이므로 5 m³)

④ 물체의 무게 (W) = 질량(m)×중력 가속도(g) 이므로

$= 15{,}000\ \text{kg} \times 10\ \text{m/s}^2 = 150{,}000\ \text{kg}\cdot\text{m/s}^2$

($1\ \text{N} = 1\ \text{kg}\cdot\text{m/s}^2$ 이므로)

$= 150{,}000\ \text{N} = 150\ \text{kN}$

답 : 150 kN

2 역학에서 사용하는 단위

◦ 국제 단위계(국제 표준) SI(International System of Units) : 보통 SI 단위계라고 하며, SI 단위계는 미터 단위계(metric unit)라고 한다.

◦ 자연과학이나 공학에서는 국제적으로 공인된 SI 단위계 인 m(미터), kg(킬로그램), s(초)를 사용하고 있다.

◦ 단위(Unit) : 인위적으로 정한 크기를 기준으로 차원을 표현하기 위해 사용되는 것을 말한다. 예) 속도의 단위: m/s, km/min, km/hr 등
- 힘의 단위 : F [N] = m[kg]·a[m/s^2] (여기서 m: 질량)
- 하중의 단위 : P [N] = m[kg]·g[m/s^2] = kg·m/s^2, 하중 = 질량(m)×중력 가속도(g)

역학에서 주로 사용하는 단위	단위	단위 설명
힘	N(뉴턴, Newton)	1 kg의 물체에 1 m/s^{2}의 가속도를 내게 하는 힘 1 N = 1 kg·m/s^2
압력, 응력	Pa(파스칼, Pascal)	1 N의 힘이 1 m^2 에 수직으로 작용할 때의 압력 1 Pa = 1 N/m^2 (1 bar = 10^5 Pa)
일, 에너지, 열량	J(주울, Joule)	1 N의 힘을 물체에 작용하여 물체가 1 m 이동했을 때 한 일 1 J = 1 N·m
동력(일률)	W(와트, Watt)	1초 동안 1 J의 일을 할 때의 일률 1 W = 1 J/s = 1 N·m/s

SI 단위를 사용할 때 매우 크거나 작을 값을 표기하기 위하여 SI 단위의 접두사를 다음과 같다.

곱수	명칭	기호	곱수	명칭	기호
10^{12}	tera(테라)	T	10^{-2}	centi(센티)	c
10^{9}	giga(기가)	G	10^{-3}	milli(밀리)	m
10^{6}	mega(메가)	M	10^{-6}	micro(마이크로)	μ
10^{3}	kilo(킬로)	k	10^{-9}	nano(나노)	n
			10^{-12}	pico(피코)	p

※ 알아두어야 할 단위

① 거리 측정(센티미터 : cm, 인치 : inch)

$$1\text{ in} = 2.54\text{ cm}, \qquad 1 = \frac{2.54\text{ cm}}{1\text{ in}} \quad 1 = \frac{1\text{ in}}{2.54\text{ cm}}$$

② 단위 사용법 : 속도 단위 km/h를 변환하여 보세요 km/min, km/s

초당 몇 미터 움직였는가 ? 의 단위 $\frac{\text{m}}{\text{s}}$ 또는 m/s 또는 ms^{-1}

초당 몇 km 움직였는가 ?의 단위 $\frac{\text{km}}{\text{s}}$ 또는 m/s 또는 ms^{-1}

km/s 또는 $10^3\ \text{ms}^{-1}$($1\text{ km} = 10^3\text{ m}$)

③ 과학적인 표기법으로는 곱셈과 나눗셈에서 일반적인 대수법칙을 따른다.

$10^m \times 10^n = 10^{m+n}$, $\frac{10^a}{10^b} = 10^{a-b}$, $1\text{ km} = 1000\text{ m}$이므로 $1\text{ m} = 10^{-3}\text{ km}$

예제 다음 단위를 변환하시오

1 m = ( ) km = ( ) cm = ( ) mm

2.5 kN = ( ) N

예제 속도의 단위(m/s)를 차원으로 나타내시오. 또한, 중력 가속도(m/s^2)의 단위를 차원으로 나타내시오

차원(Dimension) : 물리량의 성질을 표현하기 위해 사용되는 변수
(질량 M, 거리 L, 시간 T)

풀이 1 m = (0.001) km = 100 cm = 1,000 mm

2.5 kN = 2.5×10^3 N = 2,500 N

풀이 $L/T = LT^{-1}$, 거리 L, 시간 T

$L/T^2 = LT^{-2}$ 거리 L, 시간 T, 질량 M

예제 질량이 100 kg인 물체가 천정에 매달려 있다. 무게(W)는 몇 N 인가 ?
(단, 중력 가속도 $g = 9.8\ m/s^2$ 로 계산하시오.)

풀이 물체의 무게(W) = 질량×중력 가속도 = 100 kg×9.8 m/s^2 = 980 $kg \cdot m/s^2$

= 980 N ($\because$ 1 $kg \cdot m/s^2$ = 1 N)

= 0.98 kN ($\because$ 1000 N = 1 kN)

예제 교실 크기가 가로 50 m, 세로 8 m 라면, 교실의 면적을 미터로 나타내시오

풀이 50 m×8 m = 400 ㎡

참고 보통 교실의 면적은 학생 1명당 2 ㎡ 이상으로 하고, 교실면적은 최소 6 ㎡ 으로 한다. 다목적실의 크기는 약 80㎡으로 한다(출처 : 건축설계대사전 설계편.).
https://terms.naver.com/entry.nhn?docId=2268820&cid=51331&categoryId=51333

3 뉴턴의 운동 3법칙

① 뉴턴의 운동 1법칙(관성의 법칙) : 물체가 힘을 받지 않을 때 자신의 운동 상태를 계속 유지하려는 성질이다. 관성이란 물체에 힘이 작용하지 않으면 자신의 운동 상태를 유지한다(즉, 정지해 있는 물체는 계속 정지해 있고, 운동하는 물체는 계속 등속 직선운동 한다).

예 1) 정지해 있는 물체는 계속 정지해 있으려는 성질(휴지를 갑자기 잡아당기면 풀리지 않고 끊어진다.

예 2) 종이 위에 올려져 있는 동전이나 물체에서 종이만 빼려면 종이를 빠르게 잡아당기면 물체는 그대로 있고 종이만 뺄 수 있다.

예 3) 운동하고 있는 물체는 계속 같은 속도로 운동하려는 성질(달리던 버스를 멈추려고 갑자기 브레이크를 밟으면 버스에 서있던 사람들이 앞으로 나가면서 넘어진다)

예 4) 질량이 클수록 운동 상태를 변화시키기 어려우며 관성이 크다(질량에 차이가 있는 오토바이와 버스를 멈추거나 출발할 때 차이가 난다).

② 뉴턴의 운동 2법칙(가속도의 법칙) : 물체에 하나나 여러 힘이 작용할 때를 설명하는 법칙으로, 질량이 일정하면 가속도는 힘의 크기에 비례하고, 힘이 일정하면 가속도는 질량에 반비례한다.

- 물체에 작용하는 힘은 물체의 질량과 가속도의 곱이며($F = ma$), 물체의 가속도는 물체에 작용하는 힘에 비례하고 질량에 반비례한다($a \propto F$, $a \propto \frac{1}{m}$).

③ 뉴턴의 운동 3법칙(작용과 반작용의 법칙) : 물체들 사이에서 발생하는 힘들의 상호 작용을 설명하기 위한 것으로, 상호 작용하는 물체 사이의 작용과 반작용 힘은 크기가 같고 방향이 반대이다.

예 1) 매달려 있는 조명기구는 왜 떨어지지 않는가? 조명기구의 무게와 조명 기구를 잡고 있는 줄의 힘의 크기는 같다(실제로는 더 안전하게 줄의 힘이 크지만 힘의 평형에서는 같은 크기의 힘으로 생각하면 된다).

예 2) 우주 로켓은 발사체의 아래쪽으로 발생하는 추력(밀어 내는 힘)의 반작용으로 우주를 향해 날아간다. 비행기도 제트엔진의 연소에 의해 발생하는 추력으로 비행기가 앞으로 날아간다.

4 힘(Force)의 합성과 분해

◦ **힘**(force) : 물체의 모양이나 운동 상태를 변화시키는 원인을 말한다. 힘이 작용하면 물체가 변형되거나 가속된다. 힘의 단위는 N(뉴턴)을 사용하며, 1 N은 질량이 1 kg인 물체를 1 m/s^2 으로 가속시키는 힘이다

◦ **합력**(net force) : 한 물체에 작용하는 여러 힘을 합한 하나의 힘을 말하며, 힘이 0 이면 물체는 자신의 운동 상태를 계속 유지하고(관성의 법칙), 물체에 작용하는 힘이 일정할 때는 가속도는 질량에 반비례한다(가속도의 법칙). 힘이 일정하지 않으면(증가하거나 감소하면) 속력이 증가하거나 감소하며, 운동방향과 반대 방향으로 작용하면 속력이 감소한다.

1) 힘의 합성(composition of forces)

두 변의 길이가 주어진 직각 삼각형의 빗변의 길이는 피타고라스의 정리를 활용하여 구하고, 물체의 임의의 점에 작용하는 두 벡터의 합은 삼각형 법칙이나 평행사변형 법칙에 의하여 합력을 구한다.

피타고라스의 정리

직각 삼각형 ABC 에서 직각을 낀 두변의 길이를 각각 a, b 라 하고 빗변의 길이를 c라 하면, $c^2 = a^2 + b^2$ 또는 $c = \sqrt{a^2 + b^2}$ 이다. 기계, 건설, 디자인 등 여러 곳에서 활용되고 있다.

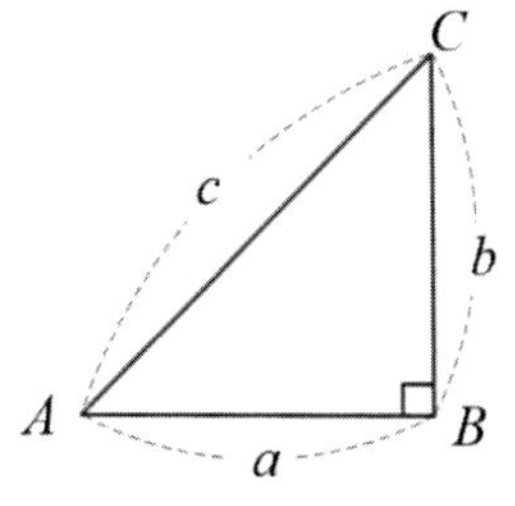

삼각형의 법칙(벡터의 합의 정의)

두 벡터 $\overrightarrow{P}$, $\overrightarrow{Q}$가 있을 때, $\overrightarrow{P}$와 같게 $\overrightarrow{AB}$를 잡고, B를 시점으로 하여 $\overrightarrow{Q}$와 같게 $\overrightarrow{BC}$를 잡는다. 이 때 $\overrightarrow{AC}(=\overrightarrow{R})$를 $\overrightarrow{P}$와 $\overrightarrow{Q}$의 합이라 하고, $\overrightarrow{P}+\overrightarrow{Q}$ 나 $\overrightarrow{R}$로 나타낸다.

$$\overrightarrow{P}+\overrightarrow{Q}=\overrightarrow{R} \Leftrightarrow \overrightarrow{AB}+\overrightarrow{BC}=\overrightarrow{AC}$$

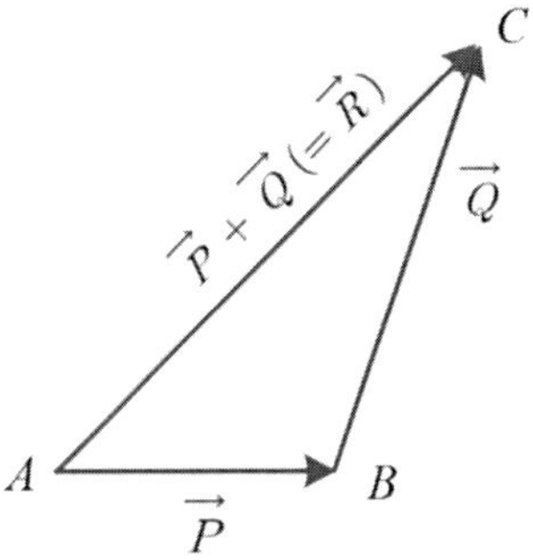

평행 사변형의 법칙(law-of-parallelogram) :

두 벡터 $\overrightarrow{P}$, $\overrightarrow{Q}$가 있을 때, 2개 벡터의 합성 법칙을 말하며, O를 시점으로 하여 선분 OA, OB를 두변으로 하는 평형 사변형 $OACB$를 만들 때 $\overrightarrow{OC}(=\overrightarrow{R})$는 벡터 $\overrightarrow{P}$와 $\overrightarrow{Q}$의 합을 나타낸다. 즉, 2개 벡터 $\overrightarrow{P}$와 $\overrightarrow{Q}$의 합(합성벡터: $\overrightarrow{P}+\overrightarrow{Q}$)은 $\overrightarrow{P}$와 $\overrightarrow{Q}$벡터를 2변으로 하는 평행사변형의 대각선의 크기와 같다.

$$\overrightarrow{P}+\overrightarrow{Q}=\overrightarrow{R} \Leftrightarrow \overrightarrow{OA}+\overrightarrow{OB}=\overrightarrow{OC}$$

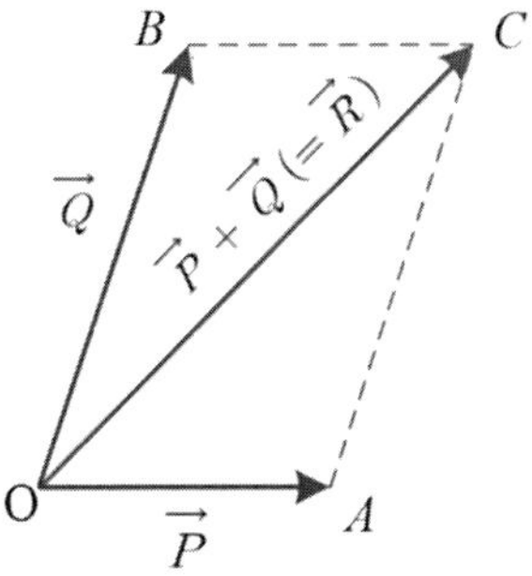

예제 다음 그림과 같은 벡터 $\overrightarrow{P}$와 $\overrightarrow{Q}$를 평행사변형법으로 합력을 그리시오.

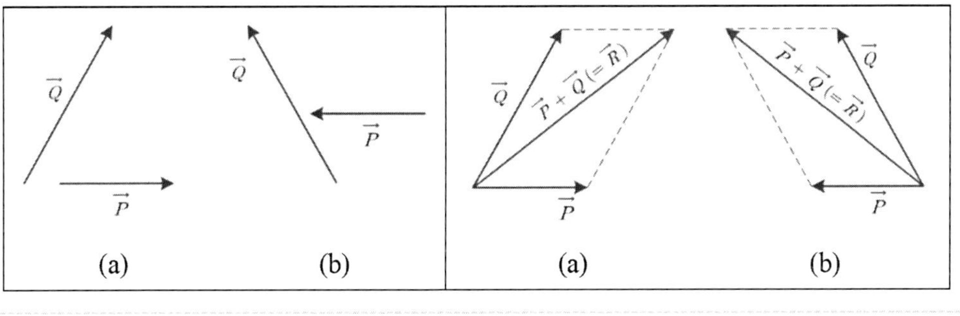

예제 다음 그림과 같은 벡터 $\vec{P}$와 $\vec{Q}$를 평행사변형법과 삼각형법으로 합력을 그리시오.

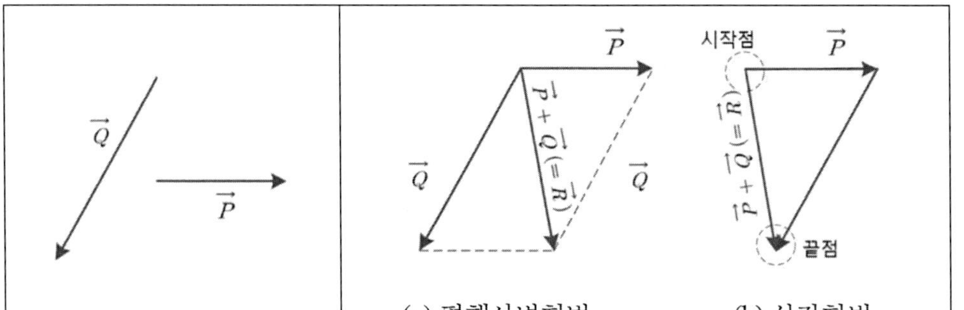

(a) 평행사변형법　　(b) 삼각형법

예제 다음 그림과 같은 직각 삼각형의 길이가 $a=1$이라고 할 때 b의 길이와 빗변의 길이 c를 구하시오.

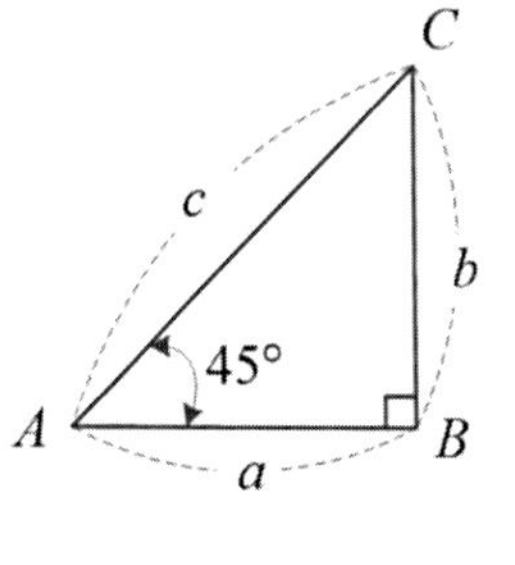	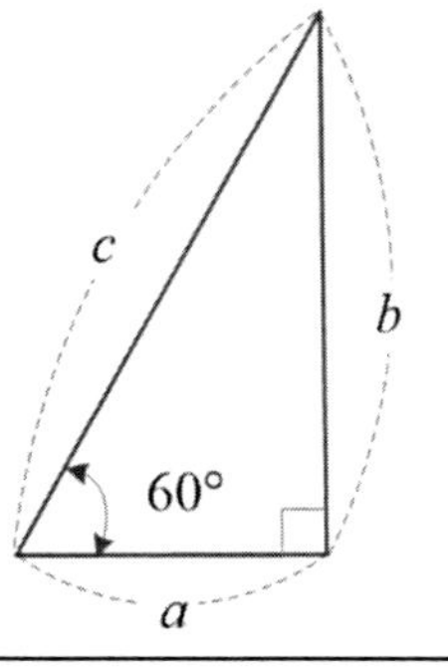
풀이 각 A가 45°이므로 삼각함수에서 $a=1$일 때 $b=1$이고, $c=\sqrt{a^2+b^2}=\sqrt{1^2+1^2}=\sqrt{2}$	**풀이** 각 A가 60°이므로 삼각함수에서 $a=1$일 때 $b=\sqrt{3}$이고, $c=\sqrt{a^2+b^2}=\sqrt{1^2+(\sqrt{3})^2}=2$

예제 다음 그림과 같은 직각 삼각형의 길이가 $a=4$ cm, $b=3$ cm라고 할 때 빗변의 길이 c를 구하시오

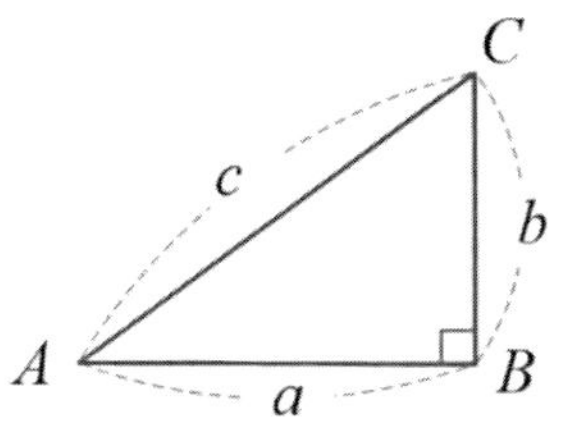

풀이

피타고라스의 정리를 이용하면

답 $c = \sqrt{a^2 + b^2} = \sqrt{4^2 + 3^2} = 5$ cm

문제 다음 그림과 같이 직각으로 만나는 두 힘($F_x = 100$ N, $F_y = 100$ N)의 합력(F_R)을 구하시오. 또한 cosϕ와 sinϕ 값을 쓰시오

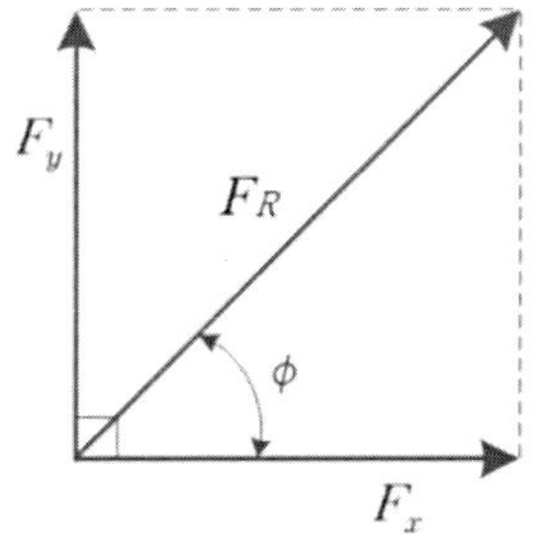

풀이

피타고라스의 정리를 이용하면

$$F_R = \sqrt{F_x^2 + F_y^2}$$
$$= \sqrt{100^2 + 100^2} = \sqrt{20000} = 100\sqrt{2}$$
$$= 141.42 \text{ N}$$

삼각함수에서

$$\cos\phi = \frac{F_x}{F_R}, \quad \sin\phi = \frac{F_y}{F_R}$$

2) 힘의 분해

두 개 이상의 힘을 합성하는 방법과 반대로 작용하는 힘을 2개 이상의 힘으로 나누는 것을 힘의 분해라고 하며 나누어진 힘을 분력이라고 한다. x축으로부터 각도 ϕ를 가진 합력 힘(F_R)을 직교하는 2차원(x, y방향)으로 분해하므로 x방향의 힘은 수평 분력(수평 방향의 힘), y방향의 힘은 수직 분력(수직 방향의 힘)이라고 한다.

문제를 풀이할 때 직교 좌표의 방향과 같이 수평 방향의 힘이 오른쪽 방향이면 (+), 왼쪽 방향이면 (−), 수직 방향의 힘이 위쪽 방향이면 (+), 아래쪽 방향이면 (−)로 정의한다.

예제 그림과 같이 $\phi = 45°$, 합력 힘(F_R)이 141.42 N일 때 힘(F_x, F_y)을 구하시오.

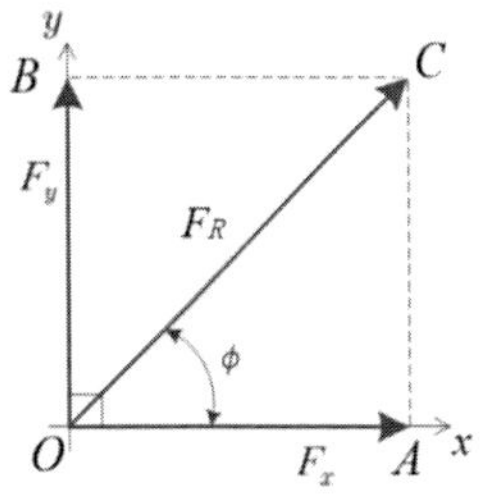

풀이

합력 힘(F_R)을 활용한 삼각함수 공식으로부터

$\cos\phi = \dfrac{F_x}{F_R}$, $\sin\phi = \dfrac{F_y}{F_R}$ 이므로

수평 방향의 힘(F_x)은

$$F_x = F_R \cos\phi = 141.42 \times \frac{\sqrt{2}}{2} = 100\,\text{N}$$

수직 방향의 힘(F_y)은 $F_y = F_R \sin\phi$

$$F_y = F_R \sin\phi = 141.42 \times \frac{\sqrt{2}}{2} = 100\,\text{N}$$

예제 다음 그림과 같이 원점 O에서 30°의 각도로 힘(100 N)이 작용하고 있다. 수평 방향의 힘(F_x)과 수직 방향의 힘(F_y)을 구하시오

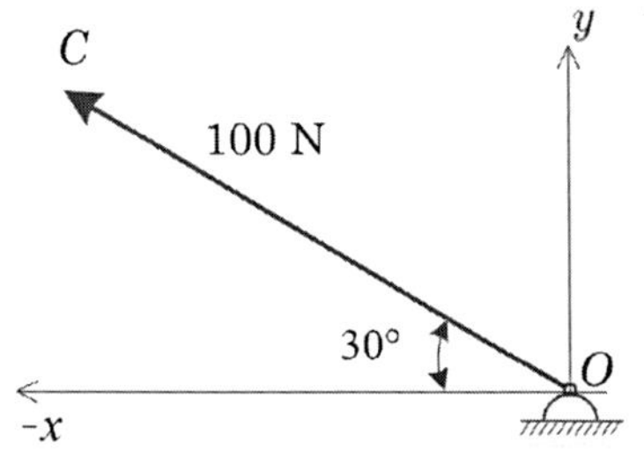

풀이 수평 방향의 힘은 x와 반대 방향이므로 $-x$라고 하였으므로, 자유 물체도를 그리면 아래 그림과 같다

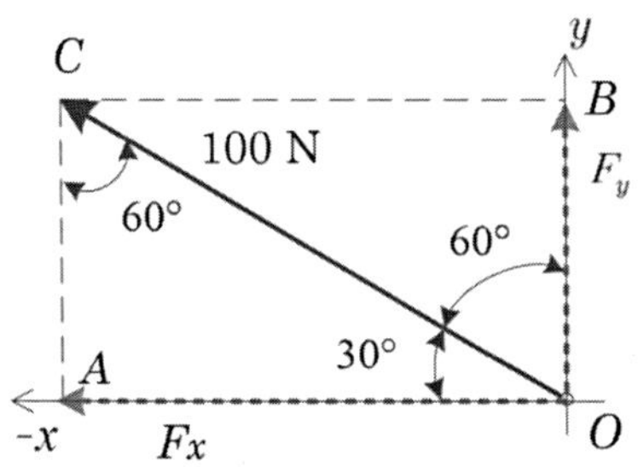

수평 방향의 힘(F_x)과 수직 방향의 힘(F_y)을 구하기 위해서 삼각함수 공식을 사용한

다(삼각함수의 각도는 편리한 각을 사용하면 된다).

$$\cos 30^\circ = \frac{F_x}{100},\ \sin 30^\circ = \frac{F_y}{100}\ (\text{또는 } \sin 60^\circ = \frac{F_x}{100},\ \cos 60^\circ = \frac{F_y}{100})$$

수평 방향의 힘(수평 분력)의 크기는

$$F_x = 100 \times \cos 30^\circ = 100 \times \frac{\sqrt{3}}{2} = 50\sqrt{3}\ \text{N}$$

따라서 $F_x = 50\sqrt{3}$ N (수평 분력의 방향은 왼쪽이므로 (←) 방향)

수직 방향의 힘(수직 분력)은 $F_y = 100 \times \sin 30^\circ = 100 \times \frac{1}{2} = 50$ N

5 힘의 요소

1) 힘의 3요소

힘을 표시는 힘의 3요소(힘의 크기, 방향, 작용점)로 나타낸다.

[그림]에서 보면 단위 벡터의 크기는 1이며, 벡터의 크기는 4칸의 길이이므로 4 단위벡터($\vec{F}$)이고, O점에서 A점 방향이므로 벡터($\overrightarrow{OA}$)로도 표시할 수 있으며, 방향은 기준선(0°)에서 반시계 방향으로 오른쪽 위 30°이다. 벡터($\vec{F}$)를 점 O에 대한 점 A의 위치벡터라고 한다.

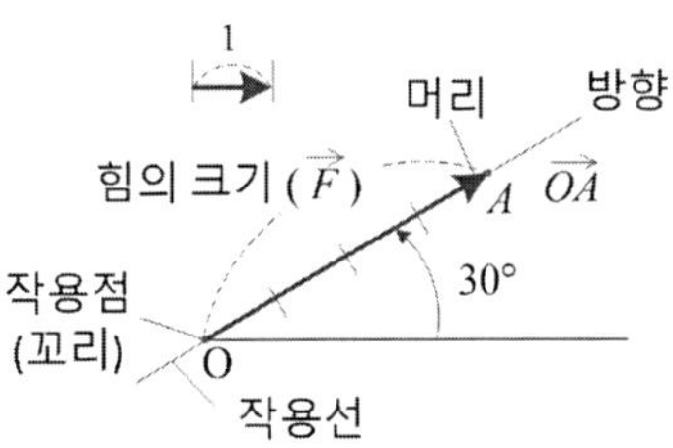

[그림] 힘의 3요소

벡터(vector)는 크기와 방향을 갖는 물리량(힘, 모멘트 변위 등)을 말하고, 크기만으로 나타낼 수 있는 물리량(거리, 면적, 부피 등)을 스칼라(scalar)라 한다.

벡터의 표시 기호는 일반적으로 문자위의 방향을 나타내는 화살표($\overrightarrow{OA}$, $\vec{F}$)나 굵은 글씨(**F**)로 표시하기도 하며, $\overrightarrow{OA}$의 의미는 힘의 방향이 점 O에서 A로 향하고 있음을 나타낸다. 일반적으로 힘 $\vec{F}$의 크기는 F로 나타낸다.

2) 질점의 평형 조건

한 질점에 작용하는 힘들이 평형이 되기 위해서는 모든 힘들의 합은 0이 되어야 한다(질점(particle)이란 물체의 미소 요소 위치를 나타낼 때 사용하며, 어떤 물체에 힘이 작용하였을 때 힘이 영향을 주지 않는 지점을 말한다)

6 힘의 정적 평형

1) 힘의 평형 상태

물체의 한 질점에 작용하는 모든 힘의 합력이 0 일 때를 말한다.

힘이 평형 상태는 줄다리기에서 양쪽에서 잡아당기는 힘이 같아 줄의 위치가 움직이지 않으며, 운동하는 물체에 여러 힘이 작용(줄다리기의 여러 줄)하여도 물체의 운동 상태(줄다리기의 동아줄)의 위치가 변하지 않으면 평형 상태에 있다고 한다. 즉, 평형 상태에서 정지해 있는 물체에 작용하는 힘(역학)을 다루는 것이 정역학이다.

예) 우리가 강의실에 서 있을 때 강의실 바닥은 우리의 몸무게 보다 더 강하지만 강의실이 우리 몸을 위로 밀 수 없고 움직이지 않기 때문에 평형 상태에 있다고 생각하면 된다.

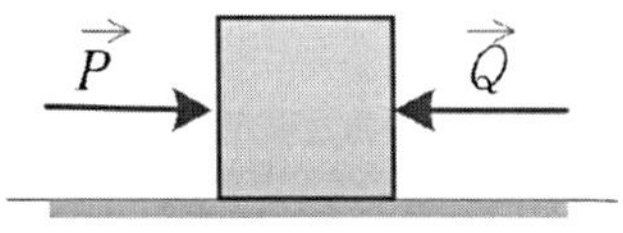

(a) 벡터로 표현한 힘의 평형

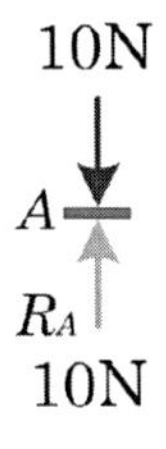

(b) 작용과 반작용으로 표현한 힘의 평형

2) 벡터의 경우 : 힘의 크기와 방향

그림 (a)와 같이 한 물체에 오른쪽 방향으로 작용하는 벡터를 $\overrightarrow{P}$라 하고, 반대 방향(왼쪽 방향으로 작용하는 힘)으로 작용하는 벡터를 $\overrightarrow{Q}$라고 할 때, 힘의 크기가 같고 방향이 반대이면 수평 방향(x 방향)의 힘은 $\sum \overrightarrow{F_x} = 0$ 으로 평형 상태에 있다.

$\overrightarrow{P} + (-\overrightarrow{Q}) = 0$, 즉 $\overrightarrow{P} = \overrightarrow{Q}$ 일 때 평형 상태에 있다고 말한다.

$\overset{+}{\rightarrow}\sum \overrightarrow{F_x} = 0$의 의미는

힘의 방향이 오른쪽 방향이면 (+)이고, 반대 방향이면 (−), $\sum$(시그마)는 여러 힘의 합을 의미하며, 0은 힘의 합이 평형이므로 움직이지 않는 상태인 0을 의미한다.

(1) 힘의 합력

[두 힘의 방향이 동일한 경우]

직선상에 두 힘의 방향이 동일한 경우 벡터의 합 ($\overrightarrow{R} = \overrightarrow{P} + \overrightarrow{Q}$)

[두 힘의 방향이 반대인 경우]

동일 직선상의 한 물체에 방향이 반대인 두 힘 $\overrightarrow{P}$와 $\overrightarrow{Q}$가 작용할 때 오른쪽 방향의 힘을 (+)로 하면, 방향이 반대인 힘은 (−)라고 하여 $\overrightarrow{P}$는 + 방향, $\overrightarrow{Q}$는 − 방향(반대 방향)으로 생각하므로 $-\overrightarrow{Q}$는 빼기가 아닌 반대 방향의 힘을 의미한다. 따라서 합력은 $\overrightarrow{R} = \overrightarrow{P} + (-\overrightarrow{Q}) = \overrightarrow{P} - \overrightarrow{Q}$ 로 나타낸다.

문제 1 직선상의 물체에 작용하는 힘의 크기가 $\overrightarrow{P} = 2\,\text{N}$, $\overrightarrow{Q} = 4\,\text{N}$ 이라면,
(a) 힘의 방향이 오른쪽으로 같은 경우, (b) 오른쪽으로 작용하는 힘이 2N, 왼쪽으로 작용하는 힘이 4N 이라면 합력 힘의 크기와 방향은 ?

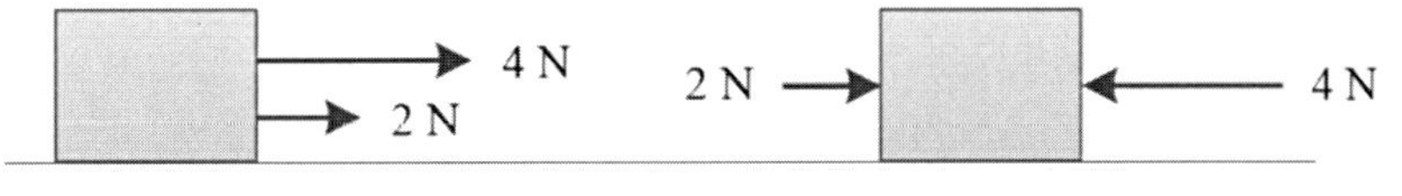

(a) (b)

답: (a) 6N, 오른쪽 (b) 2N, 왼쪽

문제 2) 힘의 크기가 같다(평형 $\vec{P} = \vec{Q}$)면, 합력 힘은 (   ) N인가?   답: 0 N

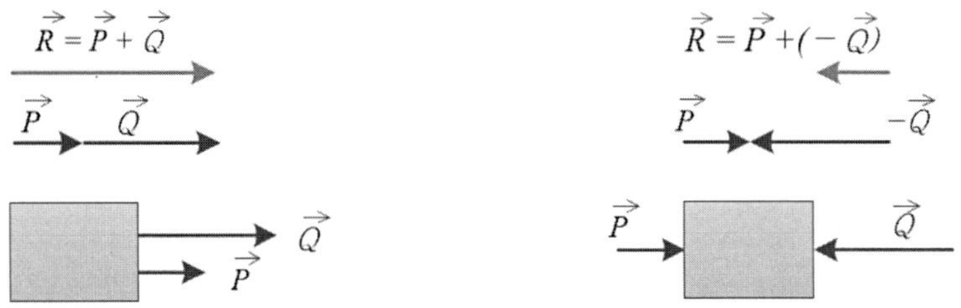

(a) 벡터의 합(같은 방향의 두 힘)   (b) 벡터의 차(반대 방향의 두 힘)

[그림] 힘 벡터의 합과 차

[두 힘이 일직선상에 있지 않은 경우]

□ **벡터의 합 : 삼각형 법**

두 힘이 다른 방향이고 힘의 크기가 다를 때, 두 가지의 삼각형 법으로 구할 수 있으며 (시작점은 선으로 시작하고 꼬리를 따라가며, 합력은 시작점에서 시작하고 화살표의 끝점을 연결한다), 평행사변형 법으로도 합력을 구할 수 있다. 삼각형 법의 예는 [그림]의 (b)와 (c) 같다.

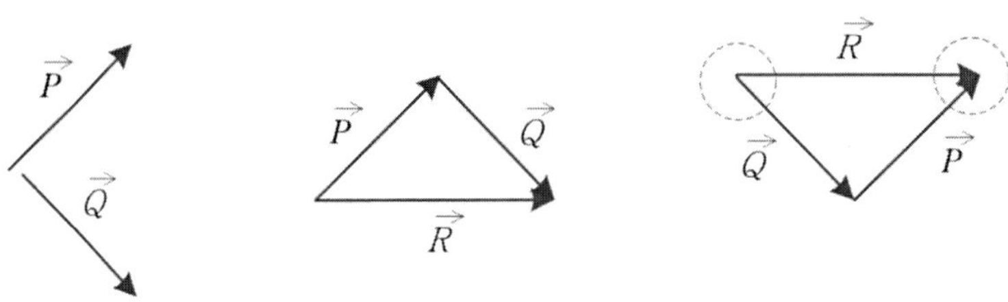

(a)   (b) $\vec{R} = \vec{P} + \vec{Q}$ (c) $\vec{R} = \vec{Q} + \vec{P}$

[그림] 두 힘이 일직선상에 있지 않은 경우 벡터의 합 : 삼각형법

평행사변형 법 : 아래와 같은 [그림] (a)의 두 벡터에서 (b)와 같이 평행선을 그려 평행사변형을 그린다. (c)와 같이 두 힘의 합력($\vec{R} = \vec{P} + \vec{Q}$)의 크기 $\vec{R}$의 크기를 구한다.

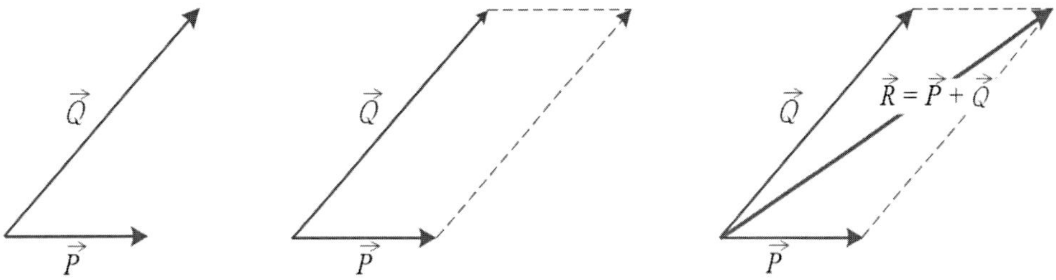

(a) 두 벡터 (b) 벡터 $\vec{P}$와 $\vec{Q}$에 평행사변형 (c) 평행사변형으로 합력 구함

[그림] 두 힘이 일직선상에 있지 않은 경우 벡터의 합 : 평행사변형법

□ 벡터의 차:

두 힘이 다른 방향(일직선이 아닌 경우)이고 힘의 크기가 다를 때, 벡터의 합 법칙은 벡터의 차에도 적용되며, 벡터의 차는 아래 그림과 같이 평행사변형과 삼각형법으로 두 가지로 할 수 있다. $-\vec{P}$의 의미는 빼기가 아닌 방향이 반대임을 의미한다).

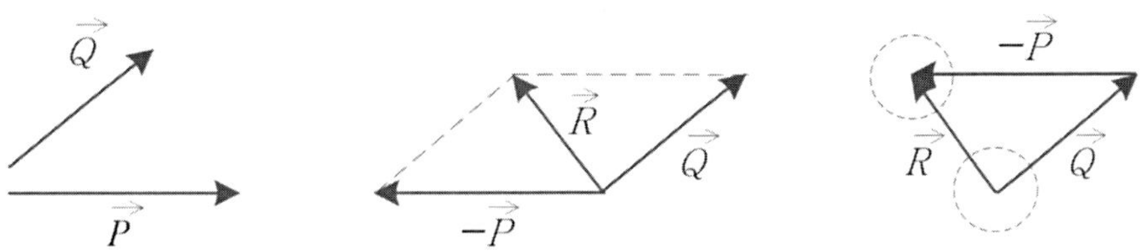

(a) 두 벡터 (b) 벡터의 차(평행사변형 법) (c) 삼각형 법

$\vec{R} = (-\vec{P}) + \vec{Q}$ $\vec{R} = \vec{Q} + (-\vec{P})$

[그림] 벡터의 차

□ 두 힘(두 벡터)합력과 방향각 :

두 벡터 $\vec{P}$, $\vec{Q}$ 사이의 각을 α라고 할 때, 피타고라스 정리나 제 2 코사인 법칙을 활용하면 된다.

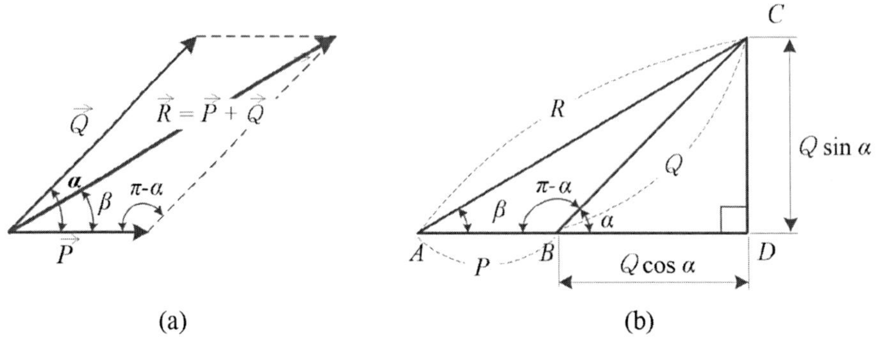

[그림] 삼각형의 합력과 방향각

합력 R을 구하기 위한 식을 유도하기 위하여

피타고라스 정리에 의해

$R^2 = (P + Q\cos\alpha)^2 + (Q\sin\alpha)^2$, $R = \sqrt{(P^2 + 2PQ\cos\alpha + Q^2\cos^2\alpha) + (Q\sin\alpha)^2}$

$R = \sqrt{(P^2 + Q^2(\sin^2\alpha + \cos^2\alpha) + 2PQ\cos\alpha}$

$R^2 = P^2 + Q^2 + 2PQ\cos\alpha$ (각 α 를 활용한 경우)

따라서 $R = \sqrt{P^2 + Q^2 + 2PQ\cos\alpha}$

- 각을 $(\pi - \alpha)$로 활용한 경우 제2 코사인 법칙으로부터

  $R^2 = P^2 + Q^2 - 2PQ\cos(\pi - \alpha)$ (각을 $(\pi - \alpha)$로 활용한 경우 $\cos(\pi - \alpha) = -\cos\alpha$ 이므로)

  $R = \sqrt{P^2 + Q^2 + 2PQ\cos\alpha}$

- 각을 두 힘의 사이 각(α)를 사용하는 경우, 제 2 코사인 법칙(여현 법칙)으로부터

  $R^2 = P^2 + Q^2 - 2PQ\cos\alpha$ $\quad$ $R = \sqrt{P^2 + Q^2 - 2PQ\cos\alpha}$

- 합력의 방향각 β를 구하는 식은

  그림 (b)와 같이 점 C에서 내린 수직선과 선 AB의 연장선과 만나는 점을 D하고 하면

  $\overline{BD} = Q\cos\alpha$, $\overline{CD} = Q\sin\alpha$

그림 (b)에서 $\tan\beta$를 구하면 $\tan\beta = \dfrac{\overline{CD}}{\overline{AD}} = \dfrac{Q\sin\alpha}{P+Q\cos\alpha}$,

따라서 방향각 $\beta = \tan^{-1}(\dfrac{Q\sin\alpha}{P+Q\cos\alpha})$

- 방향각을 구하는 다른 방법 : 합력 R 이 구해지면 라미의 법칙(정현법칙, sine 법칙) 사용

$$\frac{Q}{\sin\beta} = \frac{R}{\sin(\pi-\alpha)}$$

(2) 직교 좌표계로 합력의 분해

힘을 분해할 때는 직각 좌표계를 이용하여 분해한다. 직각좌표를 사용하여 $\vec{F}$는 x방향의 벡터 성분은 $\vec{F_x}$, y방향의 벡터 성분을 $\vec{F_y}$로 나눌 수 있다. 단위벡터를 사용하여 나타내면 $\vec{F_x} = F_x\vec{i}$, $\vec{F_y} = F_y\vec{j}$ 로 할 수 있다(여기서 $\vec{i}$, $\vec{j}$ 는 x와 y방향의 단위벡터, 즉 $\vec{i} = 1$, $\vec{j} = 1$, F_x, F_y는 $\vec{F}$의 스칼라 성분)

$\vec{F}$가 x축과 θ 각도이면 $F_x = F\cos\theta$, $F_y = F\sin\theta$이다

따라서 $\vec{F} = F_x\vec{i} + F_y\vec{j} = F(\cos\theta\,\vec{i} + \sin\theta\,\vec{j})$

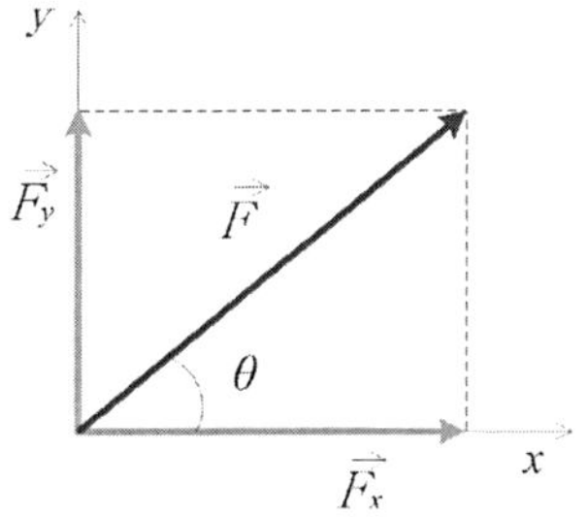

[그림] 벡터의 분해

[요약] 두 힘의 합력을 구하는 방법

① 삼각형 법과 평행사변형 법을 활용하여 합력을 구하는 방법(풀이 1의 (a), (b))

② 두 힘을 x방향의 성분과 y방향의 성분으로 분해한 후 같은 방향의 힘(x방향과 y방향)을 합한 후에 합력을 구하는 방법. 즉, 각 힘(F_1, F_2)을 직교(x, y)로 힘을 분해한 후 x방향의 성분과 y방향의 성분을 합한 후 합력을 구하는 방법(풀이 2)의 (a)~(d))

- 직교 좌표를 사용하여 서로 방향이 다른 두 힘(F_1, F_2)을 분해하고, x방향 성분의 힘을 F_{1x}, F_{2x}라고 하고, y방향 성분의 힘을 F_{1y}, F_{2y}라고 하고 하면,
- 두 힘 사이의 각이 90° (즉 cos 90° = 0) 이므로 합력은 $F_R = \sqrt{F_x^2 + F_y^2}$ 으로 구할 수 있다.
- 이 방법은 두 힘의 합력을 구하는 제 2 코사인 법칙에서

$F_R = \sqrt{F_x^2 + F_y^2 + 2F_xF_y\cos\alpha}$ 에서 cos 90° = 0이므로

$F_R = \sqrt{F_x^2 + F_y^2}$ 이므로 힘의 개수가 많을 때 편리한 방법이다.

□ **벡터의 내적(도트)** : 두 직선 사이의 각도를 구하거나, 한 힘의 선에 수직이거나 평행한 성분을 구해야 할 때 사용한다. 2차원에서는 그림을 그려 쉽게 이해할 수 있지만 3차원에서는 그림을 그리기 쉽지 않기 때문 내적(dot product, inner product)을 정의하여 사용한다.

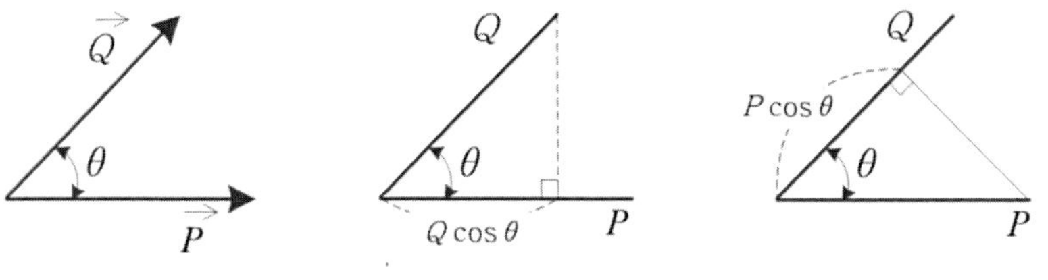

(a) (b) (c)

[그림] 두 벡터 사이의 내적

두 벡터 $\vec{P}$, $\vec{Q}$ 의 내적은 $\vec{P} \cdot \vec{Q}$ 또는 $\boldsymbol{P} \cdot \boldsymbol{Q}$ 와 같이 쓰고 $\vec{P}$ dot $\vec{Q}$(피 도트 큐)라고 읽으며

내적의 결과 값은 벡터가 아닌 스칼라 값이므로, 스칼라적(scalar product)이라고도 한다. 여기서 P, Q는 두 벡터 $\vec{P}$, $\vec{Q}$의 크기이고, θ는 두 벡터 사이의 각이다.

두 벡터의 내적 $\vec{P} \cdot \vec{Q} = PQ\cos\theta$

벡터 $\vec{P}$가 x축과 θ 각도이면 $P_x = P\cos\theta$, $P_y = P\sin\theta$이므로

따라서

벡터의 스칼라 곱은 벡터 $\vec{P}$의 크기에 $\vec{Q}$의 $\vec{P}$방향 성분을 곱한 것이다(그림 (b) 참조).

직교 벡터 공식을 2차원(x, y 좌표 또는 벡터 $\vec{i}$, $\vec{j}$)으로 나타내보자.(여기서 P, Q는 두 벡터 $\vec{P}$, $\vec{Q}$의 크기이고, θ는 두 벡터 사이의 각이다.)

$$
\begin{aligned}
\vec{P} \bullet \vec{Q} &= (P_x\vec{i} + P_y\vec{j}) \bullet (Q_x\vec{i} + Q_y\vec{j}) \\
&= P_xQ_x(\vec{i} \bullet \vec{i}) + P_xQ_y(\vec{i} \bullet \vec{j}) + P_yQ_x(\vec{j} \bullet \vec{i}) + P_yQ_y(\vec{j} \bullet \vec{j}) \\
&= P_xQ_x + P_yQ_y
\end{aligned}
$$

스칼라 곱의 정의에서 $\vec{i} \bullet \vec{i} = 1\times1\times\cos0^\circ = 1$, $\vec{i} \bullet \vec{j} = 1\times1\times\cos90^\circ = 0$ 이므로

$$\vec{i} \bullet \vec{i} = \vec{j} \bullet \vec{j} = 1$$
$$\vec{i} \bullet \vec{j} = \vec{j} \bullet \vec{i} = 0$$

두 벡터 $\vec{P}$, $\vec{Q}$가 직각일 때는 스칼라 적은 0이다.

□ **벡터의 외적(크로스)** :

두 벡터 $\vec{P} = P_x\vec{i} + P_y\vec{j} + P_z\vec{k}$, $\vec{Q} = Q_x\vec{i} + Q_y\vec{j} + Q_z\vec{k}$ 의

벡터의 외적(벡터 곱)은 '$\vec{P} \times \vec{Q}$'(피 cross(크로스) 큐)는 오른손 법칙에 의해 정해지는 벡터이다.

오른손으로 수도 꼭지를 반시계 방향으로 돌리거나 병 뚜껑을 열기 위해 반시계 방향($\vec{i}\times\vec{j}$: $\vec{i}$ 방향에서 $\vec{j}$ 방향으로 돌리면)으로 돌리면(수도 꼭지나 병 뚜껑이 위로 올라가면서 열리는(z 방향: $\vec{k}=\vec{i}\times\vec{j}$) 방향을 양(+)으로 한다($y$ 방향은 오른손 손목 방향이고, i에서 j방향은 손가락 방향, 엄지 손가락을 세운 방향은 z방향이다).

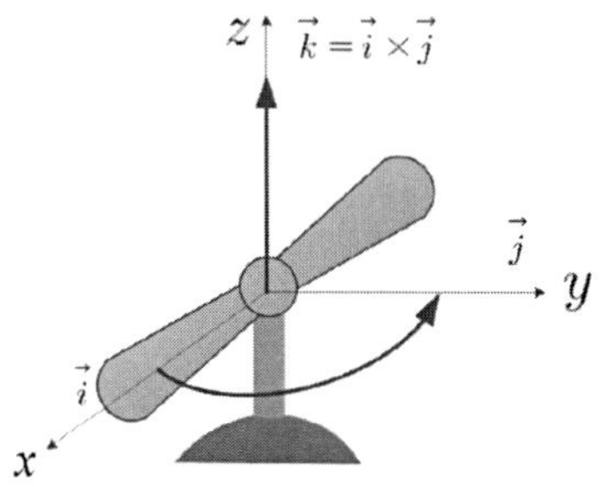

[그림] 벡터의 외적

두 벡터의 외적 $\vec{P}\times\vec{Q}=PQ\sin\theta$

벡터 곱은 행렬을 이용하면 쉽게 이해할 수 있으므로 벡터 곱을 행렬로 표현하면 아래와 같다.

$$\vec{P}\times\vec{Q}=\vec{P}\times\vec{Q}=\begin{vmatrix}\vec{i} & \vec{j} & \vec{k}\\ P_x & P_y & P_z\\ Q_x & Q_y & Q_z\end{vmatrix}=\begin{vmatrix}P_y & P_z\\ Q_y & Q_z\end{vmatrix}\vec{i}-\begin{vmatrix}P_x & P_z\\ Q_x & Q_z\end{vmatrix}\vec{j}+\begin{vmatrix}P_x & P_y\\ Q_x & Q_y\end{vmatrix}\vec{k}$$

$$=(P_yQ_z-P_zQ_y)\vec{i}-(P_xQ_z-P_zQ_x)\vec{j}+(P_xQ_y-P_yQ_x)\vec{k}$$

오른손 좌표계를 이용한 벡터 곱의 정의에서 벡터의 크로스 결과는 같다.

$$\vec{i}\times\vec{i}=0,\qquad \vec{j}\times\vec{j}=0,\qquad \vec{k}\times\vec{k}=0$$

$$\vec{i}\times\vec{j}=\vec{k},\qquad \vec{j}\times\vec{k}=\vec{i},\qquad \vec{k}\times\vec{i}=\vec{j}$$

$$\vec{j}\times\vec{i}=-\vec{k},\qquad \vec{k}\times\vec{j}=-\vec{i},\qquad \vec{i}\times\vec{k}=-\vec{j}$$

예제 벡터 $\vec{A}= A_x\vec{i}+ A_y\vec{j}+ A_z\vec{k}$, 벡터 $\vec{B}= B_x\vec{i}+ B_y\vec{j}+ B_z\vec{k}$ 이다.

1) 벡터의 내적 $\vec{A} \cdot \vec{B}$ 결과는 스칼라이다.(O, X)

2) 벡터의 내적은 두 힘($\vec{A}$, $\vec{B}$) 사이의 무엇을 구하기 위해 사용하는가?

( )

3) 다음 벡터의 내적 결과를 쓰시오.

$\vec{i} \cdot \vec{i}$ =( ), $\vec{i} \cdot \vec{j}$ =( ), $\vec{k} \cdot \vec{j}$ =( )

4) 다음 벡터의 외적 결과를 쓰시오.

$\vec{i} \times \vec{i}$ =( ), $\vec{i} \times \vec{j}$ =( ), $\vec{k} \times \vec{j}$ =( )

5) 다음 행렬식 $\begin{vmatrix} A_y & A_z \\ B_y & B_z \end{vmatrix}$ 에서 행에 해당되는 것을 쓰시오. ( )

열에 해당되는 것을 쓰시오. ( )

6) 다음 행렬의 계산 값은? $\begin{vmatrix} A_y & A_z \\ B_y & B_z \end{vmatrix}\vec{i}$ = ( )$\vec{i}$

풀이 1) O (벡터의 내적은 스칼라임)

2) 각과 위치를 구하기 위해서임

3) $\vec{i} \cdot \vec{i} = (1)$, $\vec{i} \cdot \vec{j} = (0)$, $\vec{k} \cdot \vec{j} = (0)$

4) $\vec{i} \times \vec{i} = (0)$, $\vec{i} \times \vec{j} = (\vec{k})$, $\vec{k} \times \vec{j} = (-\vec{i})$

5) (A_y, A_z), (B_y, B_z)

A_y, A_z
B_y B_z

6) $(A_yB_z - A_zB_y)\vec{i}$

예제 다음 그림과 같은 물체를 2명이 들고 있다고 가정하고, 이 두 벡터의 합력을 삼각형법이나 평형사변형법, 벡터의 합의 방법으로 그려서 완성하시오

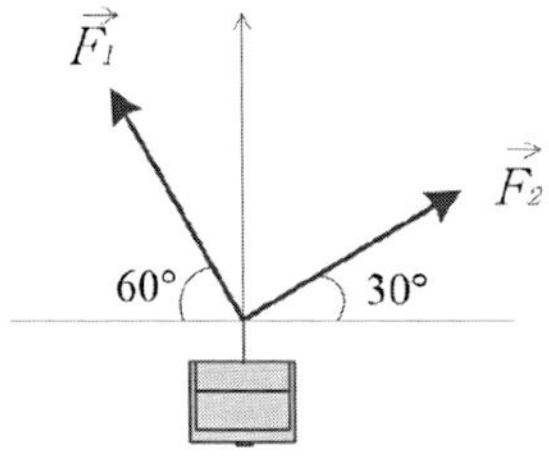

풀이 1 삼각형 법이나 평행사변형법을 이용하여 그린다.

(a) 삼각형법 (b) 평행사변형법

- 힘이 적을 때는 합력의 크기를 쉽게 그릴 수 있다.
- 합력을 계산하거나 합력의 방향을 계산할 때 상당히 복잡하고 시간이 걸린다.
- 따라서 벡터를 직교 좌표로 하여 직각($\alpha = 90°$)으로 분해한 후 합으로 계산하면 풀이가 쉬워진다.
- 처음에는 삼각형법이나 평행사변형법을 많이 사용하지만 힘의 개수가 많아지면 어려워진다.

  $F_R = \sqrt{F_x^2 + F_y^2 + 2F_xF_y\cos\alpha}$에서 $\cos 90° = 0$이 되어, $F_R = \sqrt{F_x^2 + F_y^2}$로 계산할 수 있어 편리한 방법이다.

풀이 2 직교 벡터 합을 이용하여 그린다.

① (a)와 같이 x축과 y축으로 힘의 크기와 방향을 그린다.

② (b)와 같이 힘 벡터 $\overrightarrow{F_1}$과 $\overrightarrow{F_2}$를 x축과 y축으로 분해한다.

$\overrightarrow{F_1}$를 x축 방향의 힘($\overrightarrow{F_{1x}}$)과 y축 방향의 힘($\overrightarrow{F_{1y}}$)으로 분해하면

x축 방향의 힘($\overrightarrow{F_{1x}}$)은 x축과 반대 방향이므로 $(-)$방향이다.

$\vec{F}_{1x} = -\vec{F}_1\cos 60°$, $\vec{F}_{1y} = \vec{F}_1\sin 60°$ 이다

따라서 $\vec{F_1} = \vec{F}_{1x} + \vec{F}_{1y} = -\vec{F}_1\cos 60° + \vec{F}_1\sin 60°$

$\vec{F_2}$를 x축 방향의 힘($\vec{F}_{2x}$)과 y축 방향의 힘($\vec{F}_{2y}$)으로 분해하면

$\vec{F}_{2x} = \vec{F}_2\cos 30°$, $\vec{F}_{2y} = \vec{F}_2\sin 30°$ 이다

$\vec{F_2} = \vec{F}_{2x} + \vec{F}_{2y} = \vec{F}_1\cos 30° + \vec{F}_1\sin 30°$

③ (c)와 같이 $\vec{F}_{1x}$, $\vec{F}_{2x}$의 크기를 그려서 x축의 벡터 합($\vec{F}_{Rx}$)를 그린다.

그 다음 x축 방향의 힘 $\vec{F}_{Rx}$를 구하면 다음과 같다.

$\vec{F}_{Rx} = \vec{F}_{1x} + \vec{F}_{2x}$에서 $\vec{F}_{Rx} = -\vec{F}_1\cos 60° + \vec{F}_2\cos 30°$

$$\vec{F}_{Rx} = -\vec{F}_1 \times \frac{1}{2} + \vec{F}_2 \times \frac{\sqrt{3}}{2}$$

④ (c)와 같이 $\vec{F}_{1y}$, $\vec{F}_{2y}$의 크기를 그려서 y축의 벡터 합($\vec{F}_{Ry}$)를 그린다.

그 다음 y축 방향의 힘 $\vec{F}_{Ry}$를 구하면 다음과 같다.

$\vec{F}_{Ry} = \vec{F}_{1y} + \vec{F}_{2y}$에서 $\vec{F}_{Ry} = \vec{F}_1\sin 60° + \vec{F}_2\sin 30°$

$$\vec{F}_{Ry} = \vec{F}_1 \times \frac{\sqrt{3}}{2} + \vec{F}_2 \times \frac{1}{2}$$

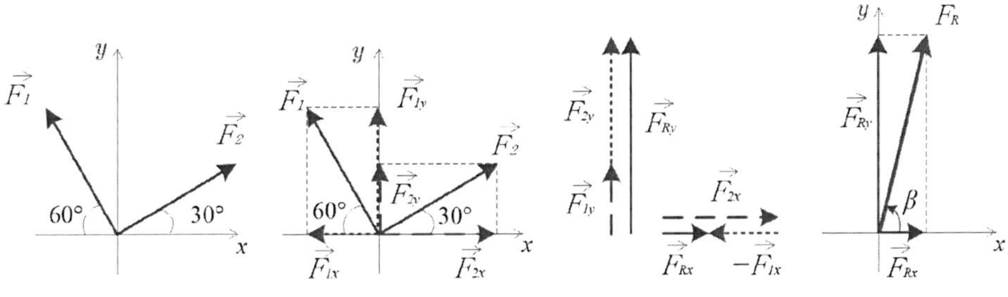

[그림] 직교 좌표로 분해한 후 합력을 구하는 방법

⑤ (d)와 같이 좌표계에 $\vec{F}_{Rx}$, $\vec{F}_{Ry}$를 그린 후 평행사변형으로 합력($\vec{F}_R$)을 그린다.

$\vec{F_R}$의 x, y 스칼라 성분의 합력은 $F_R = \sqrt{F_{Rx}^2 + F_{Ry}^2}$ 로 구하면 된다.

⑥ 방향각을 구하기 위해서는 $\tan\beta = \dfrac{F_{Ry}}{F_{Rx}}$에서, $\beta = \tan^{-1}(\dfrac{F_{Ry}}{F_{Rx}})$를 구하면 된다.

참고 여러 개의 힘이 작용할 때는 힘을 직교 좌표로 분해한 후 같은 방향의 합력을 구한 뒤 합력의 각도를 구하는 방법이 편리하다.

처음에 배울 때는 코사인 2법칙($F_R = \sqrt{F_x^2 + F_y^2 + 2F_xF_y\cos\alpha}$)을 사용하지만 힘의 수가 많아지면 직교 좌표계로 힘을 분해한 후 각 방향의 합력을 구한다.

($F_R = \sqrt{F_x^2 + F_y^2}$).

※ 두 힘 벡터의 크기가 주어지고 각도가 주어질 때 풀이하는 순서

① 각 힘의 시작점을 직교 좌표의 원점으로 이동시킨다.

② 각 힘을 x축과 y축 성분으로 분해한다.

③ x축과 y축의 성분을 합하여 합력(F_{Rx}, F_{Ry})을 구한다.

④ 평행사변형 법으로 합력(F_R)을 구한다($F_R = \sqrt{F_{Rx}^2 + F_{Ry}^2}$).

⑤ x축에서 합력의 위치를 알고자 하는 방향각 β 를 구한다($\beta = \tan^{-1}(\frac{F_{Ry}}{F_{Rx}})$).

3) 스칼라의 경우 : 힘의 크기만 있음

2차원 좌표($x - y$)인 경우, 평형을 이루기 위한 필요 충분 조건은 수평 방향 성분의 힘 $\sum F_x = 0$, 수직 방향의 힘 $\sum F_y = 0$ 일 때이다.

예제 그림과 같이 물체의 한 질점에 작용하고 있는 힘이 평형 상태에 있다. 그림 (a)의 반력 R_A의 크기를 구하시오. 또한 그림 (b)에서 반력 R_A의 크기를 그려보고, 반력(R_A)의 크기를 구하시오.

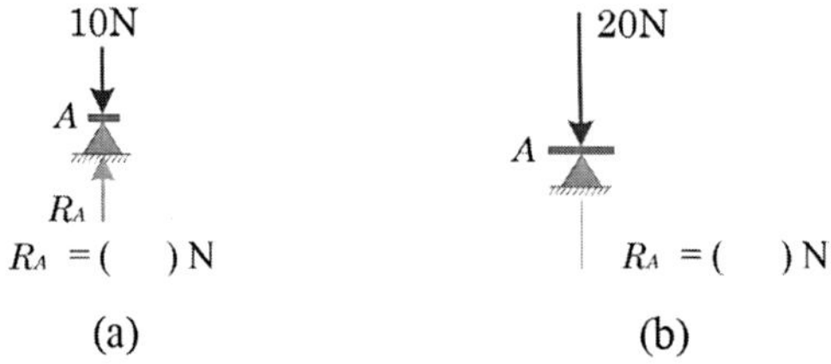

[그림] 힘의 평형을 이루기 위한 조건

풀이 (a)는 평형 상태($\sum F_y = 0$)로 질점에 작용하고 있는 힘이 10 N 이므로 반력의 크기도 10N

(b)는 평형 상태($\sum F_y = 0$)로 질점에 작용하고 있는 힘이 20 N 이므로 반력의 크기도 20N, 반력 R_A 의 크기는 그림 (a)와 같이 작용하는 힘의 크기(화살표)와 같은 길이로 작용하는 힘의 반대 방향으로 그리면 된다.

방향 성분을 고려하면,
수평 방향 성분의 힘($\overset{+}{\rightarrow} \sum F_x = 0$), 수직 방향의 힘($+\uparrow \sum F_y = 0$)인 상태이다.

역학적으로 평형 상태라는 의미는 질점에 작용하는 모든 힘의 합력이 0 일 때이다. 즉 힘의 크기는 같고 방향이 반대인 상태이다

(b)의 경우는 수직 방향의 힘을 보여주는 것으로 아래로 작용하는 힘은 10 N 이고, 반대 방향으로 작용하는 힘(반력 : R_A)은 10 N이다.

$\sum F_y = 0$ 이므로 힘이 평형 상태에 있다. 따라서 $\sum F_y = 0$,
질점 A 에 작용하는 힘 = 지점 반력, 10 N = R_A(10N)

3-1) 합력의 크기와 방향각을 구하는 방법

다음 그림과 같이 O점에 3개의 힘이 작용하고 있다. 세 힘의 합력을 구하는 순서는 다음과 같다

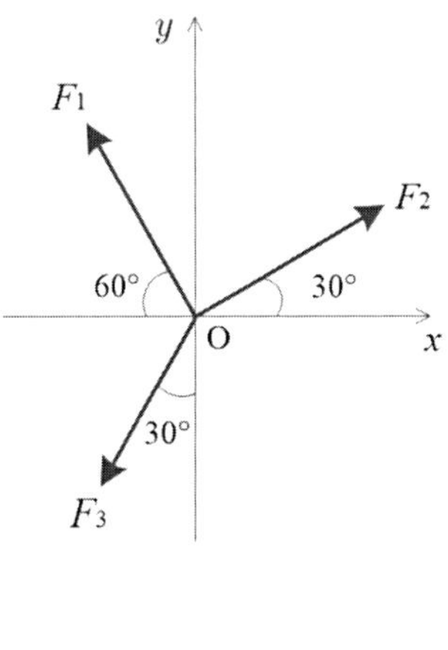

① O점에 3개의 힘이 작용하고 있으므로, 3개의 힘을 수평 방향과 수직 방향의 힘으로 전부 분해한다.

② 수평 방향 성분의 힘($\sum F_x$)과 수직 방향의 힘 $\sum F_y$을 모두 합성하면 된다.
방향 성분을 고려하여, 오른쪽 수평 방향 성분의 힘과 위쪽 수직 방향 성분의 힘은(+)방향으로, 왼쪽 수평 방향 성분의 힘과 아래쪽 수직 방향 성분의 힘은(−)방향으로 정한다.

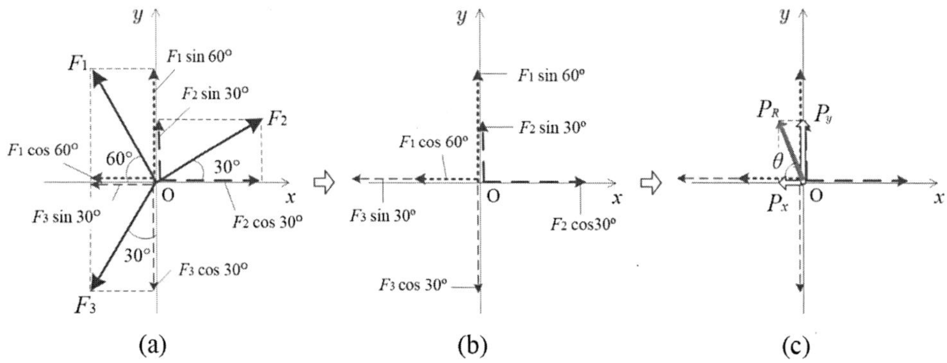

그림 (a)와 (b)에서 x방향의 힘 성분 합력을 구해보면

$$\overset{+}{\rightarrow}\sum F_x = -F_1\cos 60^\circ + F_2\cos 30^\circ - F_3\sin 30^\circ = -\frac{1}{2}F_1 + \frac{\sqrt{3}}{2}F_2 - \frac{1}{2}F_3$$

y방향의 힘 성분 합력은

$$+\uparrow\sum F_y = F_1\sin 60^\circ + F_2\sin 30^\circ - F_3\cos 30^\circ = \frac{\sqrt{3}}{2}F_1 + \frac{1}{2}F_2 - \frac{\sqrt{3}}{2}F_3$$

③ x방향의 힘 성분과 y방향의 힘 성분 합력의 크기는

$F_R = \sqrt{(F_x)^2 + (F_y)^2}$ 로 구할 수 있다

합력의 방향각은 $\tan\theta = \dfrac{F_y}{F_x}$, $\theta = \tan^{-1}(\dfrac{F_y}{F_x})$

예제 다음 그림과 같이 O점에 3개의 힘이 작용하고 있다 세 힘의 합력을 크기와 방향을 구하시오

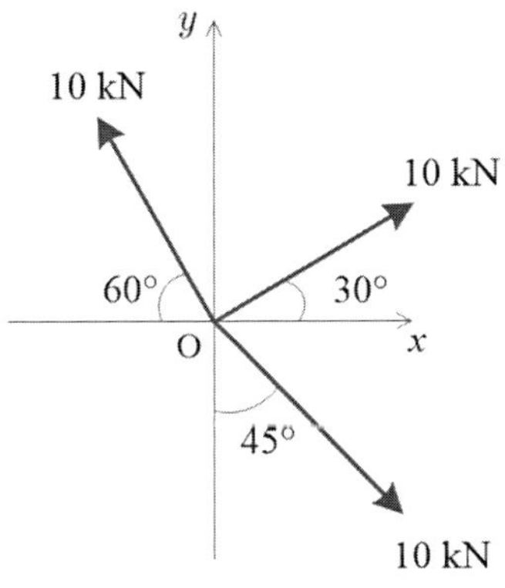

풀이 1 평형사변형법으로 합력을 그리면 아래 순서대로 따라 코사인법칙으로 합력의 크기와 방향을 구할 수 있다.

그림 (a)와 같이 $F_{R12}=\sqrt{(F_1)^2+(F_2)^2+2F_1F_2\cos\alpha}$ 에서 힘의 크기를 구하고 합력의 방향각을 구한 뒤, 그림 (c)와 같이 다시 $F_R=\sqrt{(F_{R12})^2+(F_3)^2+2F_{R12}F_3\cos\alpha}$ 를 구하고, 방향각 θ값을 구하는 번거로움과 복잡한 계산이 필요하다. 따라서 각 힘을 직교 좌표로 분해하여 합력의 크기와 방향각을 구하는 (풀이 2)와 같은 방법을 주로 사용한다.

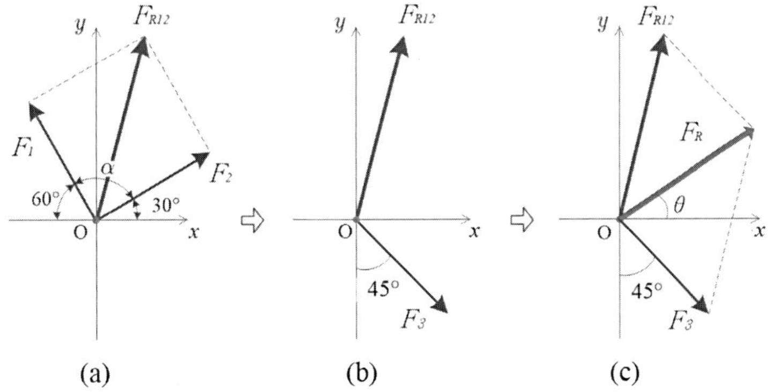

[그림] 평행사변형의 법칙으로 합력 구하는 방법

풀이 2 직교 좌표계를 활용하여 힘의 합력을 구해보자

① O점에 3개의 힘이 작용하고 있으므로, 3개의 힘을 수평 방향과 수직 방향의 힘으로 전부 분해한다.

② 수평 방향 성분의 힘($\sum F_x$)과 수직 방향의 힘 $\sum F_y$을 모두 합성하면 된다. 방향 성분을 고려하여, 오른쪽 수평 방향 성분의 힘과 위쪽 수직 방향 성분의 힘은 (+)방향으로, 왼쪽 수평 방향 성분의 힘과 아래쪽 수직 방향 성분의 힘은 (−)방향으로 정한다.

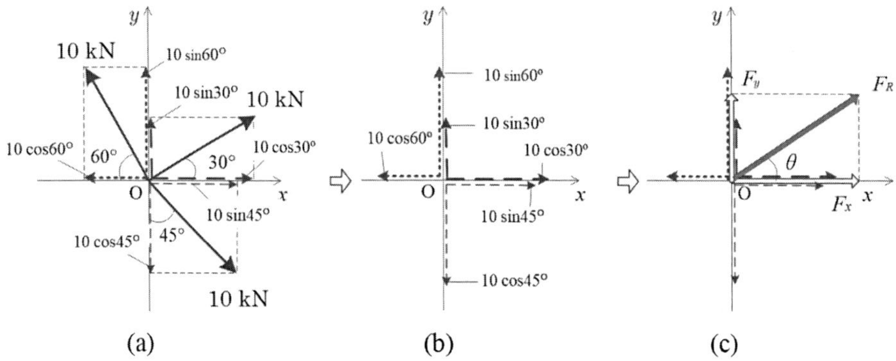

[그림] 직교 좌표계로 합력 구하는 방법

x방향의 힘 성분 합력은

$$\overset{+}{\rightarrow}\sum F_x = -10\times\cos 60^\circ + 10\times\cos 30^\circ + 10\sin 45^\circ$$
$$= -10\times\frac{1}{2} + 10\times\frac{\sqrt{3}}{2} + 10\times\frac{\sqrt{2}}{2}$$
$$= -5 + 5\sqrt{3} + 5\sqrt{2} = 10.73\text{ kN}$$

y방향의 힘 성분 합력은

$$+\uparrow\sum F_y = 10\times\sin 60^\circ + 10\times\sin 30^\circ - 10\times\cos 45^\circ$$
$$= 10\times\frac{\sqrt{3}}{2} + 10\times\frac{1}{2} - 10\times\frac{\sqrt{2}}{2}$$
$$= 5\sqrt{3} + 5 - 5\sqrt{2} = 6.59\text{ kN}$$

주어진 3개의 힘의 합력(x방향의 힘과 y방향의 힘을 합한 합력)은

$$F_R = \sqrt{(F_x)^2 + (F_y)^2} \text{에서 } F_R = \sqrt{(10.73)^2 + (6.59)^2} = 12.59\text{ kN}$$

합력의 방향각은

$$\tan\theta = \frac{F_y}{F_x},\ \theta = \tan^{-1}\left(\frac{F_y}{F_x}\right) = \tan^{-1}\left(\frac{6.59}{10.73}\right) = 31.56°$$

예제 다음 그림과 같이 O점에서 두 힘($\overrightarrow{F_1}$= 100 N, $\overrightarrow{F_2}$= 100 N)이 작용하고 있다. 두 힘의 합력($\overrightarrow{F_R}$)의 크기와 합력의 방향(x축에서 반시계 방향의 각도)을 구하시오.

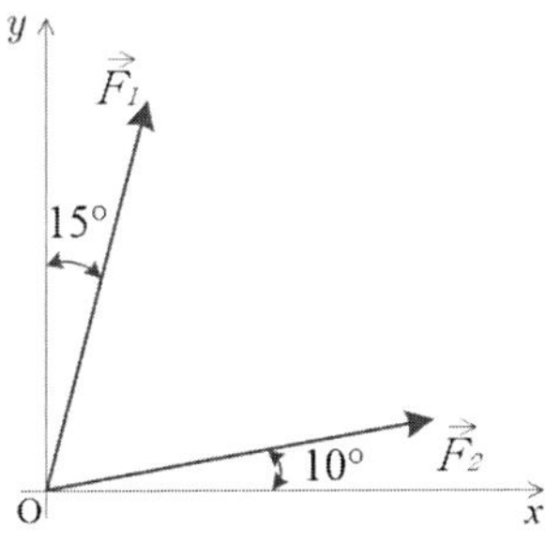

풀이 방법 1 두 가지 방법으로 계산할 수 있는데

먼저 코사인 법칙을 활용하는 방법으로 구해보자.

① 먼저 각(α)을 구한다.

직각 좌표계는 90°이므로

$\alpha = 90° - (15° + 10°) = 65°$

② 합력을 구하기 위해 각(θ)를 구한다.

네 각의 합은 360°이므로

$$\theta = \frac{360° - 2(65°)}{2} = 115°$$

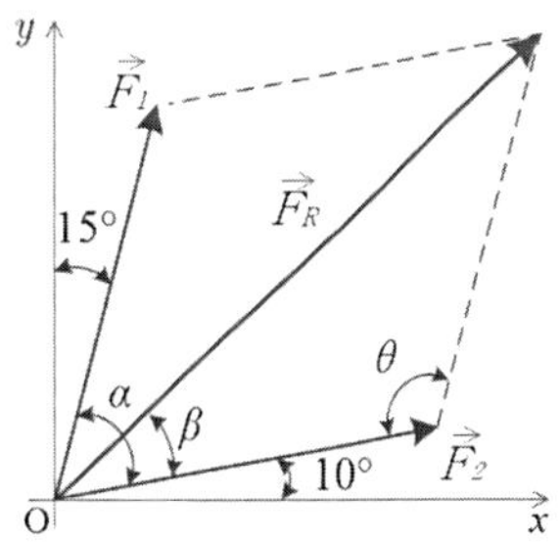

(a)

③ 합력을 구하는 공식 코사인 제 2법칙을 활용한다.

$$F_R = \sqrt{F_1^2 + F_2^2 - 2F_1F_2\cos\theta}$$
$$= \sqrt{100^2 + 100^2 - 2\times100\times100\times\cos115°}$$
$$= 168.7\text{ N}$$

또는

$$F_R = \sqrt{F_1^2 + F_2^2 + 2F_1F_2\cos(180° - \theta)}$$
$$= \sqrt{100^2 + 100^2 + 2\times100\times100\times\cos65°}$$
$$= 168.7\text{ N}$$

어느 각을 활용하느냐에 따라 식이 달라지지만 계산값은 같다는 것을 보여주었다.

④ 삼각형의 사인 법칙을 활용하여 각 β 를 구한다.

$$\frac{100}{\sin\beta} = \frac{168.7}{\sin 115°} \quad \sin\beta = 0.537$$

$$\beta = \sin^{-1}0.537 = 32.5°$$

⑤ 합력의 방향을 구하기 위해서 각 ϕ를 구한다.

$$\phi = 32.5° + 10° = 42.5°$$

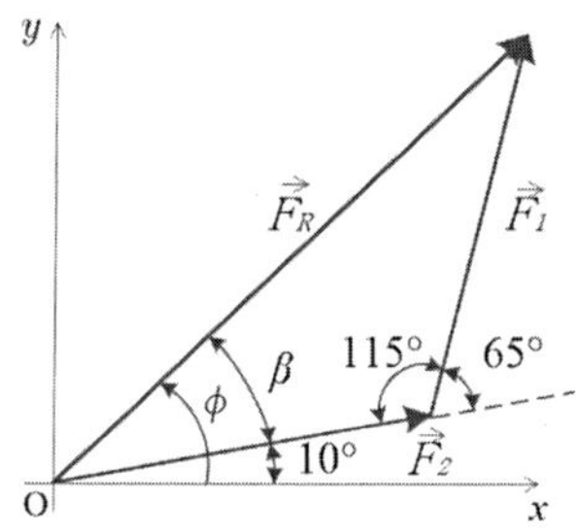

(b)

풀이 방법 2 직교 벡터로 분해하여 합력을 구하는 방법으로 구해보자

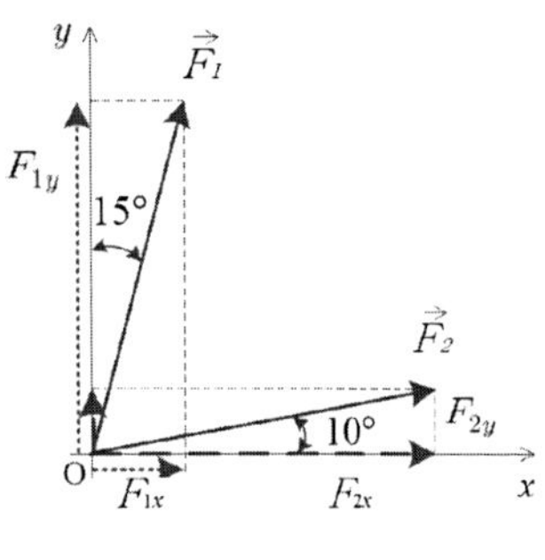

(a)

① 먼저 (a)와 같이 두 힘 벡터($\overrightarrow{F_1}$, $\overrightarrow{F_2}$)를 직각 좌표계의 x, y 성분으로 분해한다.

$$\overrightarrow{F_{1x}} = F_1 \sin15°\vec{i},\ \overrightarrow{F_{1y}} = F_1 \cos15°\vec{j}$$

$\overrightarrow{F_1} = F_{1x}\vec{i} + F_{1y}\vec{j}$ 이므로

$$\overrightarrow{F_1} = F_1(\sin15°\vec{i} + \cos15°\vec{j})$$

마찬가지로

$$\overrightarrow{F_{2x}} = F_2 \cos10°\vec{i},\ \overrightarrow{F_{2y}} = F_2 \sin10°\vec{j}$$

우리나라의 전통기술 내용 중 각도와 관련된 내용을 찾아보세요.
아산 장영실 과학관 :
https://scienceall.com/%eb%9e%9c%ec%84%a0%ea%b3%bc%ed%95%99%ea%b4%80%eb%82%98%eb%93%a4%ec%9d%b4-%ec%95%84%ec%82%b0%ec%9e%a5%ec%98%81%ec%8b%a4%ea%b3%bc%ed%95%99%ea%b4%80/

$\overrightarrow{F_2} = F_{2x}\vec{i} + F_{2y}\vec{j}$ 이므로

$\overrightarrow{F_2} = F_2(\cos 10^\circ \vec{i} + \sin 10^\circ \vec{j})$

② 합력($\overrightarrow{F_R}$)을 구하기 위해 x성분과 y성분을 각각 더한다.

먼저 x성분을 합하면

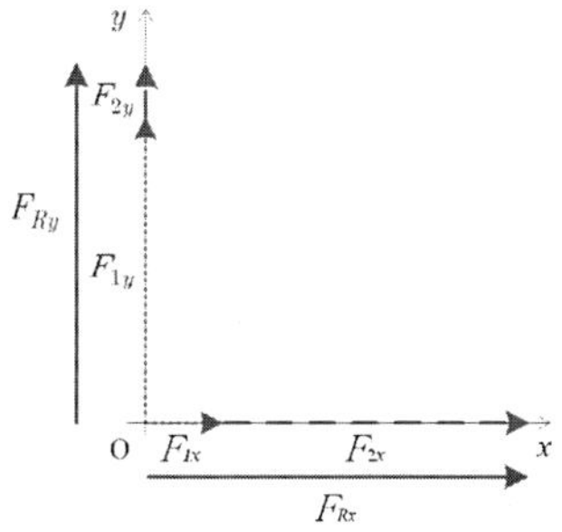

(b)

$$\begin{aligned}\overrightarrow{F_{Rx}} &= \overrightarrow{F_{1x}} + \overrightarrow{F_{2x}} \\ &= F_1 \sin 15^\circ \vec{i} + F_2 \cos 10^\circ \vec{i} \\ &= (100 \times 0.26 + 100 \times 0.99)\vec{i} \\ &= 125\vec{i}\end{aligned}$$

$$\begin{aligned}\overrightarrow{F_{Ry}} &= \overrightarrow{F_{1y}} + \overrightarrow{F_{2y}} \\ &= F_1 \cos 15^\circ \vec{i} + F_2 \sin 10^\circ \vec{j} \\ &= (100 \times 0.97 + 100 \times 0.17)\vec{j} \\ &= 114\vec{j}\end{aligned}$$

③ (c)와 같이 합력 F_R 을 구하면

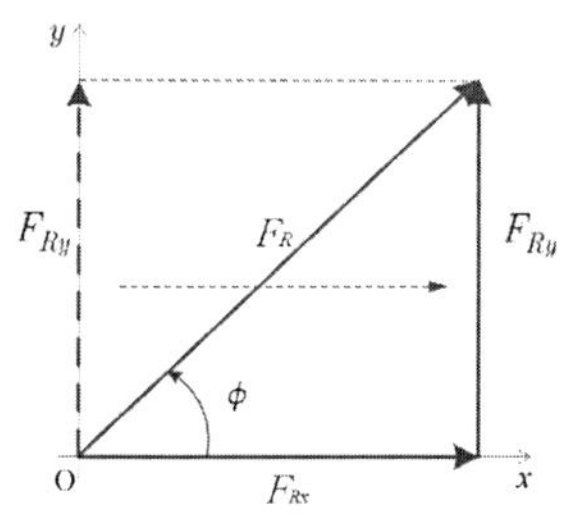

(c)

$F_R = \sqrt{F_{Rx}^2 + F_{Ry}^2}$

$F_R = \sqrt{125^2 + 114^2}$

$\fallingdotseq 169\,\text{N}$

④ x축을 기준으로 합력의 위치인 각ϕ를 구하기 위하여 삼각함수 $\tan\phi$를 활용한다.

$\tan\phi = \dfrac{F_{Ry}}{F_{Rx}}$ 이므로

$\phi = \tan^{-1}\left(\dfrac{F_{Ry}}{F_{Rx}}\right) = \tan^{-1}\left(\dfrac{114}{125}\right)$

$\phi \fallingdotseq 42.4^\circ$ (소숫점 계산의 차이로 의하여 약간의 차이가 날 수 있음)

연습문제

1-1 다음 그림과 같이 두 힘이 작용하고 있다. O점에 작용하는 힘의 합력의 크기를 구하시오.(x방향과 y방향의 힘 합력을 구하시오.)

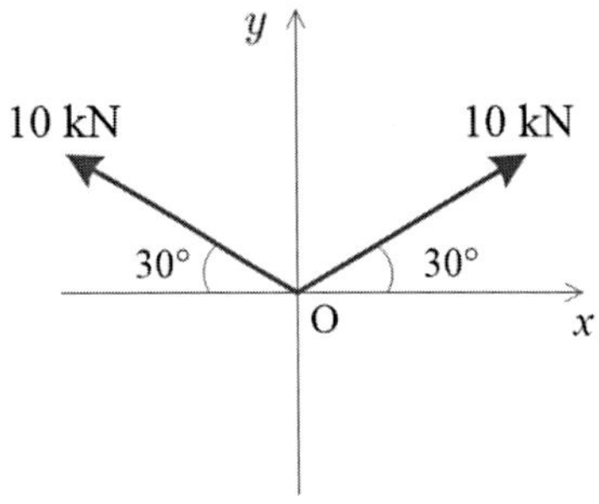

(a)

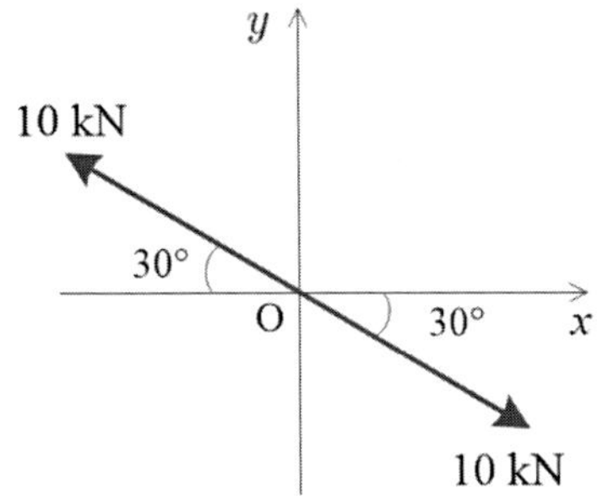

(b)

1-2 다음 그림과 같이 세 힘이 작용하고 있다. O점에 작용하는 힘의 합력의 크기를 구하시오(x방향과 y방향의 힘 합력을 구하시오)

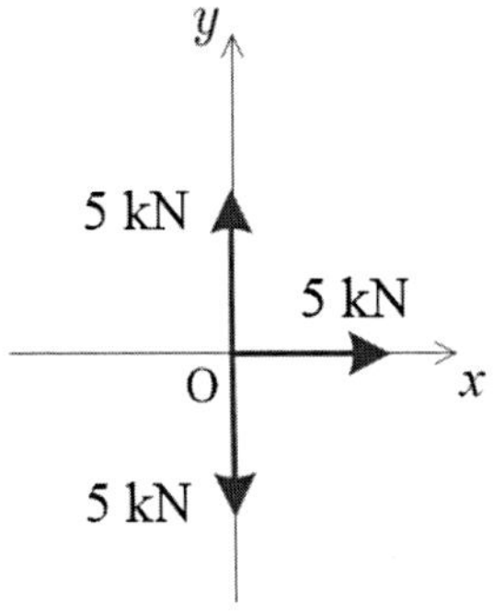

(a)

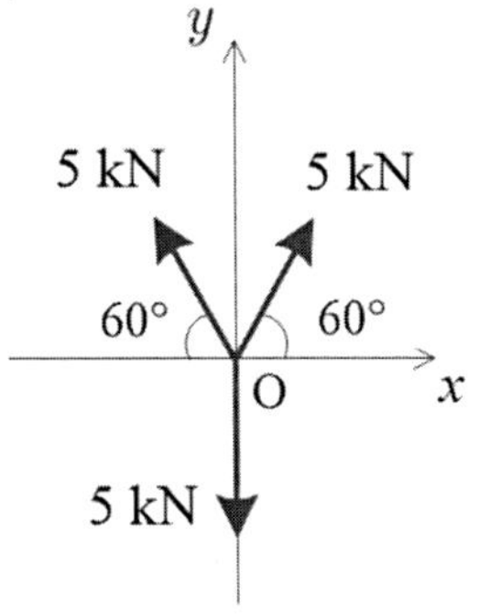

(b)

1-3 다음 그림과 같이 세 힘이 O 점에 작용하여 힘의 평형을 이루고 있다. 힘 F 를 구하시오

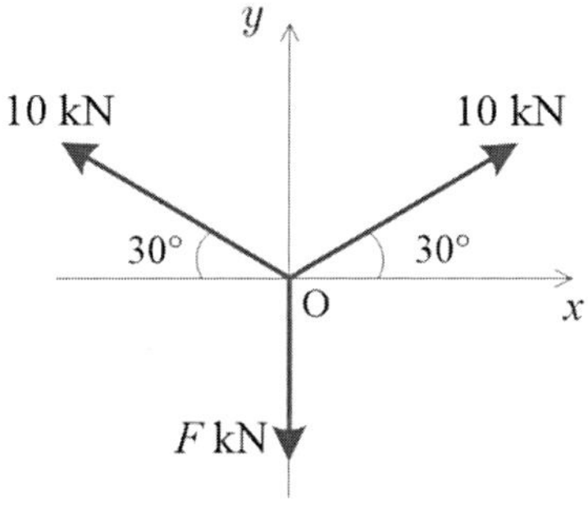

1-4 다음 그림과 같이 세 힘이 O 점에 작용하고 있다. 힘 F_1, F_2를 구하시오

연습문제 – 풀이

1-1 풀이

(a) x방향의 힘 합력은 $\overset{+}{\rightarrow}\sum F_x = -10\times\cos 30^\circ + 10\times\cos 30^\circ = 0$

y방향의 힘 합력은

$+\uparrow\sum F_y = 10\times\sin 30^\circ + 10\times\sin 30^\circ = 10\times\frac{1}{2} + 10\times\frac{1}{2} = 10\ \text{kN}$

합력의 크기 $F_R = \sqrt{(F_x)^2 + (F_y)^2}$ 에서 $F_R = \sqrt{(0)^2 + (10)^2} = 10\ \text{kN}$

(b) x방향의 힘 성분 합력은 $\overset{+}{\rightarrow}\sum F_x = -10\times\cos 30^\circ + 10\times\cos 30^\circ = 0$

y방향의 힘 성분 합력은

$+\uparrow\sum F_y = 10\times\sin 30^\circ - 10\times\sin 30^\circ = 10\times\frac{1}{2} - 10\times\frac{1}{2} = 0\ \text{kN}$

합력의 크기 $F_R = \sqrt{(F_x)^2 + (F_y)^2}$ 에서 $F_R = \sqrt{(0)^2 + (0)^2} = 0\ \text{kN}$

1-2 풀이

(a) x방향의 힘 성분 합력은 $\overset{+}{\rightarrow}\sum F_x = 0,\ +5\ \text{kN}$

y방향의 힘 성분 합력은 $+\uparrow\sum F_y = 0,\ +5\ \text{kN} - 5\ \text{kN} = 0\ \text{kN}$

합력의 크기 $F_R = \sqrt{(F_x)^2 + (F_y)^2}$ 에서 $F_R = \sqrt{(0)^2 + (5)^2} = 5\ \text{kN}$

(b) x방향의 힘 성분 합력은 $\overset{+}{\rightarrow}\sum F_x = 0, -5\times\cos 60^\circ + 5\times\cos 60^\circ = 0$

y방향의 힘 성분 합력은

$+\uparrow\sum F_y = 5\times\sin 60^\circ + 5\times\sin 60^\circ - 5 = 5\times\frac{\sqrt{3}}{2} + 5\times\frac{\sqrt{3}}{2} - 5$

$= (5\sqrt{3} - 5) = 3.66\ \text{kN}$

합력의 크기 $F_R = \sqrt{(F_x)^2 + (F_y)^2}$ 에서 $F_R = \sqrt{(0)^2 + (\sqrt{3.66})^2} = 3.66\ \text{kN}$

1-3

풀이 1)

x 방향 힘의 평형 조건을 만족하려면

$\overset{+}{\rightarrow}\sum F_x = 0,\ -10\times\cos 30° + 10\times\cos 30° = 0$, x 방향의 힘은 평형이다.

y 방향 힘의 평형 조건을 만족하려면

$+\uparrow\sum F_y = 0,\ 10\times\sin 30° + 10\times\sin 30° - F = 0,\ 10\times\frac{1}{2} + 10\times\frac{1}{2} - F = 0,$

$F = 10\ \text{kN}$

풀이 2)

라미의 정리(Lami's theorem)는 각과 마주보는 힘의 비를 보여주는 것이므로

$\frac{10}{\sin 120°} = \frac{10}{\sin 120°} = \frac{F}{\sin 120°}$ 에서, $F = 10\ \text{kN}$

1-4 풀이

x 방향 힘의 평형 조건을 만족하려면

$\overset{+}{\rightarrow}\sum F_x = 0,\ -10\times\cos 30° + F_1\times\cos 60° = 0,\ -10\times\frac{\sqrt{3}}{2} + F_1\times\frac{1}{2} = 0,$

$F_1 = 10\sqrt{3} = 17.32\ \text{kN}$

y 방향 힘의 평형 조건을 만족하려면,

$+\uparrow\sum F_y = 0,\ 10\times\sin 30° + F_1\times\sin 60° - F_2 = 0,$

$10\times\frac{1}{2} + 10\sqrt{3}\times\frac{\sqrt{3}}{2} - F_2 = 0,\ F_2 = 20\ \text{kN}$

7 정역학에서의 수학

1) 삼각함수 공식

삼각비는 직각 삼각형에서 세변의 길이, a, b, c 사이의 비율 값을 정의한 것이며, 보통 삼각비는 각도 θ에 의해 $\sin\theta$(사인 세타), $\cos\theta$(코사인 세타), $\tan\theta$(탄젠트 세타)로 표기한다. 반지름의 길이가 r인 원 위의 점 P(x, y)에 대하여 동경(움직이는 반지름) OP가 나타내는 일반각의 크기를 θ라고 할 때

삼각함수 및 여각($90^\circ - \theta$)	삼각함수 및 보각($180^\circ - \theta$)
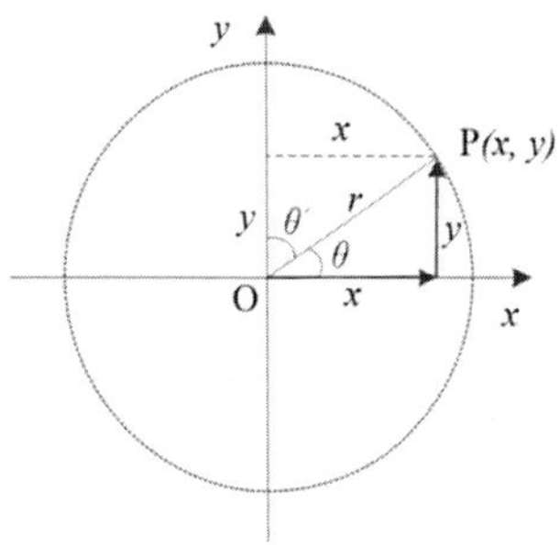	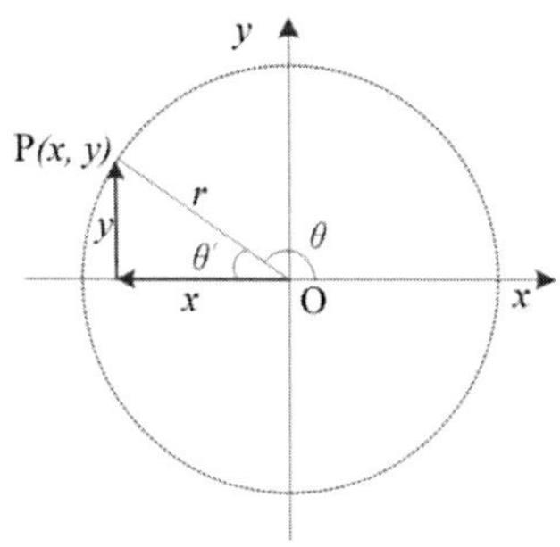
$\sin\theta = \frac{y}{r}$, $\cos\theta = \frac{x}{r}$, $\tan\theta = \frac{y}{x}$, $\tan\theta = \frac{y}{x} = \frac{\sin\theta}{\cos\theta}$ $\sin\theta' = \frac{x}{r}$, $\cos\theta' = \frac{y}{r}$, $\tan\theta' = \frac{x}{y}$	$\sin\theta = \frac{y}{r}$, $-\cos\theta = \frac{-x}{r}$, $-\tan\theta = \frac{y}{-x}$, $\sin\theta' = \frac{y}{r}$, $\cos\theta' = \frac{-x}{r}$, $\tan\theta' = \frac{y}{-x}$
$\sin(90^\circ - \theta) = \cos\theta$ $\cos(90^\circ - \theta) = \sin\theta$ $\tan(90^\circ - \theta) = \frac{1}{\tan\theta}$	$\sin(180^\circ - \theta) = \sin(\pi - \theta) = \sin\theta$ $\cos(180^\circ - \theta) = -\cos\theta$ $\tan(180^\circ - \theta) = -\tan\theta$

피타고라스 정리 $r^2 = x^2 + y^2$에 $x = r\cos\theta$, $y = r\cos\theta$를 대입하면

$\sin^2\theta + \cos^2\theta = 1$ 이다.

기울기는 삼각함수 ($\tan\theta = \frac{높이}{밑변}$) 활용하면 도움이 된다.

구분 \ 각도	30°	45°	60°
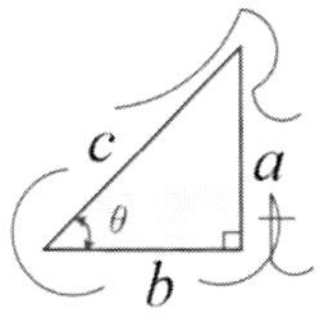	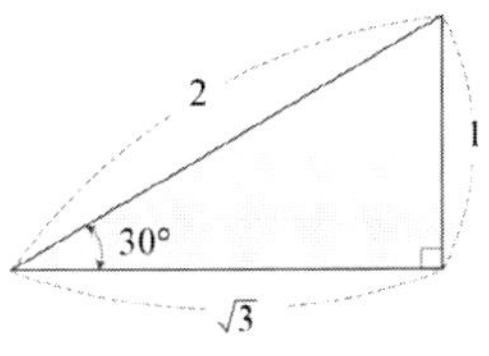	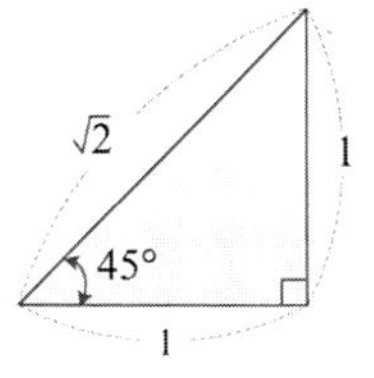	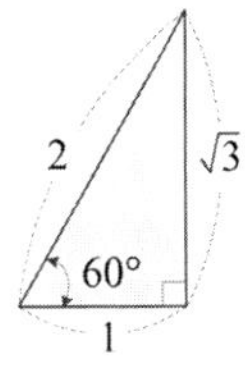
$\sin\ \theta = \frac{a}{c}$, $a = c \times \sin\ \theta$	$\sin\ 30° = \frac{1}{2}$	$\sin\ 45° = \frac{1}{\sqrt{2}}$	$\sin\ 60° = \frac{\sqrt{3}}{2}$
$\cos\ \theta = \frac{b}{c}$, $b = c \times \cos\ \theta$	$\cos\ 30° = \frac{\sqrt{3}}{2}$	$\cos 45° = \frac{1}{\sqrt{2}}$	$\cos 60° = \frac{1}{2}$
$\tan\ \theta = \frac{a}{b} = \frac{\sin\theta}{\cos\theta}$, $a = b \times \tan\ \theta$	$\tan\ 30 = \frac{1}{\sqrt{3}}$	$\tan\ 45° = 1$	$\tan\ 30° = \sqrt{3}$

2) 삼각함수 그래프와 값

물리학이나 수학, 역학에서 그래프를 주로 사용하는 이유는 : 상관관계(비교)가 가능해서 시각적으로 이해하기 쉽기 때문이다.

삼각함수의 그래프	그래프	값
y = sin θ 그래프	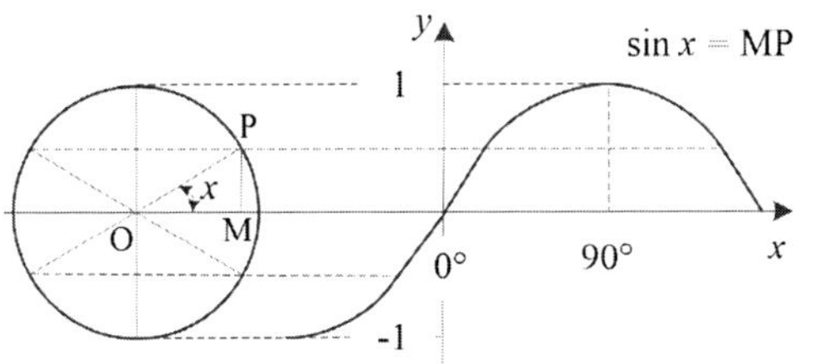	$\sin\ 0° = 0$ $\sin\ 90° = 1$

삼각함수의 그래프	그래프	값
$y = \cos\theta$ 그래프	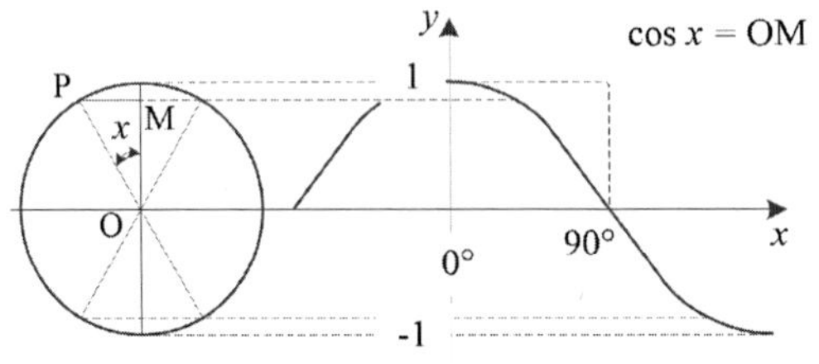	$\cos 0° = 1$ $\cos 90° = 0$
$y = \tan\theta$ 그래프	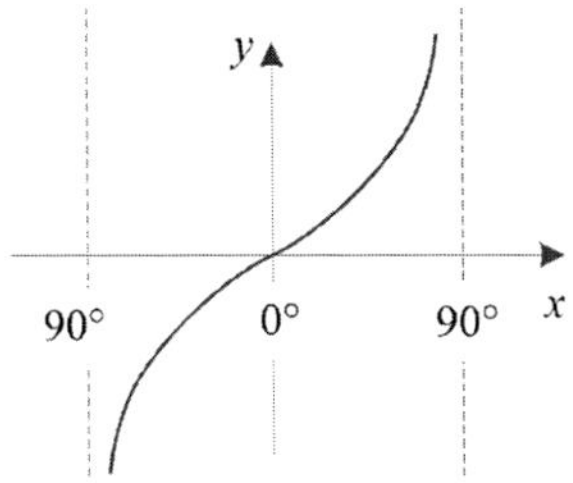	$\tan 0° = 0$ $\tan 90° = \infty$

참고 자료 : https://www.mathfactory.net/11255, 수학의 정석

3) 삼각비의 역수와 각도

$\csc\theta = \dfrac{1}{\sin\theta}$ (코시컨트)	$\sec\theta = \dfrac{1}{\cos\theta}$ (시컨트)	$\cot\theta = \dfrac{1}{\tan\theta}$ (코탄젠트)

기억해야 할 삼각함수 관계식

$\sin^2\theta + \cos^2\theta = 1,\ \sin 2\theta = 2\sin\theta\cos\theta$

$\sin(\alpha\pm\beta) = \sin\alpha\cos\beta + \cos\alpha\sin\beta,\quad \cos(\alpha\pm\beta) = \cos\alpha\cos\beta + \sin\alpha\sin\beta$

예각	여각
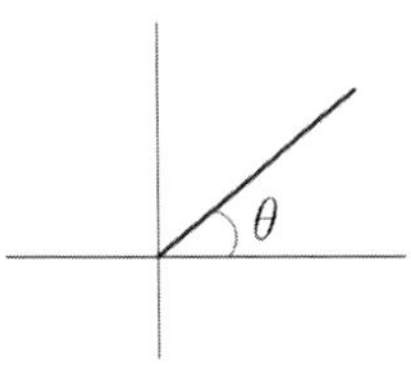	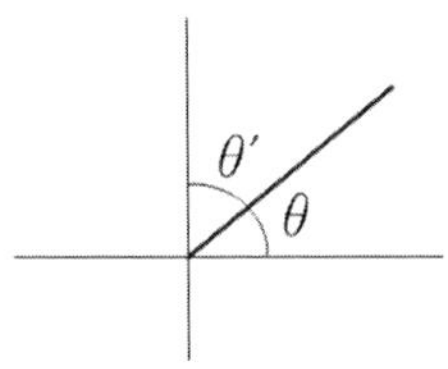
$0° < \theta < 90°$	θ와 θ'는 여각 관계

둔각	보각
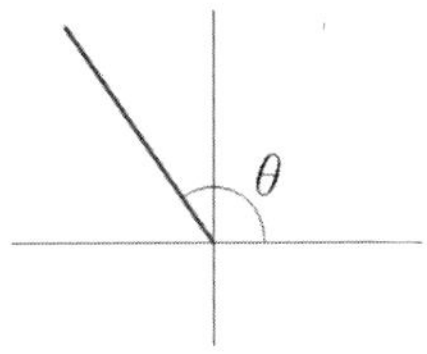	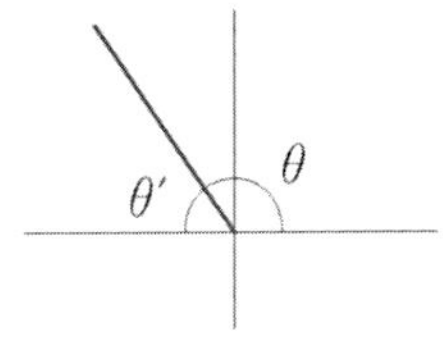
$90^\circ < \theta < 180^\circ$	θ 와 θ'는 보각 관계 $\theta' = (180^\circ - \theta)$

4) 일반각과 호도법

◦ 일반각의 정의

시초선(처음 시작하는 선) OX를 출발하여 현 위치에 있는 동경(움직이는 선) OP 가 이루는 각 중 하나를 α° 라고 하면

$$\theta = 360^\circ \times n + \alpha^\circ \text{ (단, } n\text{은 정수)}$$

로 표시되는 각 θ 를 동경 OP 가 나타내는 일반각이라고 한다.

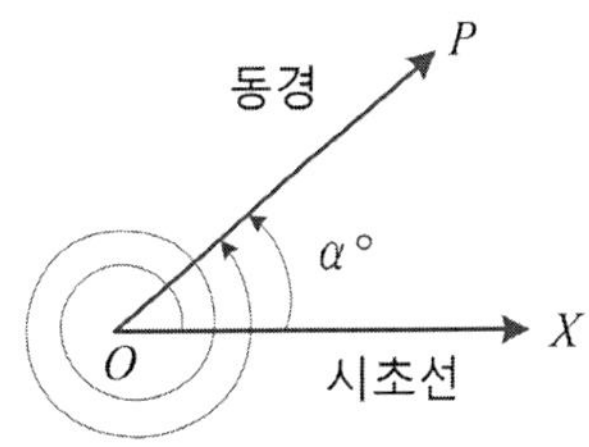

반지름의 길이와 원호의 길이가 같은 r로 $\angle AOB$의 크기를 1라디안(radian)이라고 하고, 이것을 단위로 하여 각도를 나타내는 방법을 호도법이라고 한다.

π 라디안 $= 180^\circ$, 1 라디안 $= \dfrac{180^\circ}{\pi}$, $1^\circ = \dfrac{\pi}{180}$

각도가 보이면 그걸 없애야 하므로 $\dfrac{\pi}{180}$,

π 가 보이면 그걸 없애야 하므로 $\dfrac{180^\circ}{\pi}$

육십분법은 각도(°, 예 360°), 호도법은 파이(π, 예 2π)로 표시한다.

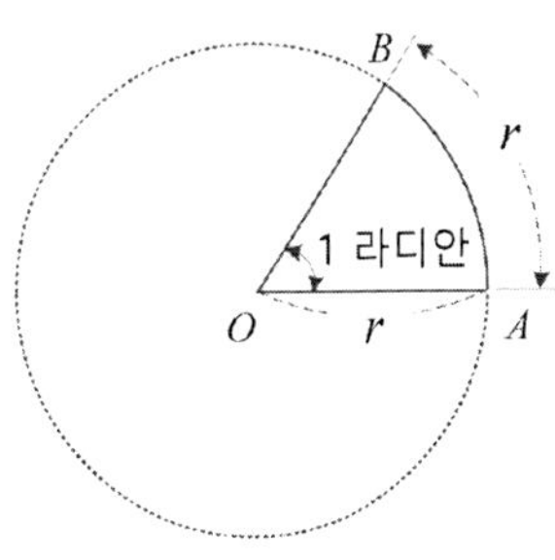

5) 부채꼴의 호의 길이와 넓이

원의 반지름은 r, 중심각은 θ(라디안), 부채꼴 호의 길이는 l, 넓이는 S 라고 할 때 길이 l, 넓이 S 를 구하시오.

호의 길이는 중심각(중심각은 호도법으로 표기)의 크기에 비례하므로, 비례식은

$l : 2\pi r = \theta : 2\pi$ 이다

식을 정리하면 $2\pi \times l = 2\pi r \times \theta$

$\therefore\ l = r\theta$

부채꼴의 넓이는 중심각의 크기에 비례하므로

$S : \pi r^2 = \theta : 2\pi$ 이다

식을 정리하면 넓이는 $\therefore\ S = \dfrac{1}{2}\pi r^2\theta = \dfrac{1}{2}rl$

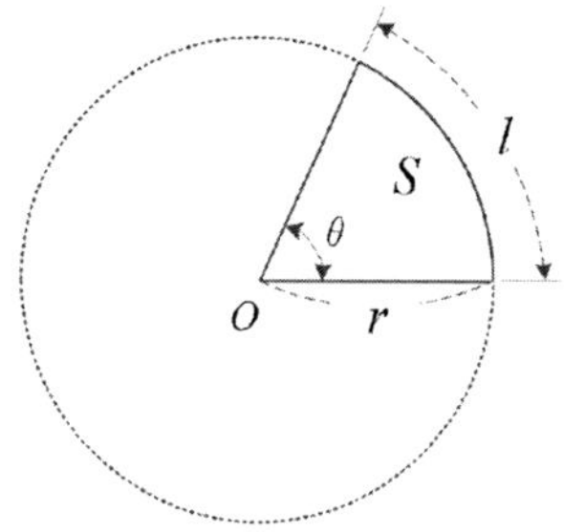

사인 법칙(law of sine)

삼각형 abc의 세 각의 크기 a, b, c와 세변의 길이 $A,\ B,\ C$ 및 외접원의 반지름 R 사이에는 다음 관계가 성립한다.

$$\frac{A}{\sin a} = \frac{B}{\sin b} = \frac{C}{\sin c} = 2R$$

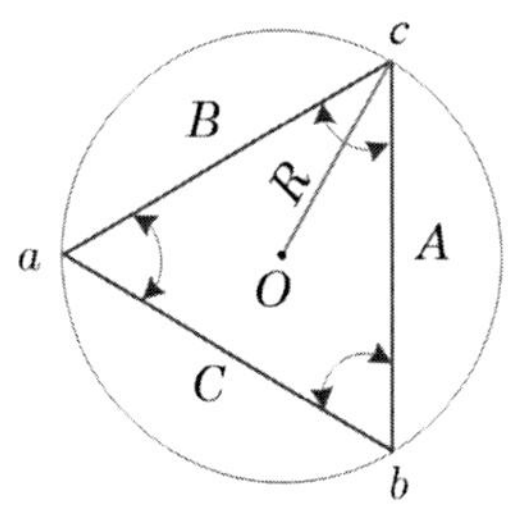

사인 법칙(law of sine): 정현 법칙

삼각형 세 각의 크기 a, b, c와 세변의 길이 A, B, C 및 외접원의 반지름 R 사이에는 다음과 같은 관계가 성립한다. 즉, 세 힘이 그림 (a)와 같이 작용할 때 질점 O에 작용하는 합력이 0이 되기 위해서는 힘의 종점이 시작점과 일치해야 한다.

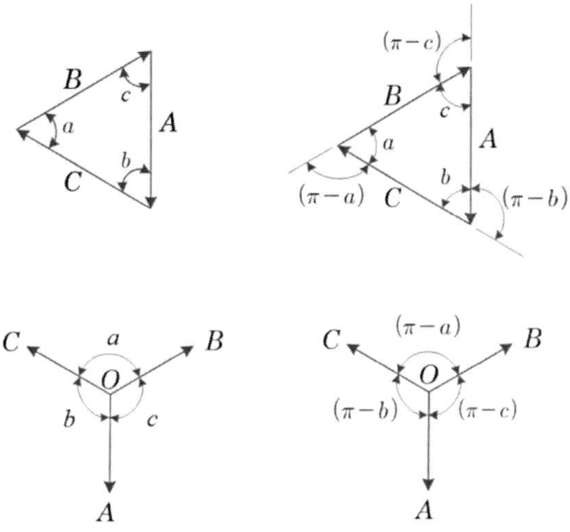

(a) (b)

사인법칙에 의해

질점에 작용하는 세 힘의 관계를 나타내는 다음과 같은 식을 라미의 정리(Lami's theorem)라고 한다. 각과 마주보는 변의 비를 보여준다.

(a)에서는 $\dfrac{A}{\sin a}=\dfrac{B}{\sin b}=\dfrac{C}{\sin c}$

(b)의 그림에서는 $\dfrac{A}{\sin(\pi-a)}=\dfrac{B}{\sin(\pi-b)}=\dfrac{C}{\sin(\pi-c)}$

사인법칙($\sin(\pi-a)=\sin a$ 이므로) 에 의해서 $\dfrac{A}{\sin a}=\dfrac{B}{\sin b}=\dfrac{C}{\sin c}$ 라고 쓸 수 있다.

예제 각 a가 30°, 마주 보는 변의 길이(A)가 5 m 일 때 원의 반지름 길이를 구하시오

풀이

$\dfrac{A}{\sin a}=2R$에서 $\dfrac{5}{\sin 30^\circ}=2R,\ \ R=5\,[\mathrm{m}]$

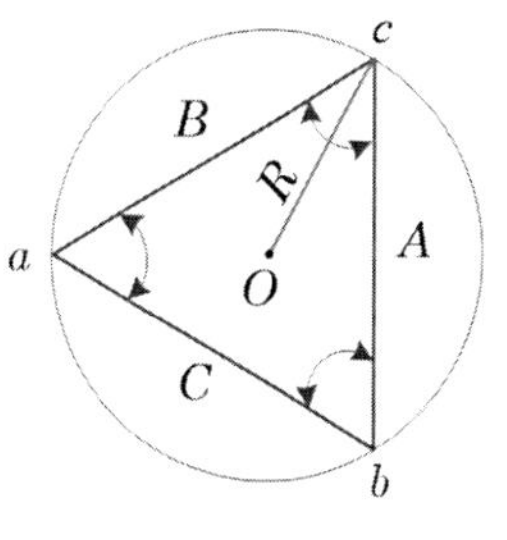

각(a), 마주 보는 변의 길이(A), 반지름(R) 중 어느 두 값을 알면 나머지 하나의 값을 구하는 문제이다,

연습문제

1-1 삼각함수 공식이다. 다음 값은 ?

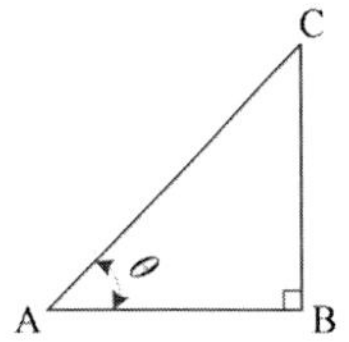

$\cos 45° =$	$\sin 30° =$	$\sin 60° =$
$\cos 30° =$	$\sin 45° =$	$\tan 60° =$
$\sin 180° =$	$\sin 270° =$	$\cos 0° =$
$\cos 90° =$	$\sin 0° =$	$\sin 90° =$

1-2 아래 그림 A~D점 위치의 각 거리와 각도를 구하고자 한다. A점에서 물체의 D점의 거리는 173.2 cm이고 수평면과의 각도는 30°이다. B 점에서 C 점의 수평 거리는 50 cm, 점 C에서 D지점의 거리는 86.6 cm 이다. 괄호 안의 x_1, x_2, x_3 각 수치를 정수로 구하시오(약간의 치수 오차는 있을 수 있다).

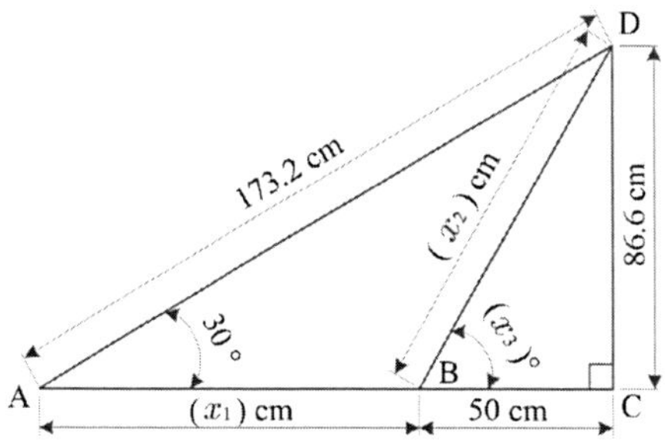

1-3 호도법은 각도로, 각도는 호도법으로 쓰시오

1) $\frac{3}{4}\pi =(\quad)°$

2) $-\frac{7}{6}\pi =(\qquad)°$

3) $225° =(\quad)\pi$

1-4 원의 둘레 구하는 식은 ?

1-5 원의 면적을 구하는 식은 ?

1-6 원통의 부피를 구하는 식은 ?

1-7 다음 그림 (a)와 (b)에서 α, β, ϕ, θ_1, θ_2의 각도를 구하시오

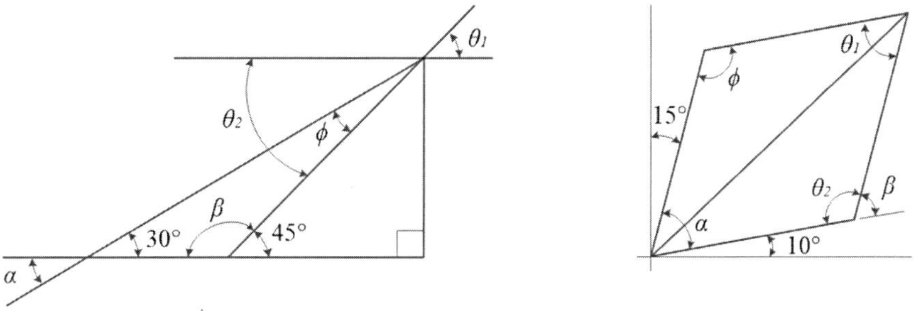

(a) (b)

1-8 원점을 중심으로 반지름이 20 cm인 피자를 나누어 먹으려고 한다. 다음 물음에 풀이 과정과 답을 쓰시오(단, 피자의 두께는 일정하며, 원의 둘레도 일정하다).

1) 피자 전체의 면적은 ?

2) 전체 피자의 $\frac{1}{6}$인 면적은 ?

3) 피자의 전체 둘레 길이는 ?

4) 전체 피자의 절반의 량은 중심에서 반지름으로 거리가 얼마인가 ?

연습문제 - 풀이

1-1 삼각함수 공식이다. 다음 값은?

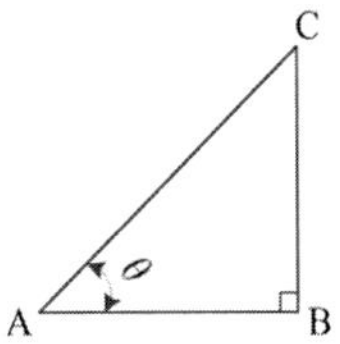

$\cos 45° = \frac{1}{\sqrt{2}} = \frac{\sqrt{2}}{2}$	$\sin 30° = \frac{1}{2}$	$\sin 60° = \frac{\sqrt{3}}{2}$
$\cos 30° = \frac{\sqrt{3}}{2}$	$\sin 45° = \frac{1}{\sqrt{2}} = \frac{\sqrt{2}}{2}$	$\tan 60° = \sqrt{3}$
$\sin 180° = 0$	$\sin 270° = -1$	$\cos 0° = 1$
$\cos 90° = 0$	$\sin 0° = 0$	$\sin 90° = 1$

1-2 **풀이** 삼각함수를 활용하면 쉽게 구할 수 있다.

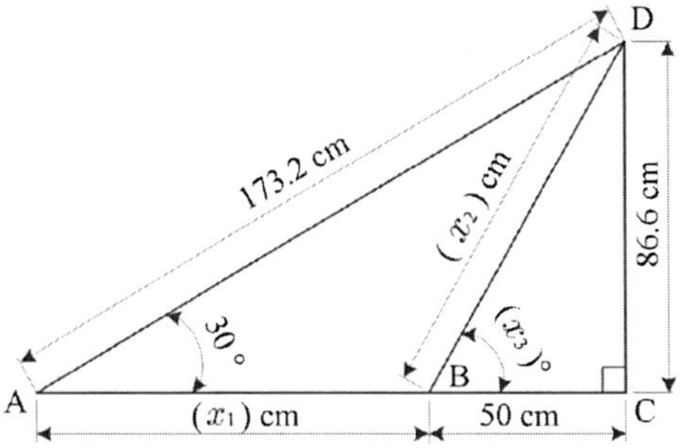

$\cos 30° = \frac{\sqrt{3}}{2}$, $\cos 30° = \frac{(x_1 + 50)}{173.2}$에서 30°가 되려면 $x_1 = 100$ cm

$\tan (x_3)° = \frac{86.6}{50}$, $x_3 = (60)°$,

$\cos 60° = \frac{1}{2}$ 이므로 $\cos 60° = \frac{50}{x_2}$, $x_2 = 100$cm

$\therefore\ x_1 = 100$ cm, $x_2 = 100$ cm, $x_3 = 60$

1-3 각도는 호도법으로, 호도법은 각도로 쓰시오

1) $\frac{3}{4}\pi = (\ 135\ )°$ 풀이) $\frac{3}{4}\pi \times \frac{180}{\pi} = 135°$

2) $-\frac{7}{6}\pi = (\ -210\ )°$ 풀이) $-\frac{7}{6}\pi \times \frac{180}{\pi} = -210°$

3) $225° = (\ \frac{5}{4}\ )\pi = (1.25)\pi$ 풀이) $225° = 225 \times \frac{\pi}{180} = \frac{5}{4}\pi = 1.25\pi$

1-4 원의 둘레 구하는 식은? $2\pi r$

1-5 원의 면적을 구하는 식은? $\pi r^2, \frac{\pi d^2}{4}$

1-6 원통의 부피를 구하는 식은? $\pi r^2 \times$ 높이, $\frac{\pi d^2}{4} \times$ 높이

1-7 엇각은 각도가 같다. 삼각형 내각의 합은 180°, 사각형 내각의 합은 360°이므로 아래와 같이 계산한다.

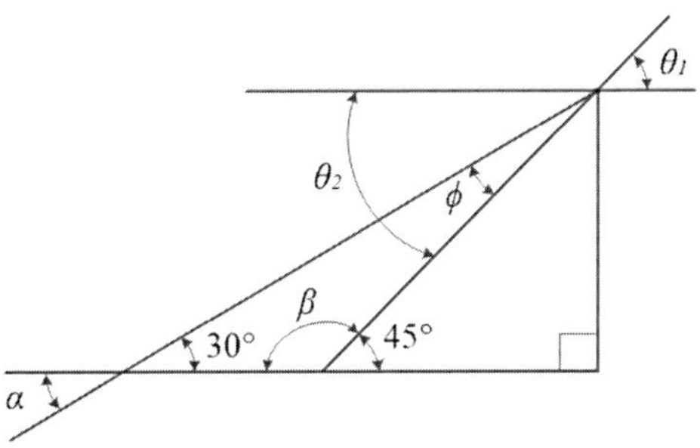

(a)

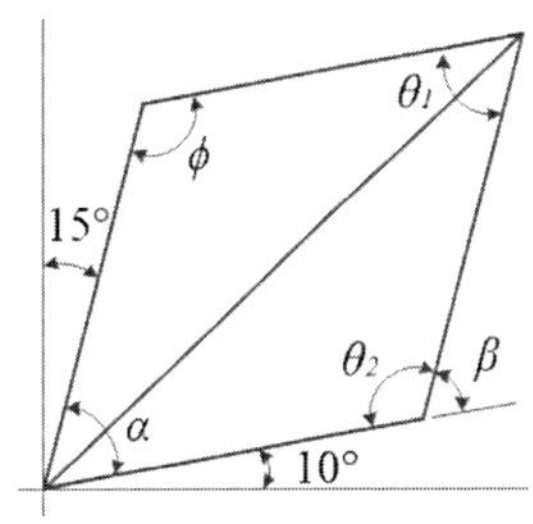

(b)

그림 (a)에서

$\alpha = 30°, \beta = 180° - 45° = 135°, \phi = 180° - 30° - 135° = 15°,$

$\theta_1 = \theta_2 = 45°$

그림 (b)에서 $\alpha = \theta_1 = 65°, \theta_2 = \phi = \frac{360 - (\alpha + \theta_1)}{2} = 115°,$

$\beta = 180° - 115° = 65°$

1-8

1) 피자 전체 면적은 $S=\frac{1}{2}r\times l=\frac{1}{2}\times 20\times 40\pi$(여기서 $l=2\pi r$) $=400\pi$

또는 $\pi r^2 (=\frac{\pi}{4}d^2)=\pi\times 20^2=400\pi$

$400\pi \fallingdotseq 1{,}257\ \mathrm{cm}^2$

2) 전체 피자의 $\frac{1}{6}$인 면적은?

$\pi r^2\times\frac{1}{6}\fallingdotseq 209\,\mathrm{cm}^2$ 또는 $400\pi\times\frac{1}{6}=\frac{400}{6}\pi=\frac{200}{3}\pi$

3) 피자의 전체 둘레 길이는? $l=2\pi r=40\pi$

4) 전체 피자의 절반의 량은 중심에서 반지름으로 거리가 얼마인가?

$S=\frac{1}{2}r\times l=\frac{1}{2}\times 20\times 40\pi$(여기서 $l=2\pi r$) $=400\pi$

피자의 절반 면적은 전체 면적을 2로 나누면 $\frac{400\pi}{2}=200\pi$

$\pi r^2=200\pi$(여기서 200π는 피자의 절반면적이다)

따라서

$r=\sqrt{200}=10\sqrt{2}\fallingdotseq 14.14\,\mathrm{cm}$

Ⅱ 힘의 평형

1 지레의 원리

지레는 무거운 물체를 들어 올리는 데 쓰이는 막대를 말하며 지레의 3요소는 작용점, 받침점, 힘점이다

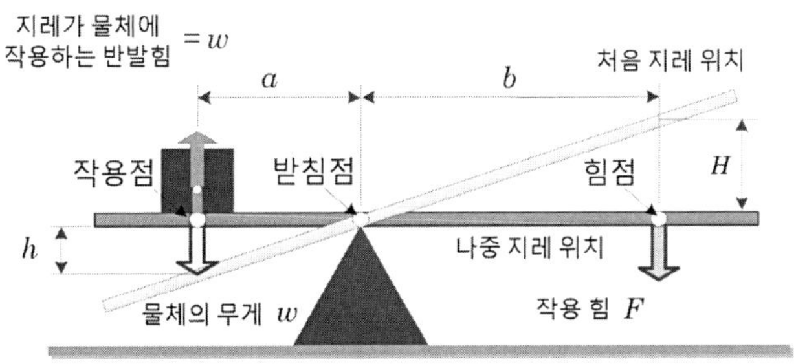

1) 지레가 지면과 수평을 이루기 위한 조건 :

받침점 A를 중심으로 양쪽 모멘트(=힘×거리)가 같으면 된다.

물체의 무게 (w) × 작용점과 받침점 사이의 거리 (a)

= 작용 힘 (F) × 받침점과 힘점 사이의 거리(b)

간략하게 자유 물체도 (free body diagram)와 그린 것이며, 식은 다음과 같다.

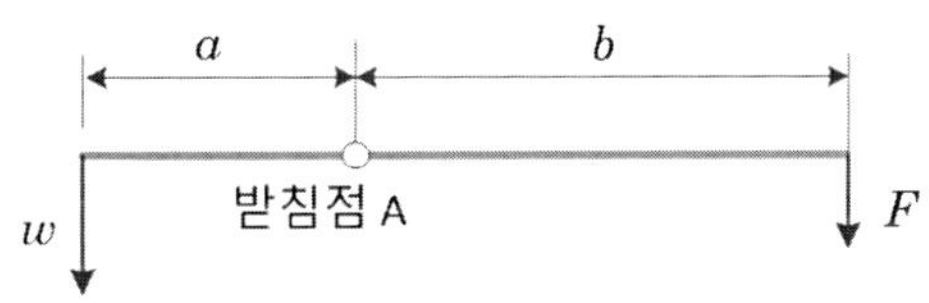

지레를 사용하여 물체를 들어 올리기 위해 작용하는 힘 F를 구하기 위한 식은

$$w \times a = F \times b, \quad F = w \times \frac{a}{b}$$

즉, 거리가 가까우면 힘이 많이 들고, 거리가 멀면 힘이 적게 든다.

□ 받침점 A에서 좌우 방향의 모멘트(Moment) 방향이 서로 다른 경우

: 거리 또는 힘을 변경하면 평형이 되게 할 수 있다(놀이기구 시소, 니퍼(펜치) 등).

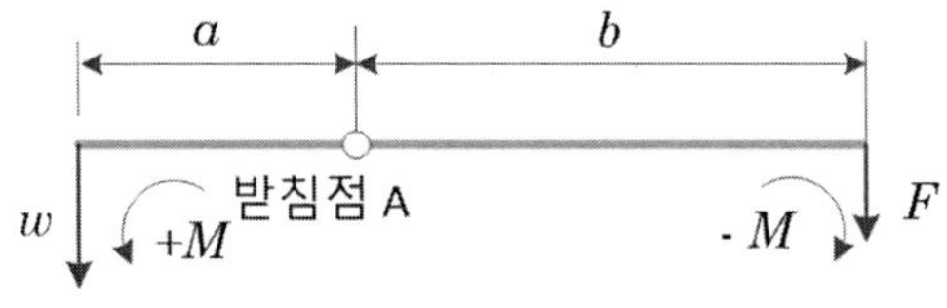

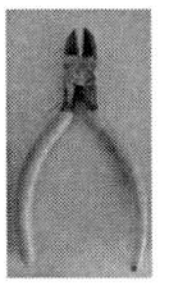

2 고정 도르래와 움직 도르래

바퀴에 줄을 감아 돌려서 힘을 전달하는 것을 도르래하고 하며 도르래는 움직 도르래와 고정 도르래로 구분할 수 있다. 도르래와 줄의 무게를 무시하거나, 도르래와 줄의 무게를 포함하여 힘을 계산하기도 한다.

도르래를 사용하는 이유는 한 일의 양은 같지만 힘을 덜 들일 수 있고, 힘의 방향도 변경할 수 있다는 점이다.

도르래를 사용할 때의 일을 살펴보면 다음과 같다

〈표〉 도르래를 사용할 때의 일

구분	고정 도르래	움직 도르래
도르래 구조	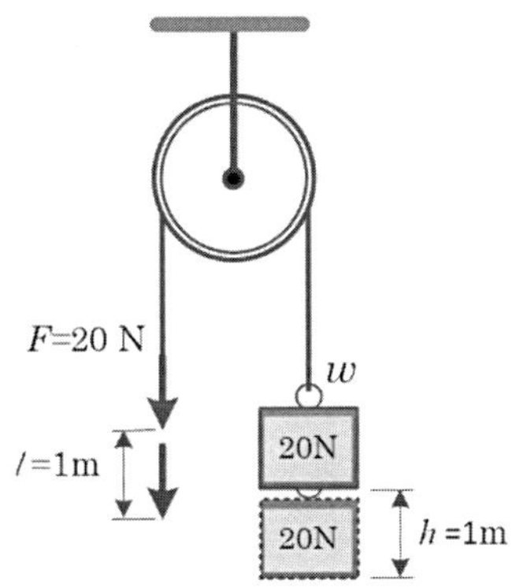 20 N의 물체를 1m 당김	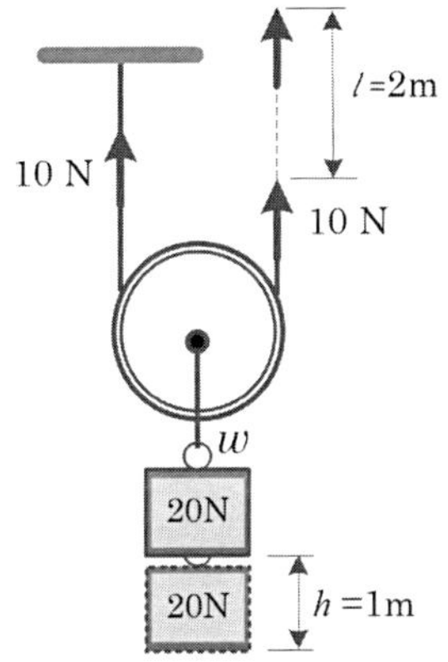 20 N의 물체를 10 N 힘으로 2 m 당김
당기는 힘	$F = w = 20\ \mathrm{N}$	$F = \frac{1}{2}w = \frac{1}{2} \times 20 = 10\ \mathrm{N}$ ($\frac{1}{2}$ 배감소)
당기는 길이	$l = h = 1\ \mathrm{m}$ 줄을 당기는 길이 ($l = 1\ \mathrm{m}$) = 물체가 올라간 길이 ($h = 1\ \mathrm{m}$)	$l = 2h = 2\ \mathrm{m}$ 줄을 당기는 길이 ($l = 2\ \mathrm{m}$) = 물체가 올라간 길이 ($h = 1\ \mathrm{m}$)
당겨서 한 일의 양	$F \times l = 20\ \mathrm{N} \times 1\ \mathrm{m} = 20\ \mathrm{N \cdot m(J)}$	$F \times l = 10\ \mathrm{N} \times 2\ \mathrm{m} = 20\ \mathrm{N \cdot m(J)}$
도르래가 물체에 한 일의 양	$w \times h = 20\ \mathrm{N} \times 1\ \mathrm{m} = 20\ \mathrm{N \cdot m(J)}$	$w \times h = 20\ \mathrm{N} \times 1\ \mathrm{m} = 20\ \mathrm{N \cdot m(J)}$
활용되는 곳	엘리베이터, 국기게양대, 상하 이동 암막 커텐 등	크레인, 거중기 등

〈표〉 움직 도르래의 병렬 및 직렬 연결 때의 힘의 크기

($h=1$ m 들어 올리는 경우, n:도르래의 수)

구분	병렬 연결 도르래	직렬 연결 도르래
도르래 구조	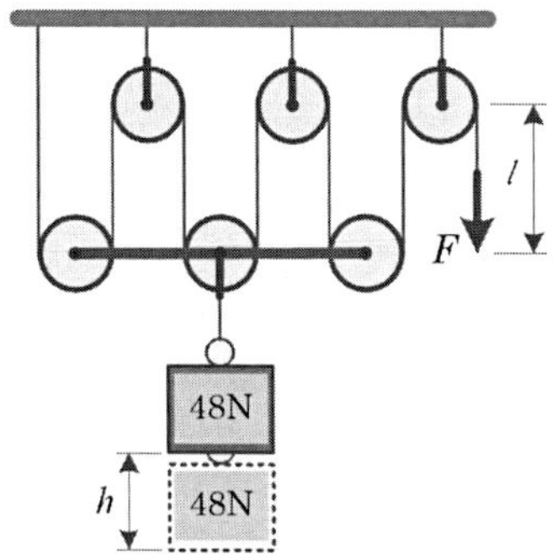 하나의 줄로 연결됨	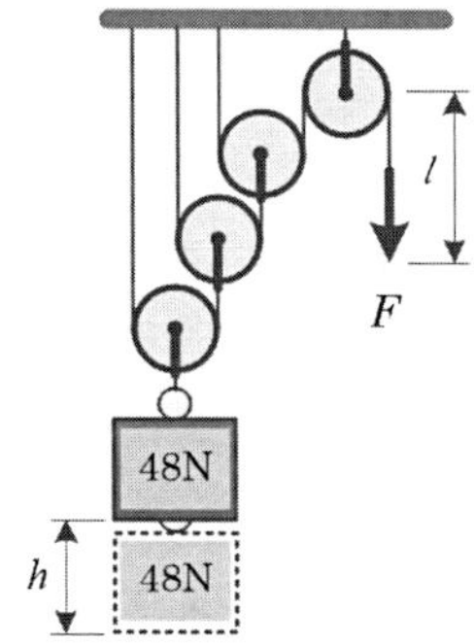 여러 개의 줄로 연결됨
당기는 힘의 크기	$F=\frac{w}{2n}=\frac{48}{6}=8$ N($\frac{1}{6}$배 감소)	$F=\frac{w}{2^n}=\frac{48}{2^3}=6$ N ($\frac{1}{8}$배 감소)
줄을 당기는 길이	물체를 1m(= h)들어 올리면 1×6(6배) = 6 m(6배 증가)	물체를 1m(= h)들어 올리면 1×8(8배) = 8 m(8배 증가)
기계(F)가 당겨서 한 일의 양	$F\times l=8$ N×6 m = 48 N·m(J)	$F\times l=6$ N×8 m = 48 N·m(J)
도르래가 물체에 한 일의 양	$w\times h=48$ N×1 m = 48 N·m(J)	$w\times h=48$ N×1 m = 48 N·m(J)
활용되는 곳	크레인 등에 사용하며 사용처에 따라 병렬 도르래와 직렬 도르래를 사용한다.	

3) 축바퀴

지레의 원리를 이용한 도구		축바퀴의 사용 예
큰 바퀴와 작은 바퀴의 길이 차이가 클수록 힘을 적게 들여서 일은 한다 큰 바퀴에 감긴 줄을 당기면 작은 바퀴에 감긴 줄이 바퀴에 감기면서 물체를 끌어 올린다. 수식 $w \times r = F \times R$ $F = w \times \frac{r}{R}$	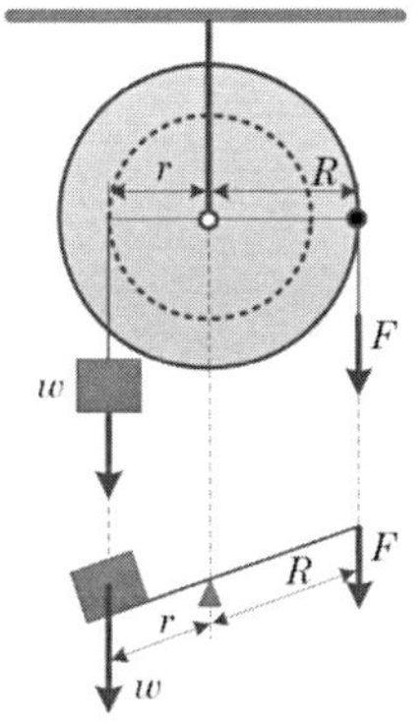 	지름의 차이가 클수록 힘을 적게 들여 일을 할 수 있다 (예 : 수도꼭지, 거중기) 우리 생활 속에서 지레의 원리가 사용된 것을 찾아보고 그림으로 표현해보세요 가위, 핀셋, 손수레

예제 평형 상태에서 마찰이 없는 도르래의 케이블에 무게가 W = 200 N인 블록을 유지하는데 필요한 힘 P를 구하시오(도르래와 케이블의 무게는 무시한다. 자유 물체도를 그려서 계산하시오).

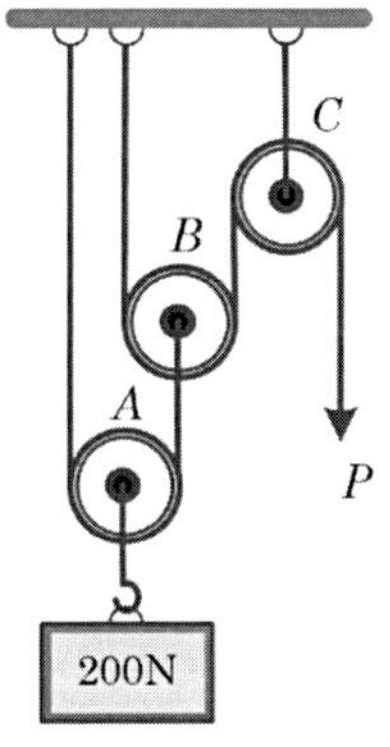

풀이 1 평형 상태이므로

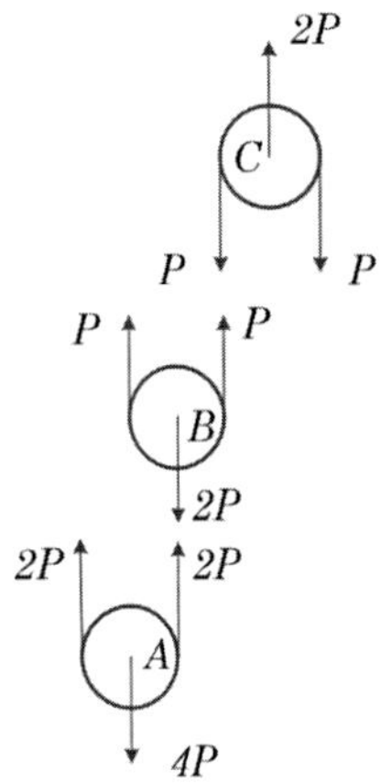

풀리 C에서 $+\uparrow\sum F_y = 0,\ 2P = P + P$

풀리 B에서 $+\uparrow\sum F_y = 0,\ P + P = 2P$

풀리 A에서 $+\uparrow\sum F_y = 0,\ 2P + 2P = 4P$

$4P = 200$ N 이므로

$$P = \frac{200}{4}\text{N} = 50\text{ N}$$

풀이 2 평형 상태이므로

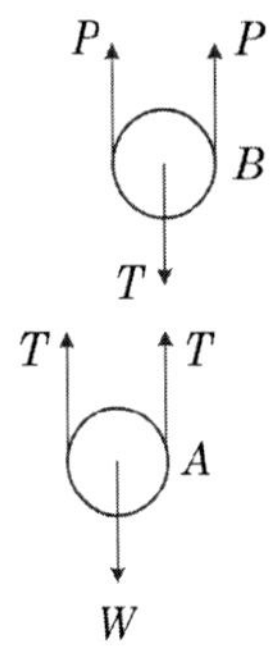

$W = 200$ N

풀리 C는 방향만 변경됨으로 $P = P$로 같다.

따라서

풀리 A에서 $+\uparrow\sum F_y = 0,\ 2T - W = 0$

$$T = \frac{1}{2}W,\ T = 100\text{ N}$$

풀리 B에서 $+\uparrow\sum F_y = 0,\ 2P - T = 0$

$$P = \frac{1}{2}T,\ P = 50\text{ N}$$

예제 그림과 같이 도르래에 연결된 줄에 의해 200 N의 하중의 물체와 도르래들이 평형을 이루고 있다. 힘 P 를 구하고 천정에 걸려있는 줄의 장력(T)을 구하시오(단, 도르래와 줄의 무게는 무시한다). 각 도르래에서 자유 물체도를 그리고 값을 구하시오.

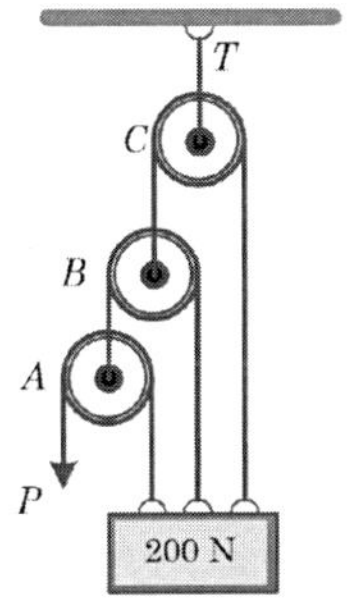

풀이

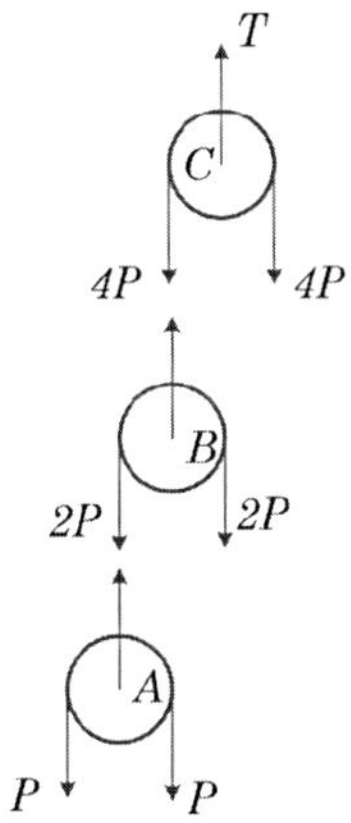

풀리 A에서 $+\uparrow\sum F_y = 0,\ P+P=2P$

풀리 B에서 $+\uparrow\sum F_y = 0,\ 2P+2P=4P$

풀리 C에서 $+\uparrow\sum F_y = 0,\ T=4P+4P$

$T=8P$

$P+2P+4P=200$ N 이므로

$7P=200$ N,

$$P=\frac{200}{7}\text{N}=28.6\text{ N}$$

$T=8P=8\times 28.6=228.8$ N

3 힘의 평형

받침점 A에서 좌우 방향의 모멘트(moment) 방향이 서로 같은 경우 : 회전하게 된다.

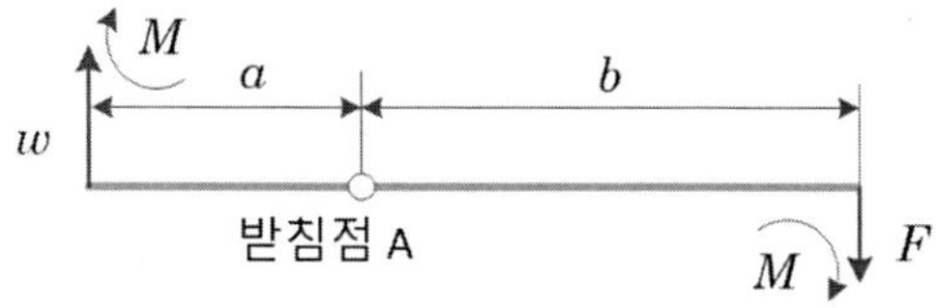

[그림] 모멘트의 방향이 같은 경우

예제 다음 그림과 같이 A점에는 25 kN, C점에는 100 kN의 하중이 작용하여 평형을 유지하고 있다. A-B점 사이의 거리를 구하시오(단, 판의 무게는 무시하고, 자유 물체도와 풀이식을 함께 쓰시오).

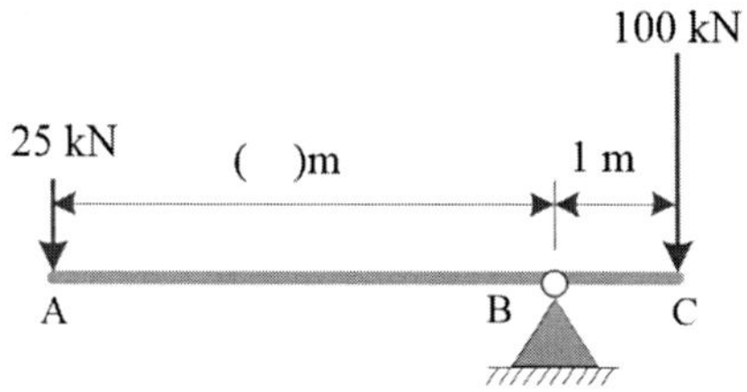

풀이 힘이 평형이 되려면, 지레의 원리나 모멘트 법을 활용하면 비례식의 계산하여도 되고, 힘의 평형식으로 풀어도 된다.

먼저 자유 물체도를 그려보면 아래 그림과 같다

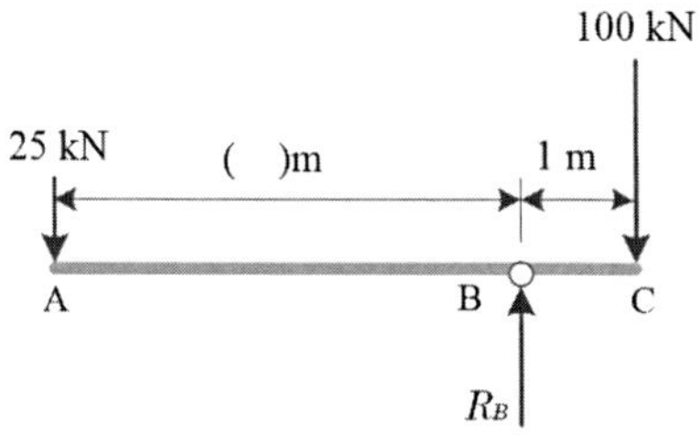

평형 상태에 있으므로 $+\uparrow \sum F_y = 0$, $25\text{ kN} + 100\text{ kN} = R_B$, 따라서 $R_B = 125\text{ kN}$

비례의 원리로 풀어보면

$25\ \text{kN} \times x\ \text{m} = 100\ \text{kN} \times 1\ \text{m},\ x = 4\ \text{m}$

B점에서 모멘트를 구하면(반시계 방향을 + 로 가정한다)

$\circlearrowleft^{+} \sum M_B = 0;\ 25\ \text{kN} \times x\ \text{m} - 100\ \text{kN} \times 1\ \text{m} = 0$, 따라서 $x = 4\ \text{m}$

자유 물체도 (Free Body Diagram, FBD)

물체에 작용하는 힘과 이에 따른 물체의 운동을 해석하기 위해서는 그 물체에 작용하는 힘을 알 필요가 있다. 이를 그림으로 그린 것을 자유 물체도라고 한다.

자유 물체도는 물체에 작용하는 모든 힘이 표시된 그림을 말하며 역학계산에서 가장 먼저 그려야 할 그림이다

(1) 첫 번째, 물체 모양을 개략적으로 그린다. 간단한 선, 화살표, 원, 점 등으로 표현하면 된다.

(2) 두 번째, 물체에 작용하는 모든 힘(물체에 가해지는 힘, 접촉력, 마찰력, 중력, 전기력, 자기력 등등)이며, 역학에서는 주로 물체에 가해지는 힘, 중력, 마찰력과 같은 접촉력 등이 있다.

(3) 세 번째, 화살표로 물체에 작용하는 모든 힘의 방향을 표시한다.

(4) 네 번째, 힘의 크기나 힘이 작용 점 간의 위치 치수 등 수치 정보를 기입한다.

문제 다음 그림과 같이 B점으로 중심으로 판이 놓여 있다. C점에 100 kN의 하중이 작용할 때, 판이 평형 상태를 유지하기 위하여 A점에 작용하는 힘(F_A)을 구하시오. 또한 B점에 작용하는 반력(R_B)을 구하시오.(단, 단, 판의 무게는 무시한다).

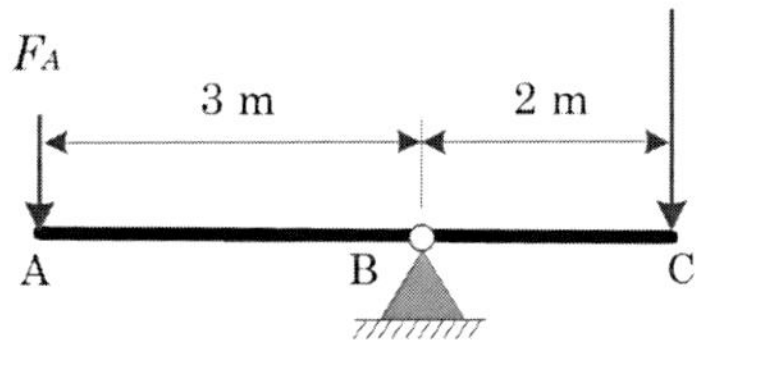

풀이 1 힘이 평형 상태를 유지하려면, 지레의 원리나 모멘트 법을 활용하여 구하면 된다.

평형 상태에 있으므로

모든 수직 힘의 합력은 $+\uparrow\sum F_y = 0$,

F_A kN + 100 kN = R_B,

지레의 원리 비례식으로 풀이해 보면

F_A kN×3 m = 100 kN×2 m,

$F_A = \dfrac{200}{3} = 66.7$ kN

평형식 F_A kN + 100 kN = R_B에 F_A = 66.7 kN을 대입하면

반력(R_B) = 166.7 KN

풀이 2 B점에 대한 A점에 작용하는 힘과 C 점에 하는 힘으로 모멘트를 구하려면

먼저 모멘트의 방향을 규정해야 한다. 여기서는 반시계 방향을 양(+)으로 가정한다.

$\circlearrowleft\!\!+\sum M_B = 0$; F_A kN×3 m − 100 kN×2 m = 0,

따라서 F_A = 66.7 kN

수직 힘의 합력은 $+\uparrow\sum F_y = 0$; F_A kN + 100 kN = R_B에 F_A = 66.7 kN을 대입하면

반력(R_B) = 166.7 kN

예제 다음 그림과 같이 봉 BC의 끝에 하중 100 N의 기계 부품이 들어있는 박스를 매달고 수직 벽에 케이블로 A 점에 고정시켰을 때, 봉 CB에 작용하는 힘(F_{CB})과 케이블 CA에 작용하는 힘(F_{CA})의 크기를 구하기 위한 자유 물체도(free body diagram)를 그리고, 풀이 과정과 답을 쓰시오(단, 봉은 강체이고, 봉과 케이블의 무게는 무시한다.).

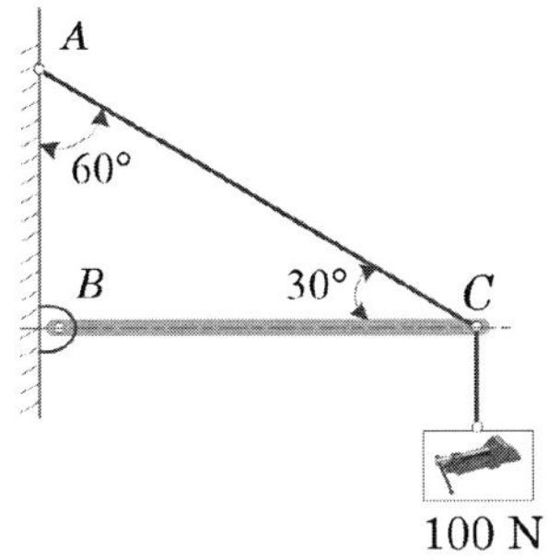

풀이 힘의 크기, 방향, 성분 등을 포함하는 자유 물체도를 그리면 아래 그림과 같다.

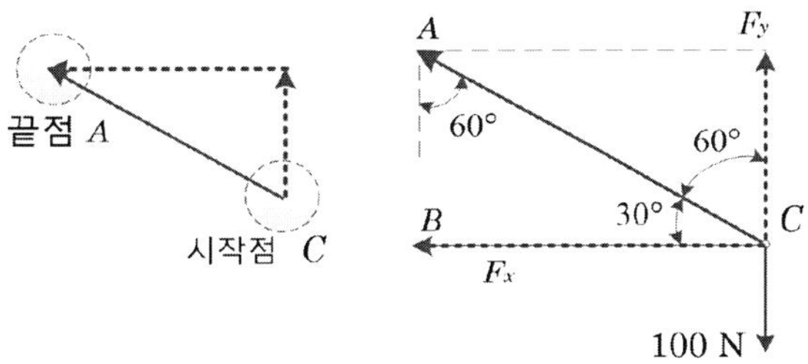

(a) (b)

(a)에서 보듯이 힘 벡터의 분해는 한 지점(C점)에서 하중의 반대 방향으로 시작점(시작점은 화살표가 없음)에서 시작하여 끝점(화살표가 만나는 점)에서 만난다. 즉 그림 (b)와 같이 그릴 수 있다.

① 줄이 잡아 당기는 힘(F_{CA})를 직접 구할 수 없으므로, 줄이 잡아 당기는 힘(F_{CA})을 수직 성분의 힘(F_y)과 수평성분의 힘(F_x)으로 분해한다. (F_{CA}: C점에서 A점 방향으로 작용하는 힘(force)이다)

② 물체의 무게(100 N)가 케이블에 매달려 있으므로 먼저 수직으로 평형을 이루는 물체의 무게와 방향이 반대되는 수직 성분의 힘(F_y)를 구한다.
(물체의 무게가 100 N이므로 평형 상태를 유지하려면, 반대 방향으로 작용하는 힘($F_y = 100$ N)과 같아야 된다)
수직 성분의 힘(F_y)을 구하기 위해 삼각함수를 활용하면 $F_{CA}\cos 60° = F_y$이다 자유 물체도에서 $\cos 60^\circ\ (= \sin 30^\circ) = \dfrac{F_y}{F_{CA}} = \dfrac{100\,N}{F_{CA}}$

따라서 $F_{CA} = \dfrac{100}{\cos 60^\circ} = \dfrac{100}{\frac{1}{2}} = 200\ \mathrm{N}$

③ 수평 성분의 힘(F_x)을 구하려면 $F_{CA}\cos 30^\circ = F_x$ (또는 $F_{CA}\sin 60^\circ = F_x$)

자유 물체도에서 $\cos 30^\circ = \dfrac{F_x}{F_{CA}}$

$F_x(= F_{CB}) = F_{CA} \times \cos 30^\circ = 200 \times \dfrac{\sqrt{3}}{2} = 100\sqrt{3} = 170\mathrm{N}$ ($\sqrt{3} = 1.7$로 계산)

$\therefore$ $\underline{F_{CA} = 200\ \mathrm{N},\ F_{CB} = 100\sqrt{3} = 170\ \mathrm{N}}$

예제 다음 그림과 같이 케이블로 하중 100 N의 기계 부품이 들어 있는 박스를 매달고 있다. 케이블 AB와 AC에 걸리는 장력(T_{AB}, T_{AC})를 구하시오. 자유 물체도(free body diagram)를 그리고, 풀이 과정과 답을 쓰시오(단, 케이블은 강체이고, 무게는 무시한다).

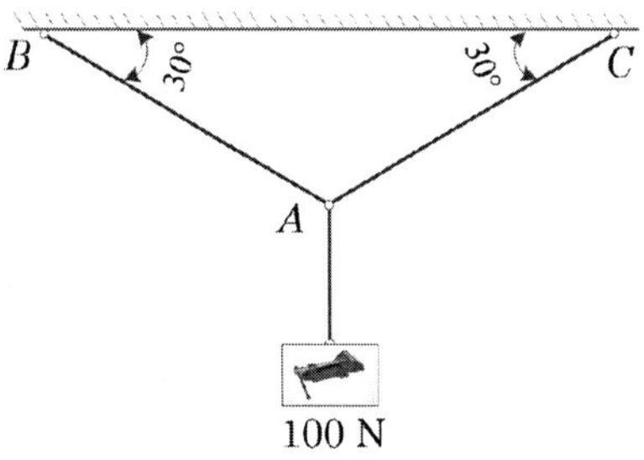

풀이 1 직교 좌표계를 활용한 자유 물체도와 라미의 정리를 활용하기 위한 자유 물체도를 그려보면 아래와 같다.

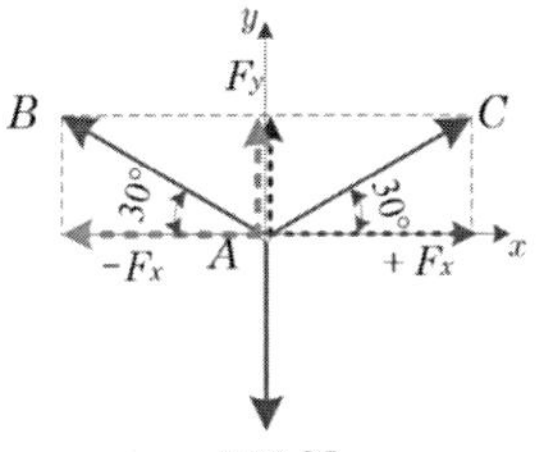

(a) 직교 좌표를 활용한 자유 물체도

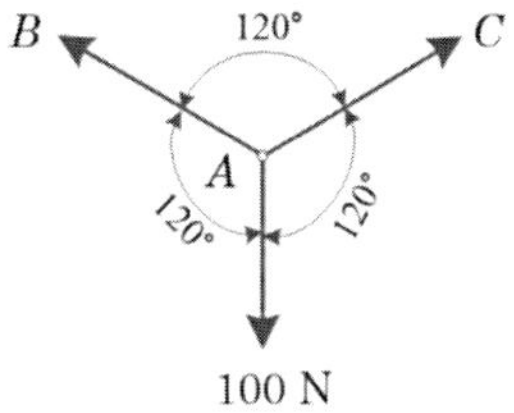

(b) 라미의 정리를 활용하기 위한 자유 물체도

직교 좌표계를 활용한 자유 물체도 A점에서 수평 성분을 구하면 방향이 반대($-F_x = F_x$, 여기서 '−'는 방향이 반대라는 의미)이므로

수평 성분(x 방향의 성분) 합력은 $T_{AB}\cos 30° = T_{AC}\cos 30°$ 이므로 0이다

수직 성분(y 방향의 성분) 합력은 $T_{AB}\sin 30 + T_{AC}\sin 30 = 100$ N, 여기서 수직 성분은 $T_{AB} = T_{AC}$ 이므로 $2T_{AB}\sin 30 = 100$ N,

$2T_{AB} \times \frac{1}{2} = 100$ N, $T_{AB} = 100$ N

$\therefore \underline{T_{AB} = 100\text{ N},\ T_{AC} = 100\text{ N}}$

풀이 2

라미의 정리로 풀이하면 $\dfrac{T_{AB}}{\sin 120°} = \dfrac{T_{AC}}{\sin 120°} = \dfrac{100}{\sin 120°}$, $\sin 120° = \frac{1}{2}$을 대입하여

먼저 T_{AB}를 구하면 $\dfrac{T_{AB}}{\sin 120°} = \dfrac{100}{\sin 120°}$, $\dfrac{T_{AB}}{\frac{1}{2}} = \dfrac{100}{\frac{1}{2}}$ 이므로 $T_{AB} = 100$ N,

수직 성분은 $T_{AB} = T_{AC}$이므로 $T_{AC} = 100$ N, $\therefore \underline{T_{AB} = 100\text{ N},\ T_{AC} = 100\text{ N}}$

예제 그림과 같이 20 N의 물체를 두 개의 케이블로 매달았을 때, 케이블 AB 에 작용하는 인장력(T_{AB})과 케이블 AC 에 작용하는 인장력(T_{AC})를 구하시오.(단, 케이블의 무게는 무시한다)

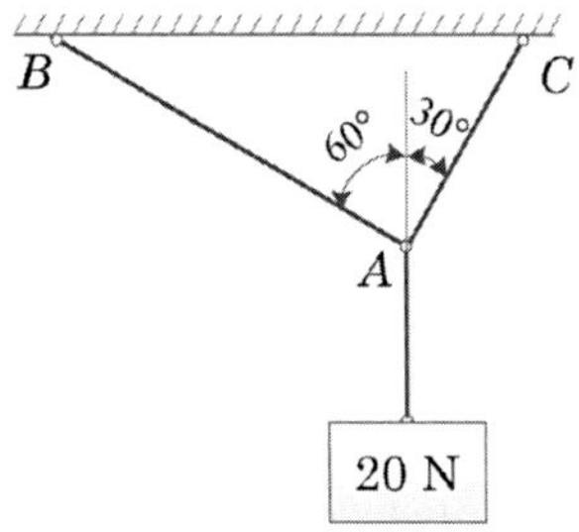

풀이

C점에서 좌표계의 방향을 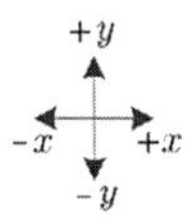

로 하면 자유 물체도는 3가지로 그릴 수 있다.

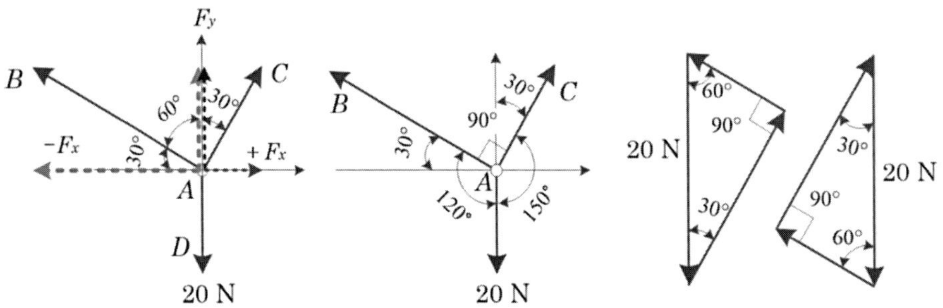

(a) (b) (c-1) (c-2)

풀이 1 힘은 정역학적 평형 상태($+\uparrow\sum F_y = 0$, $\pm\sum F_x = 0$)이므로

케이블의 장력은 A 점에서 x방향의 힘(F_x)과 y방향의 힘(F_y)으로 분해한다.

x방향의 힘(F_x) $\pm\sum F_x = 0$에서, $T_{AC}\sin 30° - T_{AB}\cos 30° = 0$

$$T_{AC} \times \frac{1}{2} - T_{AB} \times \frac{\sqrt{3}}{2} = 0,\ T_{AC} = \sqrt{3}\, T_{AB}$$

y방향의 힘(F_y)은 $T_{AB}\sin 30° + T_{AC}\cos 30° = 20\,\text{kN}$

$$T_{AB} \times \frac{1}{2} + T_{AC} \times \frac{\sqrt{3}}{2} = 20\,\text{N} \qquad (1)$$

$T_{AC} = \sqrt{3}\, T_{AB}$를 식 (1)의 $T_{AB} \times \frac{1}{2} + T_{AC} \times \frac{\sqrt{3}}{2} = 20$ N에 대입하면

$T_{AB} \times \frac{1}{2} + \sqrt{3}\, T_{AB} \times \frac{\sqrt{3}}{2} = 20\,\text{N}$,

$\therefore\ T_{AB} = 10\,\text{N},\ T_{AC} = \sqrt{3}\, T_{AB} = 10\sqrt{3} = 17.32\ \text{N}$

$T_{AC} = \sqrt{3}\, T_{AB}$이므로 $T_{AB} = \frac{T_{AC}}{\sqrt{3}}$를 식 (1)에 대입해서 풀어도 같은 값이 나온다.

풀이 2

라미의 정리를 이용하면 그림 (b)에서 $\frac{20}{\sin 90^\circ} = \frac{T_{AB}}{\sin 150^\circ}$

$T_{AB} \times 1 = 20 \times \frac{1}{2}$, 또는 $\frac{20}{1} = \frac{T_{AB}}{\frac{1}{2}}$

따라서 $T_{AB} = 10$ N

$\frac{20}{\sin 90^\circ} = \frac{T_{AC}}{\sin 120^\circ}$, $T_{AC} \times 1 = 20 \times \frac{\sqrt{3}}{2}$, 또는 $\frac{20}{1} = \frac{T_{AC}}{\frac{\sqrt{3}}{2}}$

따라서 $T_{AC} = 10\sqrt{3}$ N

풀이 3 벡터의 법칙에 의하여 삼각형을 만들어서 풀이하면

그림(c-1), (c-2)에서

$\frac{20}{\sin 90} = \frac{T_{AB}}{\sin 30}$, $T_{AB} \times 1 = 20 \times \frac{1}{2}$, $T_{AB} = 10$ N

$\frac{20}{\sin 90^\circ} = \frac{T_{AC}}{\sin 60^\circ}$, $T_{AC} \times 1 = 20 \times \frac{\sqrt{3}}{2}$, $T_{AC} = 10\sqrt{3}$ N

예제 다음 그림과 같이 케이블에 80 kN의 물체가 박스에 매달려 있다. 케이블 AB와 AC에 걸리는 케이블의 장력(T_{AB}, T_{AC})를 구하시오. 자유 물체도(free body diagram)를 그리고, 풀이 과정과 답을 쓰시오(단, 케이블은 강체이고, 무게는 무시한다).

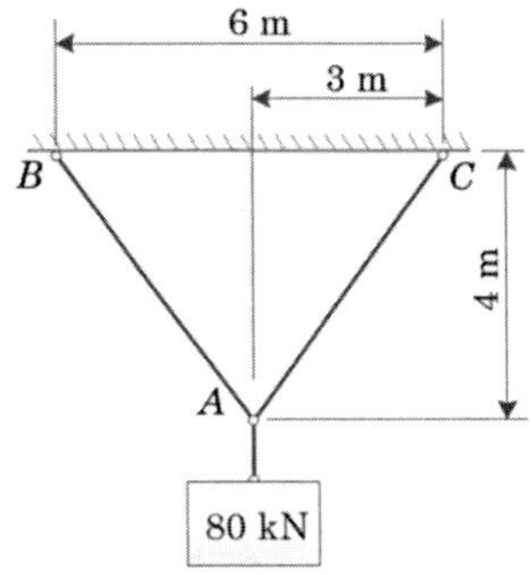

- 풀이 순서를 먼저 생각해보자
  - ① 자유 물체도를 그린다.
  - ② 각도나 기울기를 구한다.
    - 각도를 구하는 방법 : 삼각함수 활용
    - 기울기 구하는 방법 : 거리 사용 ($\sqrt{(3^2+4^2)} = \sqrt{25} = 5$)
  - ③ 각 장력(T_{AB}, T_{AC})의 수평 방향 성분의 합을 구한다.
  - ④ 각 장력(T_{AB}, T_{AC})의 수직 방향 성분과 물체의 하중을 합한 힘을 구한다.

순서에 따라서 문제를 풀이를 하면 다음과 같다.

① - 먼저 A 점에서 수평 방향과 수직 방향 성분의 힘으로 나누어 자유 물체도(힘의 크기, 방향, 거리, 작용하는 힘 등을 그리는 것)를 그린다.

- 삼각함수로 사용하여 문제를 풀이하는 방법으로 문제를 풀이하는 과정에서 이해가 쉽도록 각도를 표현했으나 각도를 구하기 어려울 경우는 기울기를 구하여 풀이하는 방법을 사용한다.

② 각도를 구하는 방법 :

- 각도가 주어지면 삼각함수 활용

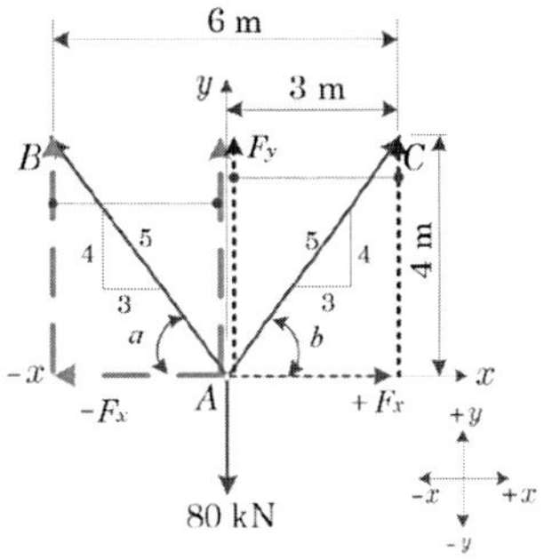

- 각도가 없다면 기울기로 구하는 방법

  : 거리를 사용하여 기울기를 구한다.

  여기서 가로는 3 m, 높이는 4 m이므로

  기울기는 피타고라스 정리에 의하여

  $\sqrt{(3^2+4^2)} = \sqrt{25} = 5$ m 이다

③ A 점에서 수평 성분의 힘(F_x)을 구한다.

각 a와 b를 자유 물체도에 그린 후 수평 방향 성분 힘의 합을 계산하기가 어려우므로 기울기를 구할 수 있다면 기울기를 구하여 수평 방향 힘의 합을 구하는 방법이 편리하다

- 각으로 수평 방향 힘을 구하는 방법 : $\cos b = \dfrac{F_x}{T_{AC}}$ 이므로

  따라서 $F_x = T_{AC}\cos b$

- 기울기로 수평 방향 힘을 구하는 방법 :

  오른쪽 방향 힘 $\dfrac{3}{5} = \dfrac{F_x}{T_{AC}}$, $+5F_x = 3T_{AC}$, 따라서 $+F_x = T_{AC} \times \dfrac{3}{5}$

  왼쪽 방향 힘 $\dfrac{3}{5} = \dfrac{-F_x}{T_{AB}}$, $-5F_x = 3T_{AB}$, 따라서 $-F_x = -T_{AC} \times \dfrac{3}{5}$

오른 방향 힘 : $+F_x = T_{AC} \times \cos b$, 또는 $+F_x = T_{AC} \times \dfrac{3}{5}$

왼쪽 방향 힘 : $-F_x = -T_{AB} \times \cos a$, 또는 $-F_x = -T_{AB} \times \dfrac{3}{5}$

(+, − 는 값이 아니고 방향을 의미한다)

- A 점에서 수평 성분의 힘(F_x)의 합은 크기가 같고 방향이 반대이므로 0이다

  $\overset{+}{\rightarrow}\sum F_x = 0$에서

  $T_{AC}\cos b - T_{AB}\cos a = 0$ 또는 $T_{AC} \times \dfrac{3}{5} - T_{AB} \times \dfrac{3}{5} = 0$,

  $\therefore T_{AB} = T_{AC}$

④ 장력(T_{AB}, T_{AC})의 수직 방향 성분과 물체의 하중을 합한 수직 방향 힘(F_y)을 구한다. 수직 방향의 힘(F_y)을 구하는 방법: 각 a와 b를 자유 물체도에 그린 후 수직 방향 성분 힘의 합을 계산하기가 어려우므로 기울기를 구할 수 있다면 기울기를 구하여 수평 방향 힘의 합을 구하는 방법이 편리하다

A 점에서 수직 성분의 힘(F_y)의 합 : $T_{AB} \times \frac{4}{5} + T_{AC} \times \frac{4}{5} = 80\,\text{N}$,

여기서, 크기가 같고 방향도 같으므로 $T_{AB} = T_{AC}$이므로

$2T_{AB} \times \frac{4}{5} = 80\ \text{kN},\ T_{AB}\frac{8}{5} = 80\ \text{kN},\ T_{AB} = 50\ \text{kN}$

$T_{AC} = T_{AB} = 50\ \text{kN}$

$\therefore\ \underline{T_{AB} = 50\ \text{kN},\ T_{AC} = 50\ \text{kN}}$

참고 $\sin b = \frac{4}{5}$이므로 각도를 구하면 $b = \sin^{-1}(\frac{4}{5})$에서 b의 각도는 53.13°이다.(계산기를 사용해야만 구할 수 있다). 따라서 기울기로 구하는 방법이 편리하다.

- 각으로 수직 방향 힘을 구하는 방법 : $\sin b = \frac{F_y}{T_{AC}}$, 따라서 $F_y = T_{AC}\sin b$
- 기울기로 수직 방향 힘을 구하는 방법 : $\frac{4}{5} = \frac{F_y}{T_{AC}}$, 따라서 $F_y = T_{AC} \times \frac{4}{5}$

  $\frac{4}{5} = \frac{F_y}{T_{AB}}$, 따라서 $F_y = T_{AB} \times \frac{4}{5}$

– 피타고라스 정리 :

직각 삼각형에서 직각을 낀 두 변의 길이를 각각 a, b라 하고, 빗변의 길이를 c라 하면 $c^2 = a^2 + b^2 (c = \sqrt{a^2 + b^2})$이 성립한다. 즉, 직각삼각형에서 직각을 끼고 있는 두 변의 제곱의 합은 빗변의 길이의 제곱과 같다.

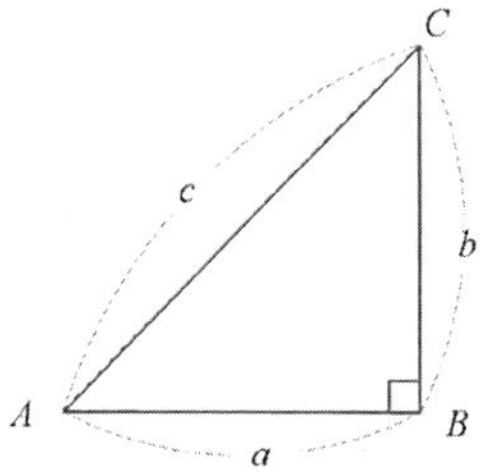

연습문제

2-1 다음 그림과 같은 결합 도르래를 이용하여 500 kN의 물체를 들어 올릴 때 필요한 줄의 장력 T [kN]를 구하시오.(단, 도르래와 줄의 무게는 무시하고, 자유 물체도를 그려 값을 구하시오.)(08 국가직 9급)

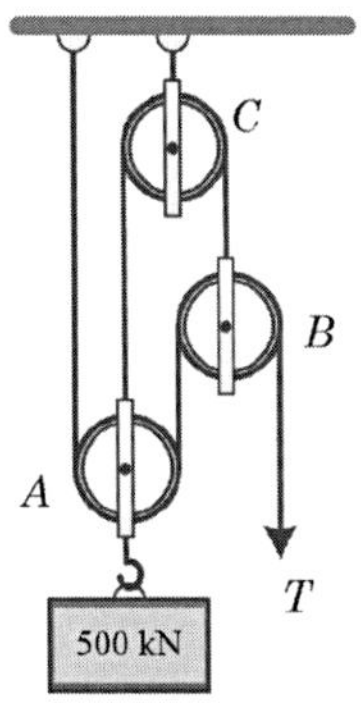

2-2 다음 그림과 같이 케이블로 기계 부품이 들어 있는 박스를 매달고 있다. 케이블 AB와 AC에 걸리는 케이블의 장력(T_{AB}, T_{AC})를 구하시오. 자유 물체도(free body diagram)를 그리고, 풀이 과정과 답을 쓰시오.(단, 답은 반올림하여 소숫점 첫째자리까지 구하고, 케이블은 강체이고, 무게는 무시하며 $\sqrt{3}=1.7$, $\sqrt{2}=1.4$로 계산하시오.)

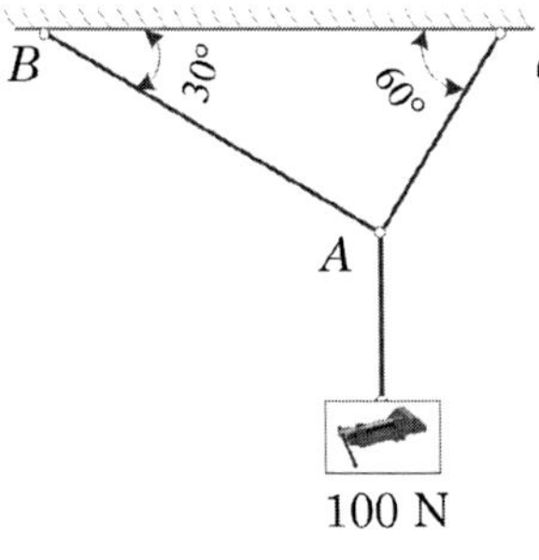

2-3 다음 그림과 같이 케이블로 기계 부품이 들어 있는 박스를 매달고 있다. 케이블 AB와 AC에 걸리는 케이블의 장력(T_{AB}, T_{AC})를 구하시오. 자유 물체도(free body diagram)를 그리고, 풀이 과정과 답을 쓰시오(단, 케이블은 강체이고, 무게는 무시하며 $\sqrt{3}$=1.7, $\sqrt{2}$= 1.4로 계산하시오). 풀이 과정과 답은 반올림하여 소숫점 첫째자리까지 구하시오

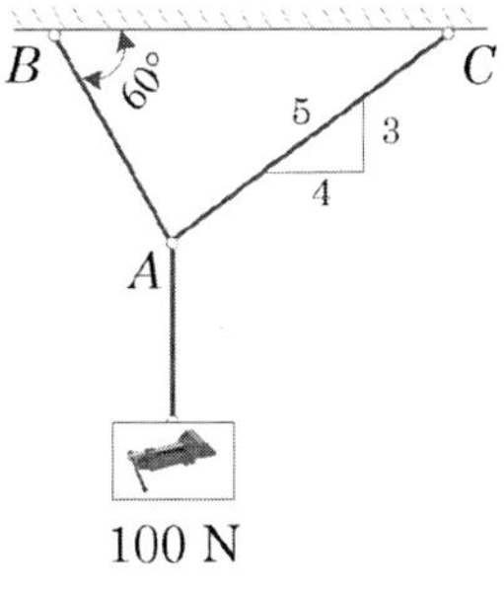

2-4 케이블 AB와 AC에 매달린 하중 100 N의 물체를 케이블 AD로 링으로 매달았다. 평형을 이루기 위한 케이블의 장력(T_{AB}, T_{AC})를 구하시오. 자유 물체도(free body diagram)를 그리고, 풀이 과정과 답을 쓰시오.(단, 케이블은 강체이고, 무게는 무시하며 $\sqrt{3}$=1.7로 계산하시오.)

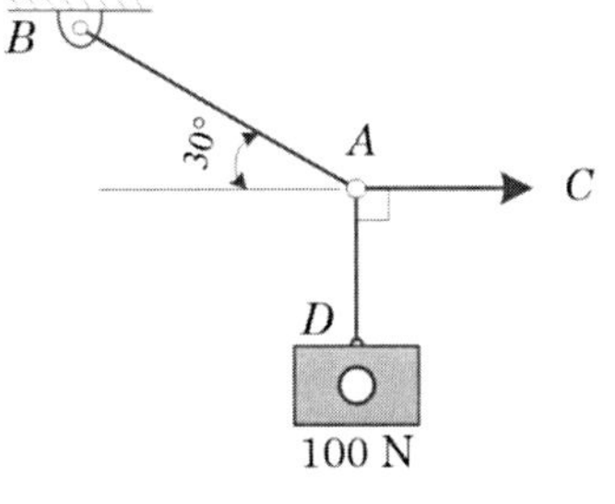

2-5 그림과 같이 길이가 4 m이고 무게가 200 N인 물체가 균일한 수평 빔이 핀 연결 고리에 의해 벽에 걸려 있다. 빔의 한쪽 끝은 수평과 30°로 케이블에 의해 연결되어 있다. 500 N인 물체가 벽으로부터 3 m인 지점에 수평 빔에 매달려 있을 때, 케이블에 걸리는 장력(T)의 크기[N]는?(단, 케이블의 질량은 무시한다. 자유 물체도를 그리고 풀이 과정과 답을 쓰시오.) 문제의 단위는 질량(kg)으로 되어 있어서 하중(N)으로 변경함.

2012 7급 국가직 시험

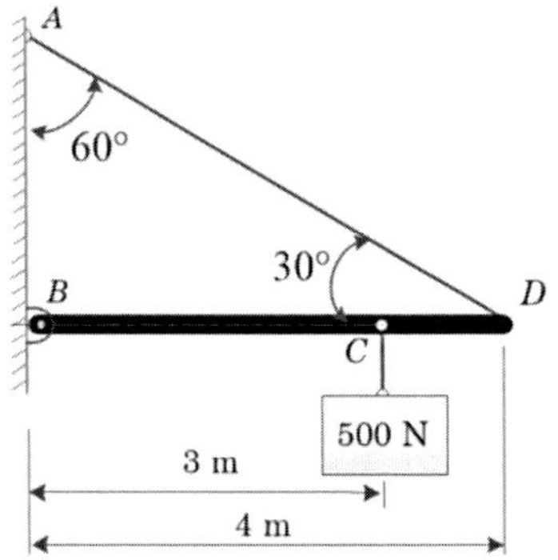

2-6 우리 생활 속에 도르래가 사용되는 4가지를 찾아보고 각각 그 원리를 그림으로 그려 설명하시오.

연습문제 - 풀이

2-1 자유 물체도는 힘이 작용하는 풀리(도르래) B에서 시작한다.

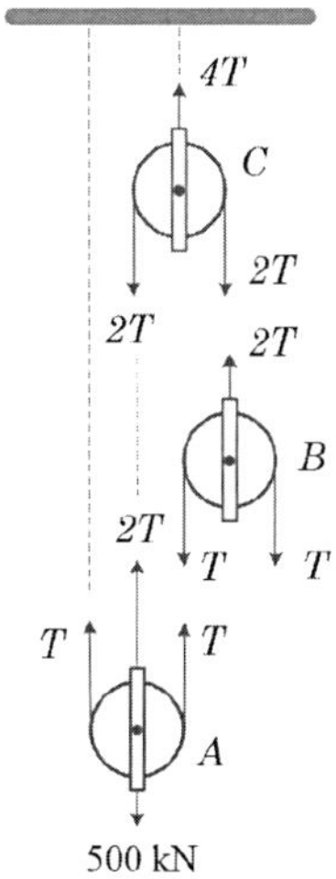

풀리 B에서 $+\uparrow\sum F_y = 0,\ T + T = 2T$

풀리 C에서 $+\uparrow\sum F_y = 0,\ 4T = 2T + 2T$

풀리 A에서 $+\uparrow\sum F_y = 0,\ 2T + T + T = 500\text{ kN}$

$$T = \frac{500}{4}\text{ kN} = 125\text{ kN}$$

2-2 풀이

A 점에서 좌표계의 방향을 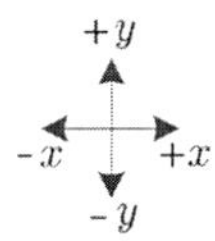 로 하여 자유 물체도를 그리면 아래와 같다.

$\sqrt{3}=1.7,\ \sqrt{2}=1.4$로 계산하고, 답은 반올림하여 소숫점 첫째자리까지 구한다.

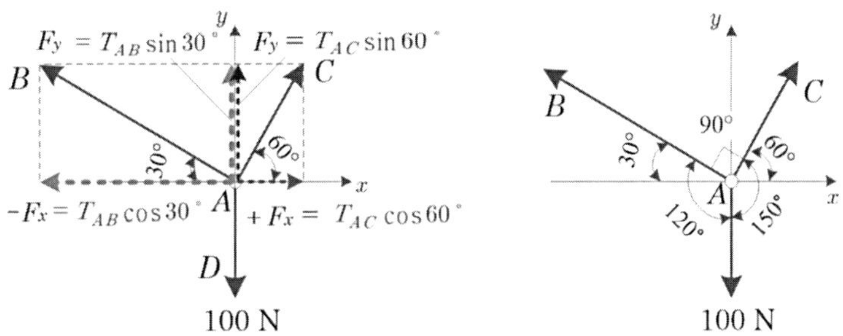

자유 물체도의 A 점에서 수평 성분(x 방향) 힘이 합은

$$T_{AB}\cos 30° = T_{AC}\cos 60°,\ T_{AB}\times\frac{\sqrt{3}}{2} = T_{AC}\times\frac{1}{2},\ T_{AC} = \sqrt{3}\,T_{AB}$$

A 점에서 수직 성분(y 방향)의 힘을 구하면

$$T_{AB}\sin 30^\circ + T_{AC}\sin 60^\circ = 100\,N,$$

$$T_{AB}\times\frac{1}{2} + T_{AB}\sqrt{3}\times\frac{\sqrt{3}}{2} = 100\,N(\because\ T_{AC} = \sqrt{3}\,T_{AB}\text{이므로}),$$

$$T_{AB}(\frac{1}{2}+\frac{3}{2}) = 100\,N,\ 2\,T_{AB} = 100\,N,\ \underline{T_{AB} = 50\,\mathrm{N}}$$

$$T_{AC} = \sqrt{3}\,T_{AB} = 50\times\sqrt{3} = 50\times 1.7 = 85\,\mathrm{N}$$

$$\therefore\ \underline{T_{AB} = 50\,\mathrm{N},\ T_{AC} = 50\sqrt{3} = 85\,\mathrm{N}}$$

2-3 풀이

자유 물체도를 그린 후 수평 방향 성분과 수직 방향 성분의 힘을 구하면 아래 그림과 같다. $\sqrt{3}$=1.7, $\sqrt{2}$= 1.4로 계산하고, 답은 반올림하여 소숫점 첫째자리까지 구한다.

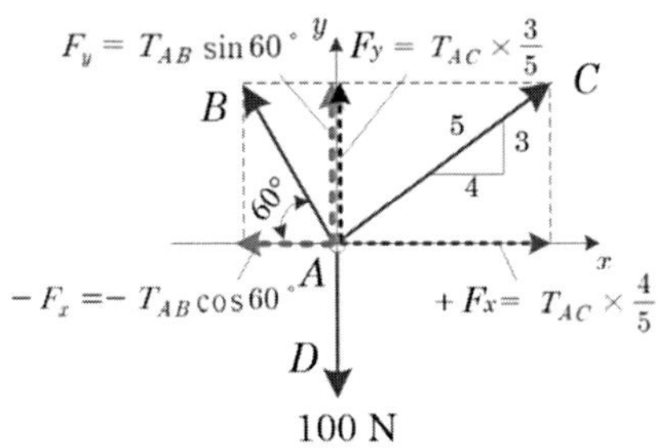

A점에서 수평 성분(x 방향)의 힘의 합은

$+F_x + (-F_x) = 0$ (여기서 '−'는 음의 방향을 의미함)

$$T_{AB}\cos 60^\circ = T_{AC}\times\frac{4}{5},\ T_{AB}\times\frac{1}{2} = T_{AC}\times\frac{4}{5},$$

$$T_{AC} = \frac{5}{8}T_{AB}\ \text{또는}\ T_{AB} = \frac{8}{5}T_{AC}$$

A 점에서 수직 성분(y 방향)의 힘을 구하면

$$T_{AB}\sin 60^\circ + T_{AC}\times\frac{3}{5} = 100\,\mathrm{N}$$

$$T_{AB}\times\frac{\sqrt{3}}{2} + T_{AB}\frac{5}{8}\times\frac{3}{5} = 100\,\mathrm{N}(\because\ T_{AC} = \frac{5}{8}T_{AB}\text{이므로}),$$

$T_{AB}(\frac{\sqrt{3}}{2}+\frac{3}{8}) = 100\,\text{N},\ T_{AB}(\frac{4\sqrt{3}+3}{8}) = 100\,N,\ T_{AB}(1.24) = 100\,\text{N},$

$T_{AB} \fallingdotseq 80.7\,\text{N}$

$T_{AC} = \frac{5}{8}T_{AB} = \frac{5}{8}\times 80.7 \fallingdotseq 50.4\,\text{N}$

$\therefore\ \underline{T_{AB} \fallingdotseq 80.7\ \text{N},\ T_{AC} \fallingdotseq 50.4\ \text{N}}$

2-4 풀이

링 A점에서 힘의 평형을 이루기 위한 자유 물체도를 그린다.

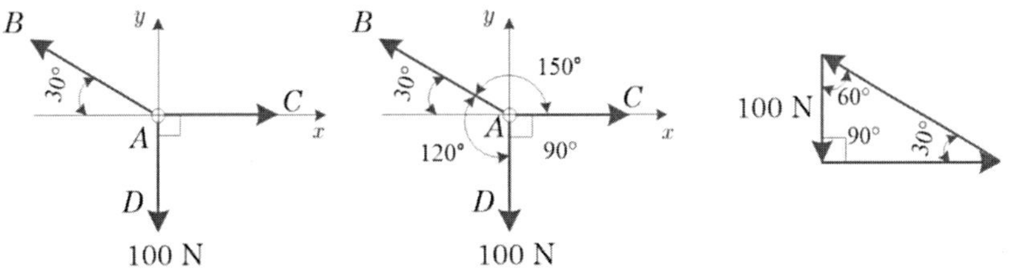

수평 방향의 힘의 합과 수직 방향의 힘의 합을 구한다.

$\overset{+}{\rightarrow}\sum F_x = 0,\ -T_{AB}\cos 30^\circ + T_{AC} = 0,\ T_{AB}\cos 30^\circ = T_{AC}$

$+\uparrow\sum F_y = 0,\ T_{AB}\sin 30^\circ - 100\,\text{N} = 0$에서 $T_{AB}\times\frac{1}{2} = 100\,\text{N},\ T_{AB} = 200\,\text{N}$

수평 방향의 힘의 합력식($T_{AB}\cos 30^\circ = T_{AC}$)에 $T_{AB} = 200\,\text{N}$ 대입하면

$200\times\frac{\sqrt{3}}{2} = T_{AC},\ T_{AC} = 100\sqrt{3} = 100\times 1.7 = 170\,\text{N}$

$\therefore\ \underline{T_{AB} = 200\ \text{N},\ T_{AC} = 170\ \text{N}}$

$T_{AC} = 100\sqrt{3} = 173.2\,\text{N}$ ($\sqrt{3} = 1.7$이 아닌 $\sqrt{3}$으로 계산기를 사용하여 계산하면)

피타고라스의 정리 식을 활용하여 계산기로 계산하면

$\sqrt{(AC^2+AD^2)} = AB$로 구해도 된다. 즉 $\sqrt{((100)^2+(100\sqrt{3})^2)} = 200\,\text{N},$

$T_{AB} = 200\,\text{N}$

라미의 정리를 활용하면

$$\frac{T_{AB}}{\sin 90°} = \frac{T_{AC}}{\sin 120°} = \frac{100}{\sin 150°} \text{에서}$$

$$\frac{T_{AC}}{\sin 120°} = \frac{100}{\sin 150°},\ \frac{T_{AC}}{\frac{\sqrt{3}}{2}} = \frac{100}{\frac{1}{2}},\ T_{AC} = 100\sqrt{3}\,N = 100 \times 1.7 = 170\text{ N},$$

$$T_{AC} = 170\text{ N}$$

$$\frac{T_{AB}}{\sin 90°} = \frac{100}{\sin 150°},\ \frac{T_{AB}}{1} = \frac{100}{\frac{1}{2}},\ T_{AB} = 200\text{ N}$$

2-5 풀이

D점을 기준으로 장력(T)을 분해하고 각 지점에서 힘과 거리를 기입한 자유 물체도를 그리면 다음 그림과 같다

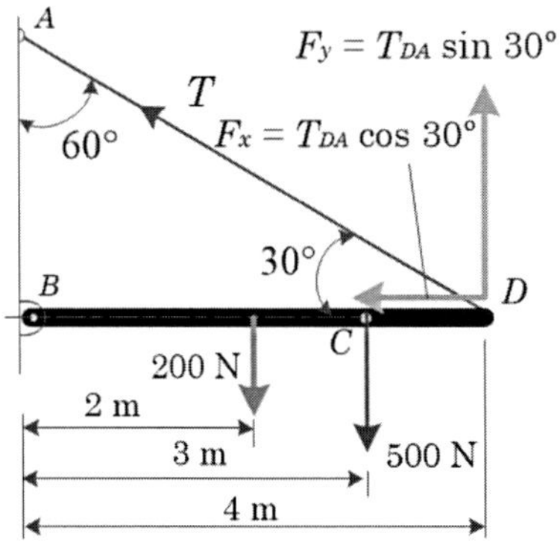

① 힘은 평형 상태($+\uparrow\sum F_y = 0$, $\pm\sum F_x = 0$)에서

케이블의 장력은 D점에서 힘(F_x와 F_y)의 합이므로, x방향의 힘(F_x)과 y방향의 힘(F_y)을 구한다.

장력 T_{DA}의 x방향의 힘(F_x)은 $\pm\sum F_x = 0$에서 $F_x = -T_{DA}\cos 30°$

y방향의 힘(F_y)은 $+\uparrow\sum F_y = 0$에서 $F_y = T_{DA}\sin 30°$ 이다

케이블의 장력을 구하기 위해서는 한 지점(B 점)에서 모멘트를 구하면 된다.

$\circlearrowright \sum M_B = 0,$

$- T_{DA} \cos 30^{\circ} \times 0\,\mathrm{m} - 200\,\mathrm{N} \times 2\,\mathrm{m} - 500\,\mathrm{N} \times 3\,\mathrm{m} + T_{DA} \sin 30^{\circ} \times 4\,\mathrm{m} = 0$

$\therefore\ T_{DA} = \frac{1900}{2} = 950\,\mathrm{N}$

2-6 우리 생활 속에 도르래가 사용되는 4가지를 찾아보고 각각 그 원리를 그림으로 그려 설명하시오.

참고자료

한국승강기 안전공단 : 엘리베이터의 구조도
https://www.koelsa.or.kr/

사이언스 타임스
https://post.naver.com/viewer/postView.nhn?volumeNo=29990641&memberNo=30120665&vType=VERTICAL 아파트 건설 현장의 어벤저스 '타워크레인', 거중기 힘 계산

Ⅲ 모멘트와 강체의 평형

1 모멘트(Moment)와 토크(Torque)

◦ **모멘트** : 축 또는 임의의 어떠한 점을 중심으로 물체를 회전시키려고 하는 힘의 모멘트(moment of force)를 줄여서 모멘트라고 말한다. SI 단위는 N·m(뉴턴미터)이며, 활용 예는 자동차의 운전대를 돌려서 운전대 축을 회전시키는 것이다.

◦ **토크** : 물체에 작용하여 물체를 회전시키는 원인이 되는 물리량로 어떤 중심축에 대해 물체에 토크가 가해지면 그 축을 중심으로 물체의 회전상태, 각 운동량이 바뀐다. 비틀림 모멘트라고도 한다. 단위는 N·m(뉴턴미터)이며 활용 예는 자동차의 축이 바퀴를 회전시키므로 자동차의 성능에서는 토크를 사용하고 있다.

모멘트와 토크는 같은 회전 힘이고, 단위가 같으므로 같다(모멘트 = 토크)고 설명하는 곳도 있고, 다르다고 설명하는 곳이 있으나 물리학적인 면에서는 차이가 있다. 그러나 계산할 때는 같은 단위이므로 혼용해서 사용하는 곳이 있고 혼동될 수 있다.

[그림]과 같이 O 점에서 각각의 거리(l)의 위치에 힘이 작용하고 있다. O 점에 대한 각각의 모멘트를 구하시오.(단, 봉의 무게는 무시한다.)

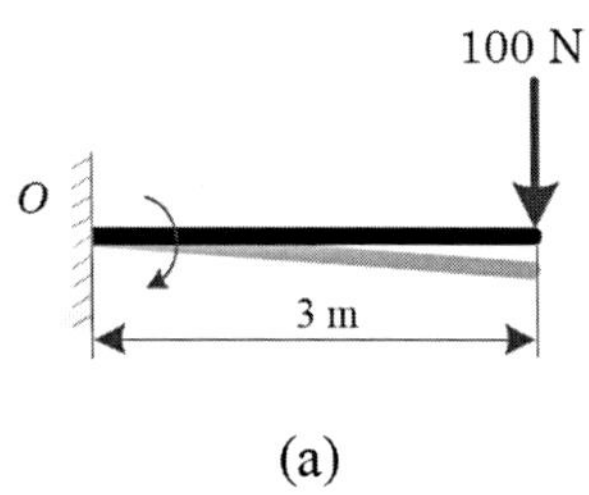

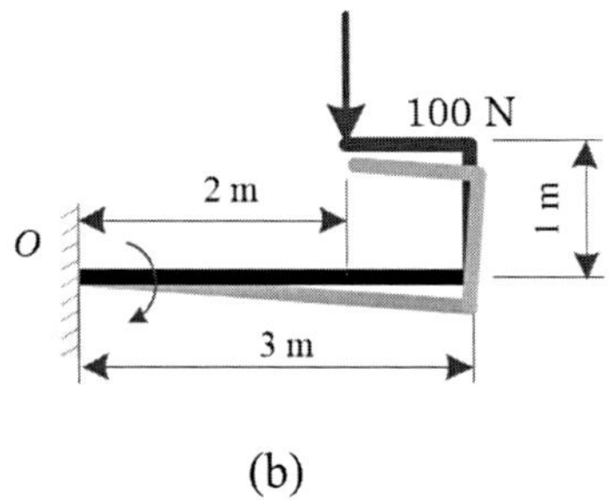

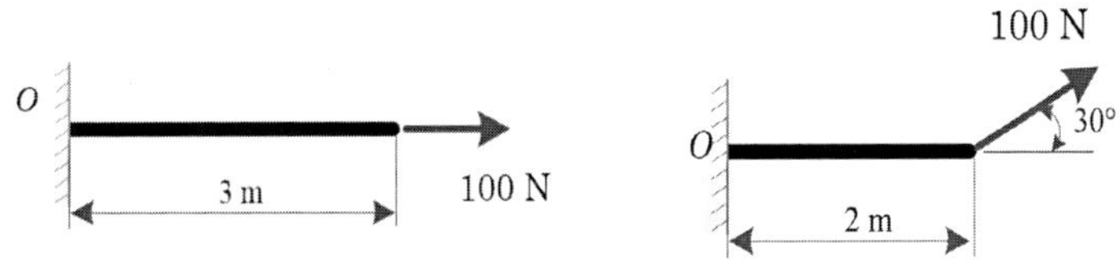

(c) (d)

[그림] O 점에 대한 모멘트

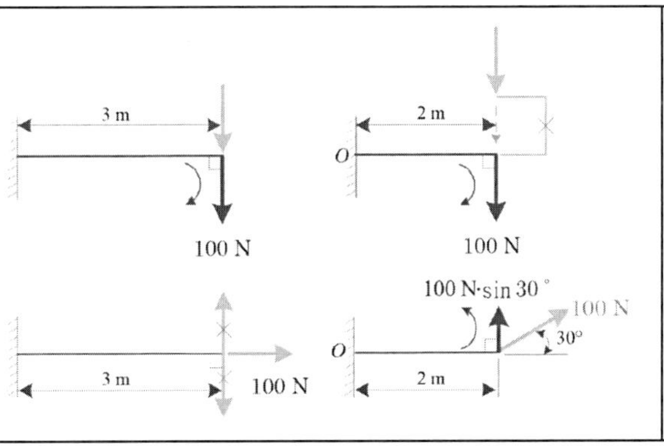

(a) $M_O = 100\ N \times 3\ m = 300\ N\cdot m$ ↻

(b) $M_O = 100\ N \times 2\ m = 200\ N\cdot m$ ↻

(c) $M_O = 100\ N \times 0\ m = 0\ N\cdot m$ →

(d) $M_O = 100\ N\cdot \sin 30° \times 2\ m$

$= 100\ N\cdot m$ ↻

모멘트는 거리와 직각이 되게 힘으로 변경하거나 힘과 직각이 되게 거리를 변경하여 계산하면 된다. 수도 꼭지를 돌려서 물의 양을 조절하는 것이 한 예이다

예제 그림과 같이 O 점에서 2 m 거리에 있는 A 점에서 30°의 각도로 10 N의 힘이 작용하고 있다. 점 O 에 대한 힘의 모멘트를 구하시오.

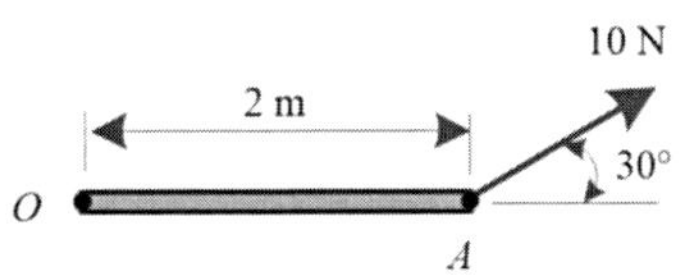

풀이 2가지 방법을 이용하여 풀이할 수 있다.

① 그림 (a)와 같이 힘을 수평 방향과 수직 방향으로 분해하여 힘과 거리가 직각이 되게 하여 수직 방향으로 작용하는 모멘트를 구하는 방법(수평 방향의 힘은 거리와 직각이 아니므로 회전하려는 모멘트가 작용하지 않으므로 모멘트는 0임)

② 그림 (b)와 같이 거리를 힘과 직각 방향으로 이동시켜 모멘트를 구하는 방법

풀이 ① 순서

경사진 방향 힘을 수평 방향과 수직 방향 힘으로 분해한다. 즉, 거리와 직각인 방향과 수직인 방향 힘으로 분해한다. 이렇게 하는 방법은 거리와 직각이 아닌 모멘트는 0이기 때문이다.

→ 그림 (a)와 같이 삼각 함수를 이용하여 수직인 성분의 힘을 구한다.

→ 그림 (a)와 같이 O 점에서 수평 성분은 힘(F)과 거리(l)가 수평이므로 회전시키려고 하는 힘인 모멘트(M) = 힘(F)×직각인 거리(l)에서 거리와 직각인 힘이 아닌 수평이므로, 즉, 벡터의 곱에서 같은 방향의 곱은 0이므로 모멘트가 0 이어서 삭제한다.

즉, 모멘트(M) = 힘(F)×직각인 거리(l)

$$= 10\ \text{N} \cdot \cos 30° \times 0\ \text{m} = 10 \times \frac{\sqrt{3}}{2}\ \text{N} \times 0\ \text{m} = 0\ [\text{N} \cdot \text{m}]$$

→ O 점에서 모멘트(M) = 힘(F)×거리(l)를 구한다.

$$M_O = 10\ \text{N} \cdot \sin 30° \times 2\ \text{m} = 10\ \text{N} \cdot \frac{1}{2} \times 2\ \text{m} = 10\ [\text{N} \cdot \text{m}]$$

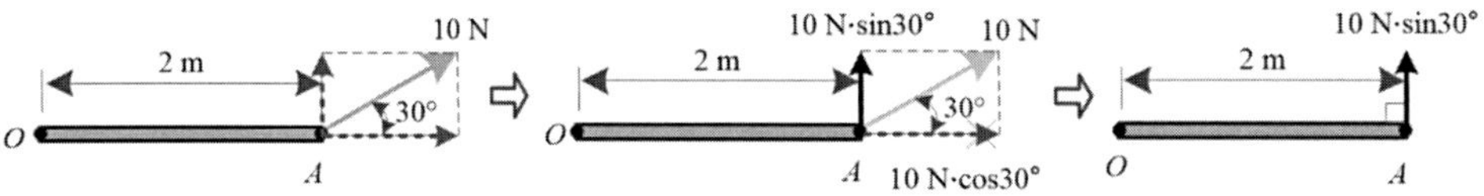

(a) (b) (c)

풀이 ② 순서

벡터는 힘이나 거리를 이동시킬 수 있으므로, 거리를 힘과 직각 방향으로 이동시켜 모멘트를 구하는 방법을 활용하면

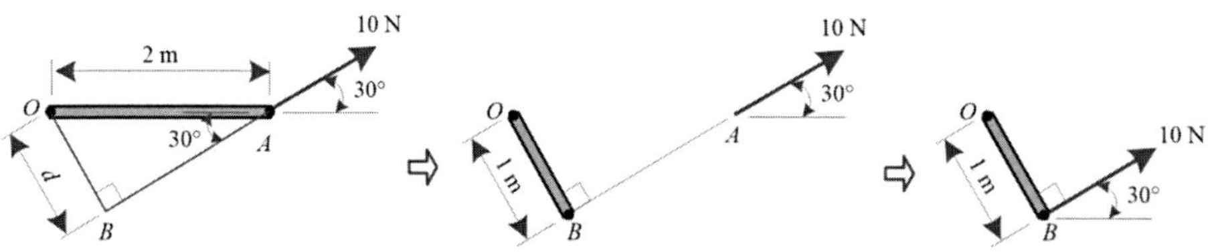

(a) (b) (c)

→ 먼저 힘의 시작점인 A 점을 힘의 방향과 반대 방향으로 길게 그린 후 O 점에서의 선분과 직각으로 만나게 그린다. 이 B점에서 거리와 힘이 직각으로 만나게 된다.

→ 삼각 함수를 이용하여 O 점에서 B 점 까지의 거리 d를 구한다.

여기서는 $\sin 30° = \frac{d}{2}$, $d = \sin 30° \times 2\ \text{m} = \frac{1}{2} \times 2 = 1\ \text{m}$

→ A 점에 있는 힘의 시작점을 B 점으로 이동한다.

O점에서 모멘트(M)=힘(F)×거리(l)를 구한다.

→ $M_O = 10\ \text{N} \cdot \sin 30° \times 2\ \text{m} = 10\ \text{N} \cdot \frac{1}{2} \times 2\ \text{m} = 10\ [\text{N} \cdot \text{m}]$

2 짝힘 모멘트

작용선이 평행하며, 힘의 크기가 같고, 힘의 방향이 서로 반대인 힘을 짝힘(그림 (b) 참조)이라고 하며, 짝힘이 물체에 작용하면, 물체를 그 위치에서 회전시키려고 하는 작용이 있다(그림 (a), (c)). 이것을 짝힘 모멘트라고 한다. 우리가 쉽게 볼 수 있는 것은 자동차의 핸들을 돌려서(즉, 모멘트) 자동차의 방향을 전환하는 것과 같은 원리이다(그림 (a) 참조).

짝힘 모멘트는 회전 중심을 어느 위치를 선택해도 힘의 값은 같다.

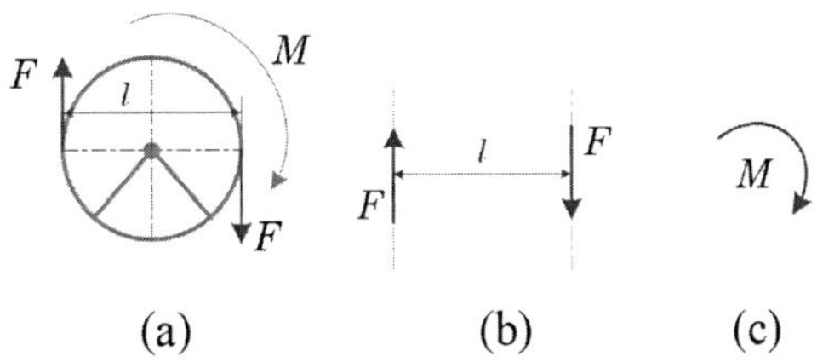

[그림] 짝힘 모멘트 예

예제 다음 그림의 경우 짝힘 모멘트를 각각 구하시오(모멘트의 방향은 시계 방향을 (+), 반시계 방향을 (−)로 하여 계산한다.)

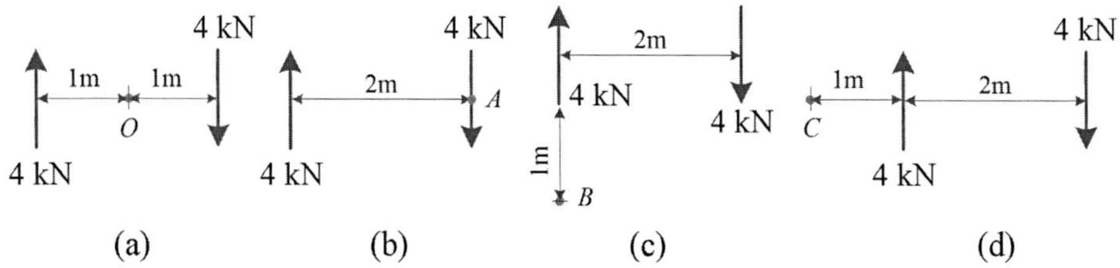

[그림] 각 위치에서의 짝힘 모멘트 값

풀이

모멘트 (M) = 작용하는 힘(F)×힘과의 수직 거리(l) 이므로

그림 (a)의 O점에서의 짝힘 모멘트는 $M_O = 4\text{ kN} \times 1\text{ m} + 4\text{ kN} \times 1\text{ m} = 8\text{ kN·m}$

그림 (b)의 A점에서의 짝힘 모멘트는 $M_A = 4\text{ kN} \times 2\text{ m} + 4\text{ kN} \times 0\text{ m} = 8\text{ kN·m}$

그림 (c)의 B점에서의 짝힘 모멘트는 $M_B = 4\text{ kN} \times 0\text{ m} + 4\text{ kN} \times 2\text{ m} = 8\text{ kN·m}$

(b)와 (c)에서 A점과 B점에서 가까운 힘은 힘의 방향과 위치가 수직거리로 0 이다.

그림 (d)의 O점에서의 짝힘 모멘트는 $M_C = -4\text{ kN} \times 1\text{ m} + 4\text{ kN} \times 3\text{ m} = 8\text{ kN·m}$

(d)에서의 힘은 방향이 반대이다.

즉, 시계 방향의 힘은 (+)로 하고, 반시계 방향의 힘은 (−)로 정하였기 때문이다.

즉, 어느 위치에서든지 짝힘 모멘트는 모두 같다는 것을 보여준다.

예제 그림과 같이 두 힘이 작용하고 있다. O 점에서의 모멘트를 구하시오. 회전방향도 표시하시오.

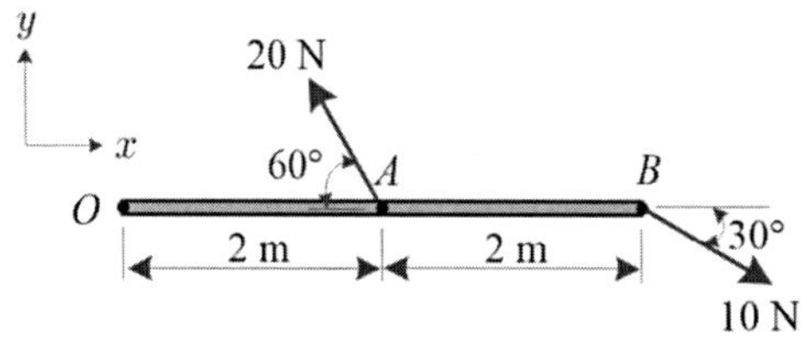

풀이 순서)

O 점에서의 모멘트는 2개의 힘이 작용함

→ 각각의 힘으로 분리하여 자유 물체도를 그림

→ 작용하는 힘을 직교 좌표계로 분해함

→ 거리와 직각인 힘을 구함

→ 모멘트의 방향은 설정함(힘의 방향과 같은 방향으로 화살표를 그린 후 기준점으로 연결하면 모멘트가 시계 방향인지 반시계 방향 인지 알 수 있음)

→ O 점에서 각각의 모멘트를 구하고 합함.

풀이 O 점에서 작용하는 두 힘에 대한 자유 물체도를 그린다.

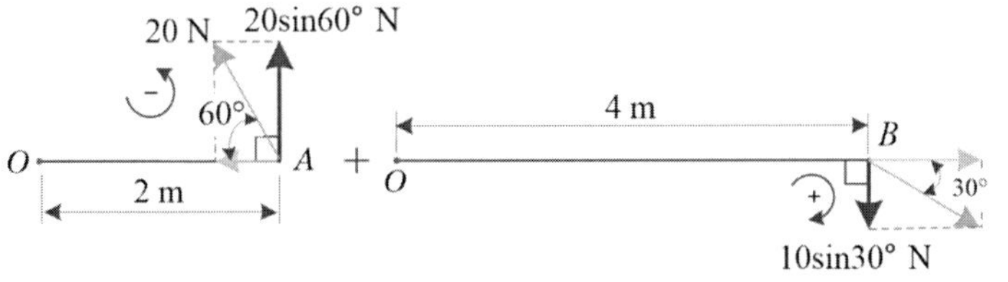

① 방향 구분 : 방향은 다음과 같이 가정한다.

모멘트의 방향은 반시계 방향을 양(+)으로 한다. : $\circlearrowleft \sum M = 0$

수평 방향의 힘은 오른쪽 방향(→)을 양(+)으로 한다. : $\overset{+}{\rightarrow} \sum F_x(H) = 0$

수직 방향 힘은 윗 방향(↑)을 양(+)으로 한다. : $+\uparrow \sum F_y(V) = 0$

② A 점에 작용하는 20 N의 힘을 직교 좌표로 분해한다. 분해한 힘을 거리와 직각인 힘을 선택하여 값을 구하기 위해 A 점에서 거리와 수직 방향으로 작용하는 힘은 삼각 함수를 활용한다. 수직 방향 힘은 20 N sin60°N 이다(수평으로 작용하는 힘은 거리와 수평이므로 0 N 이다)

O 점에 대한 모멘트를 구하면

$$\circlearrowleft \sum M_{O-A} = 0;\ 20\ \text{N} \times \sin 60^\circ \times 2\ \text{m} = 20 \times \frac{\sqrt{3}}{2}\ \text{N} \times 4\ \text{m}$$

$$= 40\sqrt{3}\ \text{N}\cdot\text{m} = 69.28\ \text{N}\cdot\text{m}$$

③ B 점에 작용하는 10 N의 힘을 직교 좌표로 분해한다. 분해한 힘을 거리와 직각인 힘을 선택하여 값을 구하기 위하여 B 점에서 거리와 수직 방향으로 작용하는 힘은 삼각 함수를 활용한다. 수직 방향의 힘은 10 N sin30°N 이다(수평으로 작용하는 힘은 거리와 수평이므로 0 N 이다)

O 점에 대한 모멘트를 구하면

$$\circlearrowleft\sum M_{O-B}=0;\ -10\text{ N}\times\sin 30^\circ\times 4\text{ m}=-10\times\frac{1}{2}\text{ N}\times 4\text{ m}=-20\text{ N·m}$$

따라서

O 점에 대한 모멘트를 구하면 $\circlearrowleft\sum M_O=0;$

$M_O=M_{O-A}+M_{O-B}=69.28-20\text{ N·m}=49.28\text{ N·m}\ (\circlearrowleft)$

모멘트의 방향은 반시계 방향을 양(+)으로 하였으므로 반시계 방향으로 회전하는 모멘트임을 알 수 있다.

3 강체의 평형

단면적에 비해 길이가 긴 구조용 부재가 몇 개의 지점(보를 지지하고 있는 점)으로 지지되어 있고 교량과 같이 길이 방향(축 방향)에 대하여 직각 또는 경사진 방향으로 하중을 받고 굽힘을 받는 구조물을 보(beam)라고 한다.

1) 하중의 종류

(1) 고정 하중과 활하중

고정 하중은 일정한 위치에 작용하는 하중으로 일반적 정하중(static load)라고 하며, 활하중(live load)은 구조물 위를 차량이 움직이는 하중을 말한다.

(2) 힘의 방향과 부호 약속

보에 작용하는 힘과 모멘트는 방향이 중요하므로 부호를 다음과 같이 정하고 있다. 정역학적 평형조건에서 알고자 하는 지점 반력과 지지 모멘트 방향은 예측할 수 없으므로 작용된 하중과 모멘트에 관계없이 부호를 양의 방향(+)으로 놓고 계산한 결과 (+) 값이 나오면 같은 방향이고, (−) 값이 나오면 처음 정한 방향과 반대로 작용한다고 보면 된다.

정역학에서 평형 조건

정역학적 평형 방정식 : 힘과 모멘트의 합은 0이다

※ 보에 작용하는 하중과 반력의 모든 합 $\sum F=0$

여기서 $\sum$(시그마): 모든 힘의 합, F (Force) : 힘(하중), y방향의 모든 힘의 합력이 0 이라는 표현(방향은 F의 아래쪽에 작은 첨자로 표현) : $\sum F_y=0$

※ 모든 모멘트의 합 $\sum M=0$

A점에서의 모든 모멘트의 합 표현은 M의 아래쪽에 작은 첨자로 표현: $\sum M_A=0$

그림의 (a) $x-y$좌표계에서 힘의 방향은 오른쪽과 위쪽 방향을 + 로 정한다. 모멘트의 방향은 반시계 방향을 + 로 하거나, 시계 방향을 + 로 정한다. 어느 방향을 정하든지 계산 값은 같다. 반시계 방향의 모멘트의 양(+)으로 규정한 후 계산 값이 음(—) 값으로 나오면 방향이 반대로 된 것이므로 모멘트는 시계 방향이다. 저서에 따라서 방향을 다르게 규정하지만, 방향이 달라도 계산 값은 같으므로 부호 규약(표 1 참조)에 따라 방향을 정하여 문제를 풀이하는 것이 편리하다. 보통 시험이나 문제 풀이에서는 힘, 전단력과 모멘트의 양(+)의 방향을 미리 정해주기도 한다.

(a) 힘의 방향 (b) 모멘트의 방향(반시계 방향 또는 시계 방향)

[그림] 힘의 방향과 모멘트의 방향

〈표〉 부호 규약

양의 수직력	양의 전단력	양의 모멘트	양의 반력

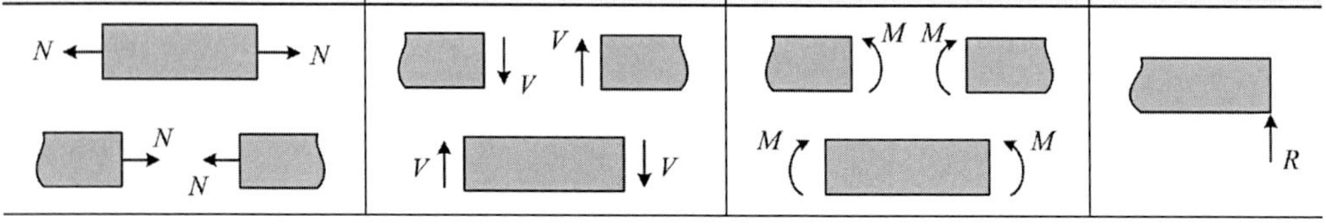

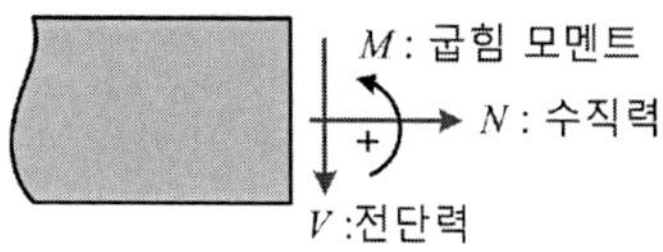

문제 풀이에서 힘의 방향을 규정한 예)

반력은 ↑ 방향을 '+'로 하고, 전단력 V와 굽힘 모멘트 M에 대한 양(+)의 부호 규약은 다음과 같음

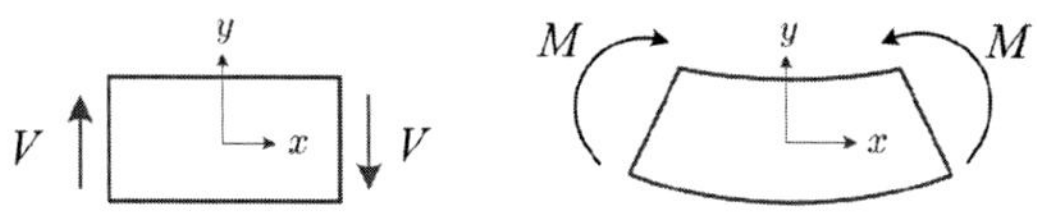

양(+)의 전단력　　양(+)의 굽힘 모멘트

2) 보의 구분

(1) 정정보와 부정정보

- 정정보(statically determinate beam) : 보의 문제 풀이에서 정역학적 평형 방정식(보에 작용하는 하중과 반력의 모든 합 $\sum F=0$, 보의 임의의 점에 대한 모든 모멘트의 합 $\sum M=0$)만으로 반력과 단면력을 모두 구할 수 있는 보(반력은 3개) : 단순보, 돌출보, 외팔보, 게르버보
- 부정정보(不靜定 보, statically indeterminate beam) : 정역학적 평형 방정식만으로는 모든 반력을 구할 수 없을 정도로 과잉지지 또는 과잉 구속된 보(반력은 4개 이상): 고정보, 고정지지보, 연속보

- ◦ 지점의 종류 : 롤러, 힌지, 고정 등
- ◦ 하중의 종류 : 집중 하중, 등분포 하중, 등변 분포 하중, 모멘트 하중 등

(2) 보의 종류

보의 종류로는 형상에 따라 외팔보, 단순보, 양단 고정보, 돌출보, 연속보 등이 있다.

보의 형상	명칭 및 하중 지지, 활용
	외팔보(캔틸레버보, cantilever beam) : - 한쪽 끝은 고정되고 다른 쪽 끝은 자유로운 들보. - 하중지지 : 고정 단에 발생하는 휨 모멘트와 전달력을 통해 하중을 지지한다. - 활용 : 교량, 탑, 기계구조물 등의 고정 구조물 외에도 항공기의 날개 등에도 활용된다.
	양단 고정보 - 양단이 고정 지점인 보
	단순보(simple beam): - 한쪽 끝은 힌지 지점, 타단이 롤러 지점으로 구성되는 가장 기본이 되는 보 힌지는 위아래로는 움직일 수 있고, 좌우로는 움직일 수 없는 구조(현관문의 힌지 구조는 앞뒤는 움직이고 좌우는 움직이지 않음)
	돌출(내민)보(overhanging beam) - 단순보가 지점을 넘어서 돌출된 보.
	연속보(continuous beam) - 한쪽 끝은 힌지 지점, 두 개 이상의 롤러 지점을 가지고 있는 보.

보의 형상	명칭 및 하중 지지, 활용
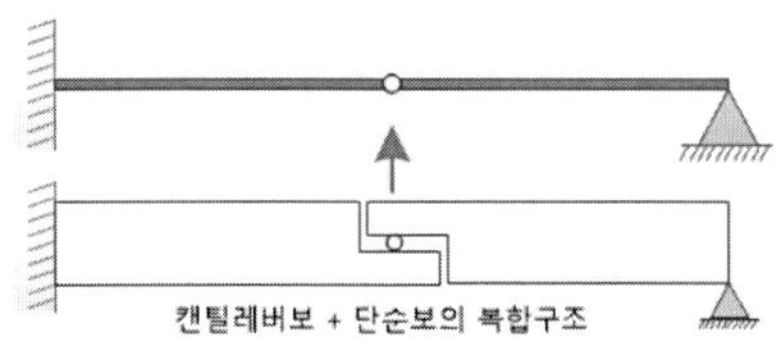	게르버보(gerber's Beam) - 부정정 구조물에 연속보와 일단고정 타단 이동단을 가진 부정정보에 부정정 차수만큼 힌지를 넣어 정정보로 만든 보

참고 A점이 거의 힌지로 되어 있음(롤러는 움직임이 있을 수 있어 거의 사용하지 않음)

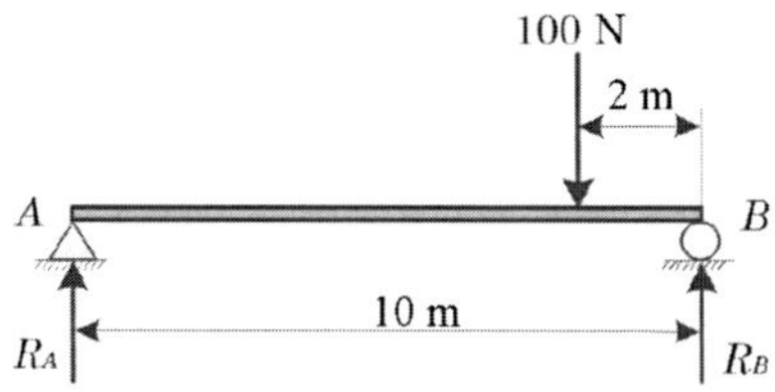

힌지와 롤러의 그림 표현 종류 : 

힌지 롤러

(3) **지점의 종류 및 반력**

(a) 힌지(고정 회전)지점	(b) 롤러(가동 회전)지점	(C) 고정지점
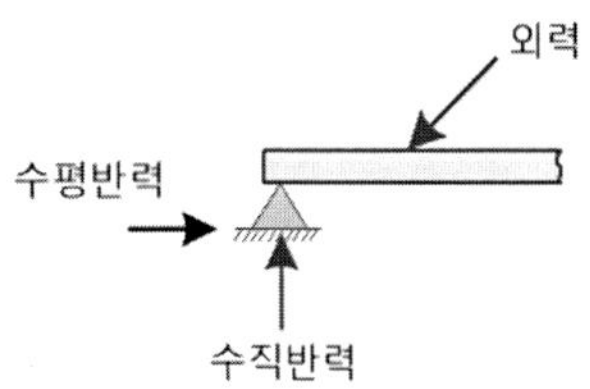	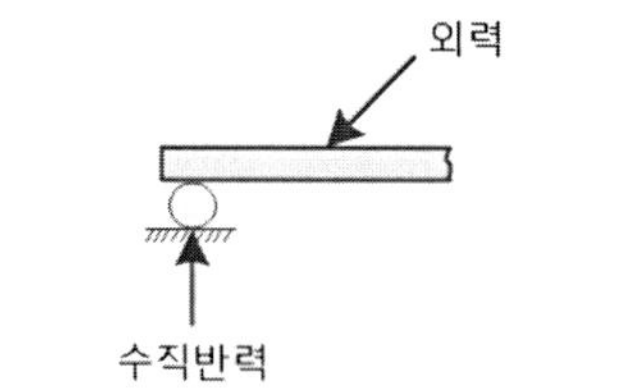	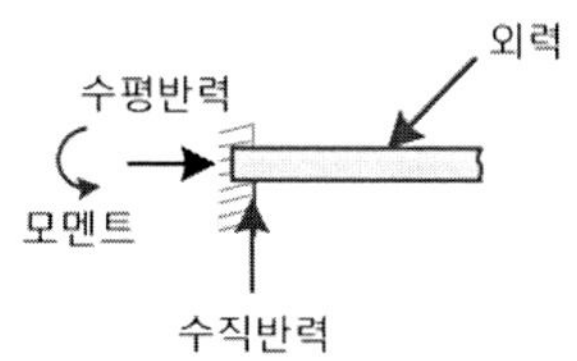
핀으로 지지되어 있어 회전이 자유로우나 수평 및 수직 이동은 불가능(예, 앞뒤로 움직이는 출입문 등)	롤러로 지지되어 있어 보의 회전과 평행 이동은 자유로우나 수직 이동은 불가능(예, 베란다의 창문 바퀴 등)	벽에 고정된 것처럼 보의 회전, 수평 및 수직 이동이 모두 불가능

(4) 하중의 종류

하중의 종류	작용 상태	특징
집중 하중 (P)	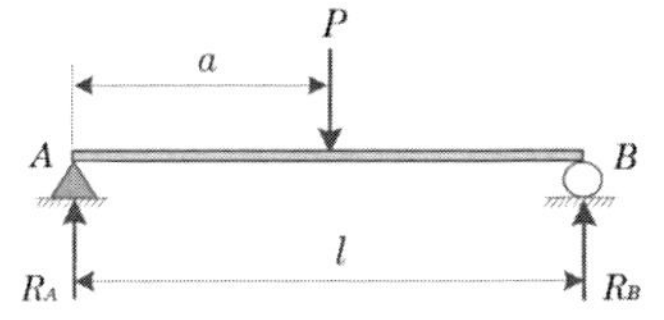	- 지레의 원리를 활용하여 반력을 구함(모멘트 계산이 편리함)
등분포 하중 (w)	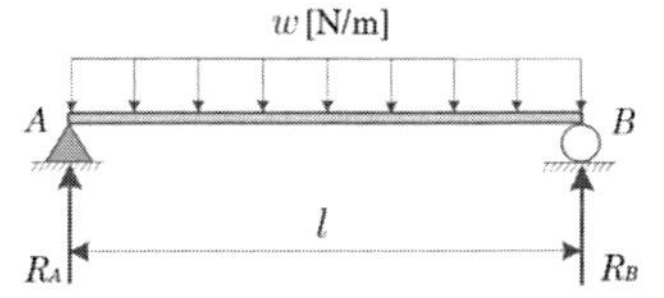	- 사각형 분포의 면적을 구한 후, 중심에 집중 하중으로 그려 반력을 구함
등변 분포 하중 (w)	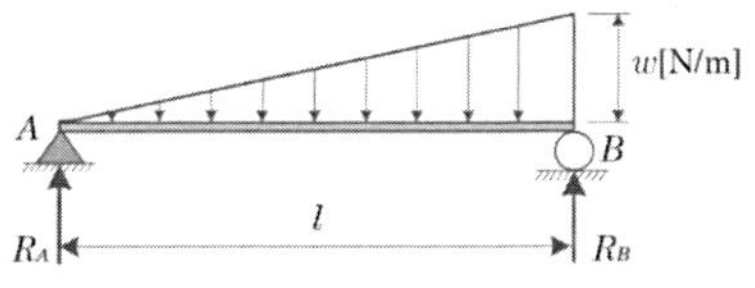	- 삼각형 분포의 면적을 구한 후, 삼각형의 중심(삼등분 점)에 집중 하중을 그려 반력을 구함
모멘트 하중 (M)	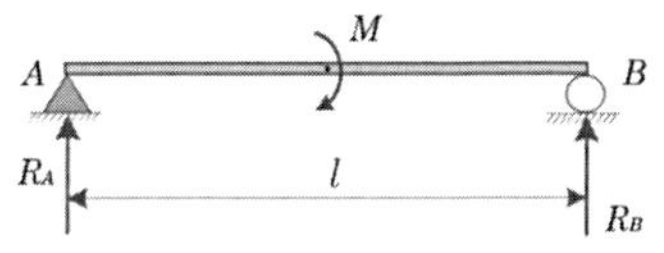	- 작용 위치에 관계없이 반력의 크기가 일정함

(5) 하중의 종류에 따른 해석 방법

보에 작용하는 하중으로는 집중 하중은 쉽게 풀이할 수 있지만 경사 하중, 등분포 하중, 등변분포 하중, '등분포 하중 + 집중 하중' 등이 작용할 때 아래와 같은 방법으로 하중을 해석하면 쉽게 문제를 풀 수 있다.

하중의 종류	하중의 해석 방법
경사 하중 (P)	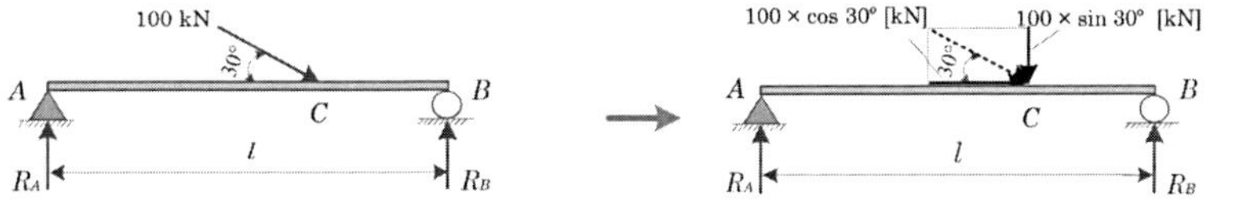 경사 하중이 작용하는 경우는 수직 성분과 수평 성분 힘으로 분해한 후 반력을 구한다.

<table>
<tr><th>하중의 종류</th><th>하중의 해석 방법</th></tr>
<tr><td>등분포 하중
(w)</td><td>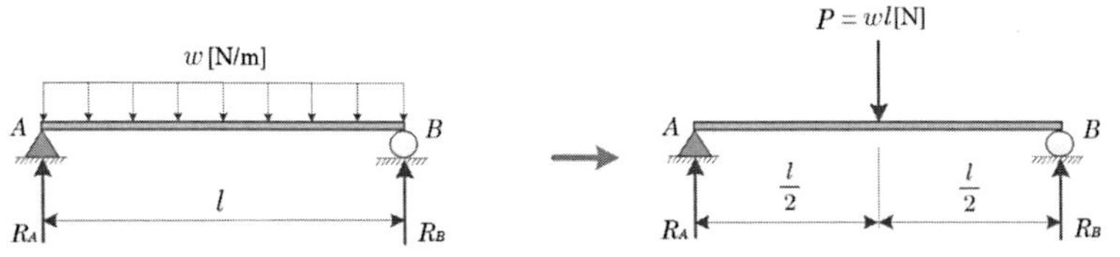

등분포 하중이 작용하는 경우는 등분포 하중을 집중 하중으로 변환한 후 반력을 구한다.</td></tr>
<tr><td>등변 분포
하중
(w)</td><td>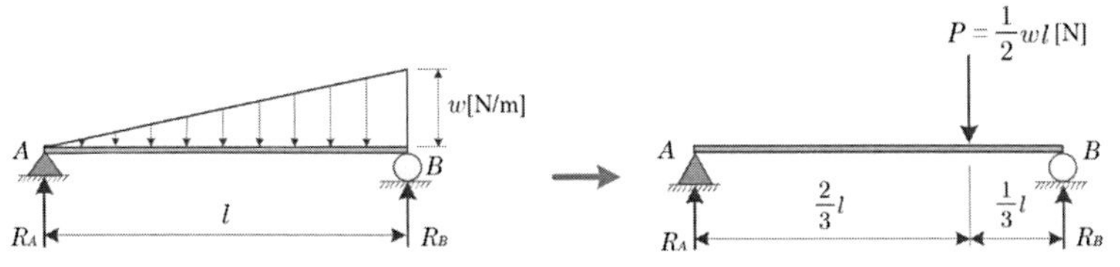

등변 분포 하중이 작용하는 경우는 등변 분포의 무게 중심(도심)위치에 등변 분포 하중을 집중 하중으로 변환한 후 반력을 구한다.</td></tr>
<tr><td>등분포 하중
(w)
+
집중 하중
(P)</td><td>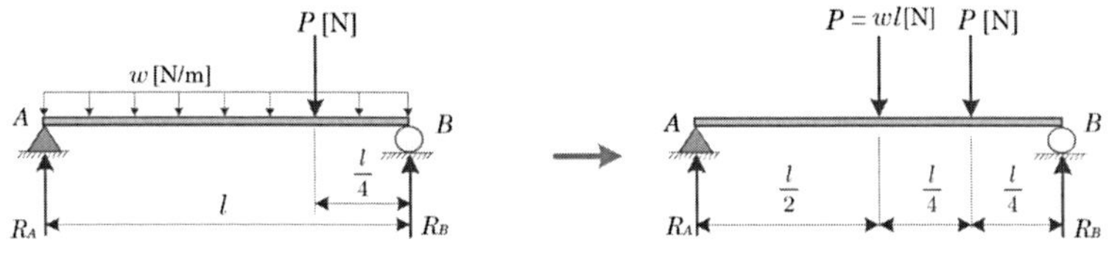

등분포 하중과 집중 하중이 같이 작용하는 경우는 등분포 하중을 집중 하중으로 변환($P = w$)하여 그리고 집중 하중(P)을 더하여 그린 후 반력을 구한다.
전단력 선도와 모멘트 선도는 반력을 구하는 것이 아니므로 등분포 하중을 유지하여 계산한다.</td></tr>
</table>

3) 자유 물체도와 보의 반력

(1) 단순보에서 집중 하중이 작용하는 경우의 반력 구하기

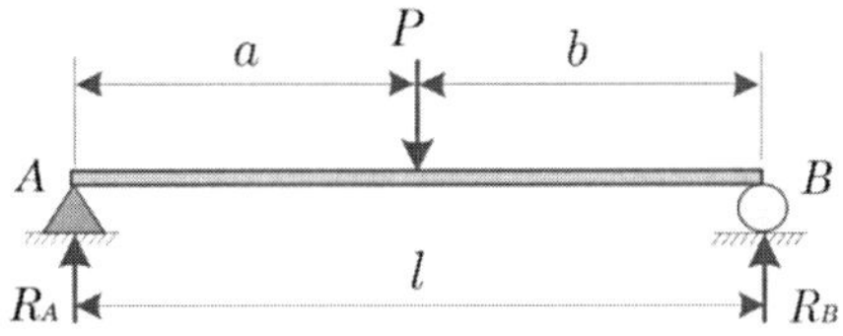

수직 힘은 평형 상태이므로 $+\uparrow\sum F_y = 0$

$+\uparrow\sum F_y = 0$에서, 반력은 윗 방향(↑)의 힘을 양(+)의 방향으로 하면

$+R_A - P + R_B = 0,\ P = R_A + R_B$ (1)

반력 풀이 순서 방법 1)

① A점에서 모멘트($\circlearrowleft\sum M_A = 0$)를 구한다. 반시계 방향을 양(+)으로 정하여 계산한다.

힘이 평형 상태이므로 A 지점이나 B 지점의 모멘트는 같은 값이 나오므로 한 지점(A 점 또는 B 점)만 정해서 풀이하면 된다. 보통 힌지 점(A점)에서의 모멘트를 구한다.

다음과 같이 A 점에 대한 모멘트를 구하면, B점의 반력(R_B)을 구할 수 있다.

따라서 A 점에 대한 모멘트 $\circlearrowleft\sum M_A = 0$, M(모멘트) $= P$(힘) $\times\, l$(거리)이므로

$$\circlearrowleft\sum M_A = 0;\ -P\times a + R_B \times l = 0$$

$$\therefore\ R_B = \frac{Pa}{l}$$

② 반력 R_B를 식 (1)에 대입하면

$$P = R_A + \frac{Pa}{l} = R_A + \frac{P(l-b)}{l} = R_A + \frac{Pl - Pb}{l}$$

$$P = R_A + P - \frac{Pb}{l},$$

$$\therefore\ R_A = \frac{Pb}{l}$$

반력 풀이 방법 2)

A점 또는 B점에서의 모멘트를 구하는 것이 반력을 빠르게 구할 수 있을 경우, 한 지점에서의 반력만 구할 경우, 답이 맞는지 검증하려는 경우에 사용한다.

A 점에 대한 모멘트를 구하려면 $\circlearrowright^{+} \sum M_A = 0$, M(모멘트) $= P$(힘) $\times l$(거리)이므로

$$\circlearrowright^{+} \sum M_A = 0;\ -P\times a + R_B \times l = 0 \qquad \therefore\ R_B = \frac{Pa}{l}$$

B 점에 대한 모멘트 $\circlearrowright^{+} \sum M_B = 0;\ -R_A \times l + P \times b = 0,\quad \therefore\ R_A = \frac{Pb}{l}$

예제 아래 그림과 같은 단순보의 C 점에 100 kN의 힘이 작용하여 평형 상태에 있다. A 점에서의 반력 R_A와 B 점에서의 반력 R_B을 구하시오.

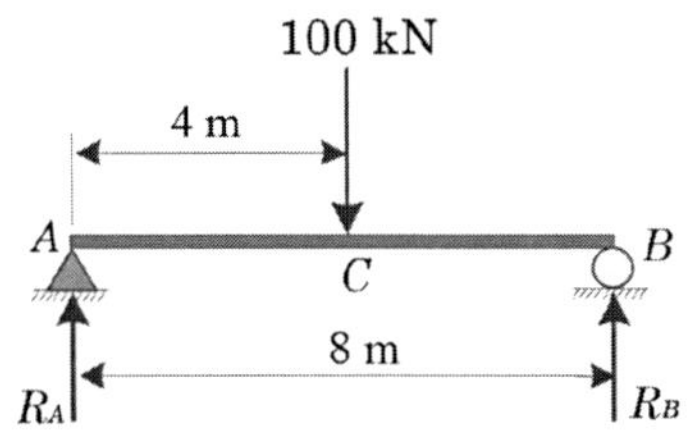

풀이 힘은 평형 상태$(+\uparrow \sum F_y = 0)$이므로, 작용하는 힘(100 kN) = 반력$(R_A + R_B)$이다. 자유 물체도(힘의 크기와 거리 등을 모두 표시한 그림)를 그려보면 그림 (a)와 같다.

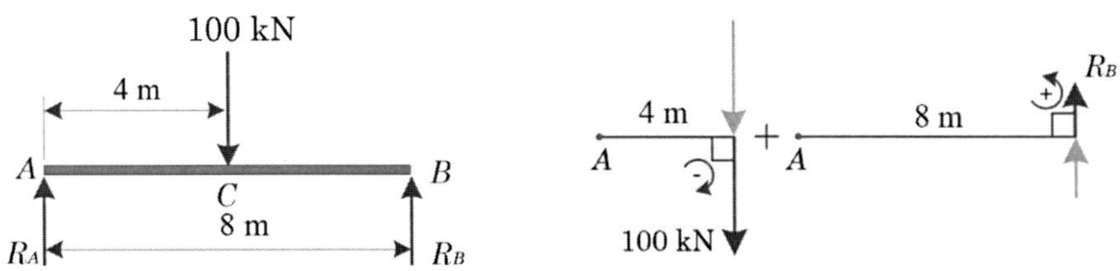

(a) 자유 물체도 (b) A 점에서의 모멘트 구하는 법

[그림] 자유 물체도와 모멘트 구하는 법

그림 (a)의 힘을 A점에서 모멘트로 분해하여 그려보면 그림 (b)와 같이 그릴 수 있고, 모멘트의 방향을 그려보면 모멘트의 방향이 (+), (−)인지를 알 수 있다(모멘트의 방향이 반시계 방향을 양(+)이라고 규정하였고, 모멘트 방향은 힘에서 거리의 시작점으로 선을 그리면 회전 방향을 알 수 있음).

모멘트를 구하는 식은 다음과 같다.

① 먼저 반력 R_B를 구하기 위해 A점에서의 모멘트를 구한다.

$$\circlearrowleft\sum M_A = 0;\ M_A = -F(100\ \mathrm{kN})\times 4\ \mathrm{m} + R_B\ \mathrm{kN}\times 8\ \mathrm{m} = 0$$

$$R_B = 50\ \mathrm{kN}$$

작용점은 중앙에 있으므로 반력 $R_A = R_B$이다.

따라서 $\underline{R_A = R_B = 50\ \mathrm{kN}}$

※ 모멘트의 양의 방향은 반시계 방향을 + 로 하고 표기는 $\circlearrowleft$ 와 같이 그린다.
모멘트의 양의 방향은 시계 방향을 + 로 하고 있지만, 반시계 방향을 +로 하기도 한다. 계산 결과 양 방향 모두 같은 값이 되므로 걱정하지 않아도 된다. 그러나 부호 규약대로 하면 계산하는데 편리하다.

(2) 단순보에서 여러 개의 하중이 작용하는 경우 반력 구하기

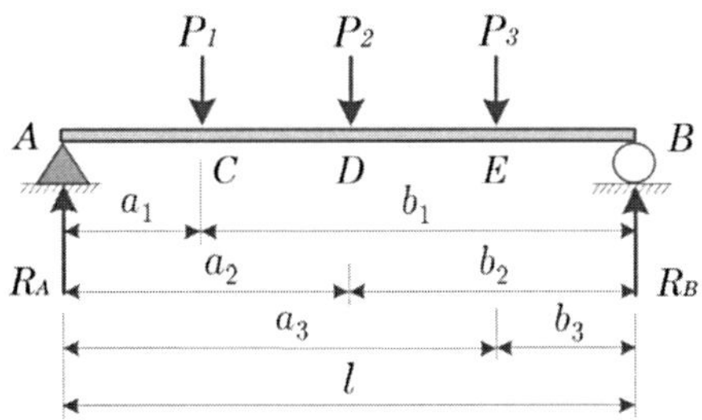

[풀이 순서]

① 수직 힘은 평형 상태이므로 $+\uparrow\sum F_y = 0$

$+\uparrow\sum F_y = 0$에서, 윗방향의 힘(↑)을 양(+)의 방향으로 하면

$$R_A - P_1 - P_2 - P_3 + R_B = 0$$

$$R_A + R_B = P_1 + P_2 + P_3 \qquad (1)$$

② 반력 풀이 방법 1)

반력 R_B를 먼저 구하려면 A 지점에서 모멘트($\circlearrowleft \sum M_A = 0$)를 구하고, 반력 R_A를 먼저 구하려면 B 지점에서 모멘트($\circlearrowleft \sum M_B = 0$)를 먼저 구한다.

교재나 전공에 따라서 시계 방향(↻)을 양(+)으로 정하기도 한다. 여기서는 반시계 방향을 양(+)으로 정하여 계산한다. 그러나 시험 문제에서는 계산의 편리를 위하여 양의 방향(+)을 거의 정해주고 있다.

힘이 평형 상태이므로 A 지점이나 B 지점의 모멘트는 같은 값이 나오므로 한 지점(A 점 또는 B 점)만 정해서 풀이하면 된다.

따라서 B 점에 대한 모멘트 $\circlearrowleft \sum M_B = 0$, M(모멘트) $= P$(힘) $\times\, l$(거리)이므로

$$\circlearrowleft \sum M_B = 0;\ - R_A l + P_1 b_1 + P_2 b_2 + P_3 b_3 = 0,\ R_A = \frac{P_1 b_1 + P_2 b_2 + P_3 b_3}{l}$$

반력 R_B를 구하기 위해서는 구해진 R_A를 식 (1)에 대입하여 풀이하거나,

$$R_B = P_1 + P_2 + P_3 - R_A,\ R_B = \frac{P_1 a_1 + P_2 a_2 + P_3 a_3}{l}$$

다른 방법으로는 A지점에서 모멘트($\circlearrowleft \sum M_A = 0$)를 잡아 구하는 방법이 있다.

R_B를 구하기 위해 $\circlearrowleft \sum M_A = 0$ 에서

$$R_A l - P_1 a_1 + P_2 a_2 + P_3 a_3 = 0,\ R_B = \frac{P_1 a_1 + P_2 a_2 + P_3 a_3}{l}$$

예제 3개의 집중 하중이 작용하는 경우 B점의 반력(R_B)를 구하시오

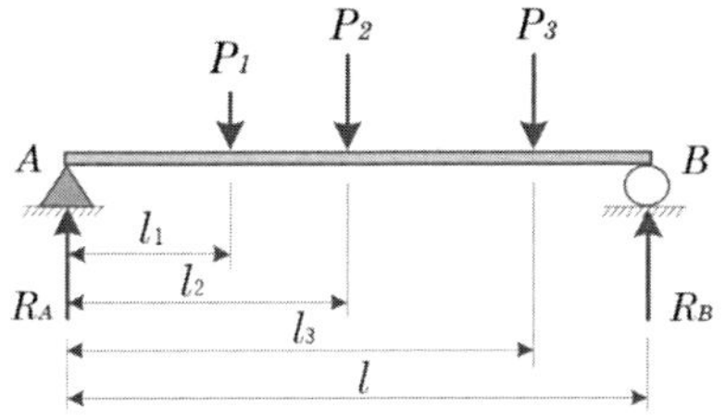

[풀이 순서]

① 수직 힘은 평형 상태이므로 $+\uparrow\sum F_y = 0$

$+\uparrow\sum F_y = 0$에서, 윗방향의 힘(↑)을 양(+)의 방향으로 하면

$+R_A - P_1 - P_2 - P_3 + R_B = 0$,

$$P_1 + P_2 + P_3 = R_A + R_B \tag{1}$$

반력은 한 지점에서 반시계 방향의 모멘트(↺$\sum M = 0$)를 세워 구한다.

교재나 전공에 따라서 시계 방향(↻)을 양(+)으로 정하기도 한다. 여기서는 반시계 방향을 양(+)으로 정하여 계산한다.

② 힘이 평형 상태이므로 반력을 구하기 위해 한 지점(A점 또는 B점)을 정한다. A점이나 B점의 모멘트는 같은 값이 나오므로 한 지점(A점 또는 B점)만 정해서 풀이하면 된다. 여기서는 A점에서 거리가 주어졌으므로 A점에 대한 모멘트를 구하면, B점에서의 반력(R_B)을 구할 수 있다.

따라서 A점에 대한 모멘트 ↺$\sum M_A = 0$,

M(모멘트) = P(힘) × l(거리)이므로

$-P_1 \times l_1 - P_2 \times l_2 - P_3 \times l_3 + R_B \times l = 0$

$$\therefore R_B = \frac{P_1 l_1 + P_2 l_2 + P_3 l_3}{l},$$

반력 R_A는 R_B를 식 (1)에 대입하면 계산할 수 있고

B점에서의 모멘트를 구하면 반력(R_A)를 구할 수 있다.

예제 아래 그림과 같이 단순보의 C 점에 50 kN의 힘이 D 점에 100 kN의 힘이 작용하여 평형 상태에 있다. A 점에서의 반력 R_A와 B 점에서의 반력 R_B을 구하시오.

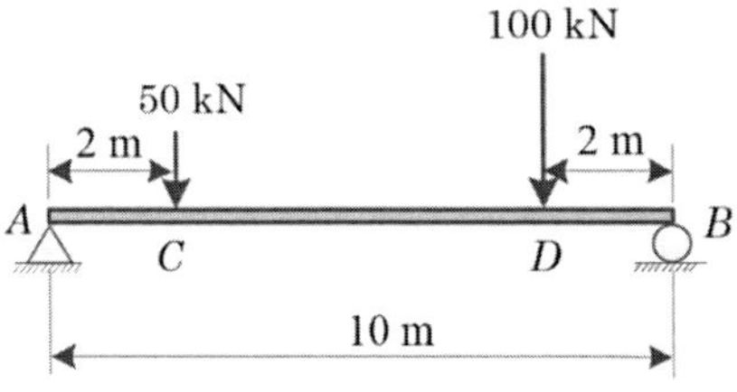

풀이 먼저 아래와 같이 자유 물체도를 그린다

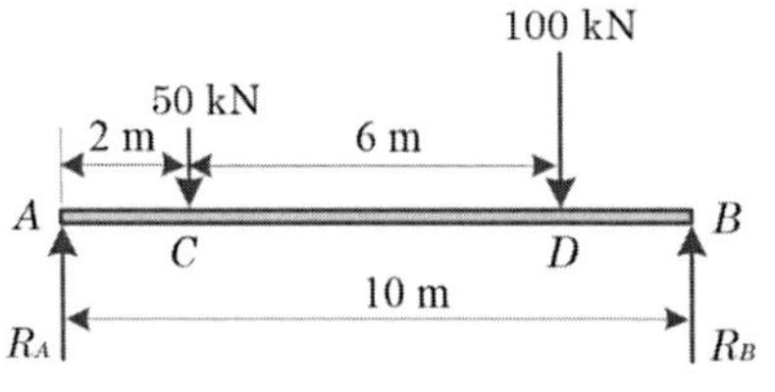

① 힘은 평형 상태($+\uparrow\sum F_y = 0$)이므로 $F_y = -50\text{ kN} - 100\text{ kN} + R_A + R_B = 0$

$50\text{ kN} + 100\text{ kN} = R_A + R_B$

② 먼저 반력 R_B를 구하기 위해 A 점에서 모멘트를 구한다.

$\circlearrowleft\!\!+\sum M_A = 0;$

$\circlearrowleft\!\!+\sum M_A = -(50\text{ kN} \times 2\text{m}) - (100\text{ kN} \times 8\text{m}) + R_B\text{ kN} \times 10\text{m} = 0,$

$R_B = 90\text{ kN}$ (반력이 ↑ 방향이면 양(+)이므로)

③ 정역학적 수직 방향인 y방향의 힘은 평형 상태($+\uparrow\sum F_y = 0$)이므로

$50\text{ kN} + 100\text{ kN} = R_A + R_B$에서 R_A를 구하면

$R_A = 150\text{ kN} - 90\text{ kN} = 60\text{ kN}$ 이다

$\therefore \underline{R_A = 60\text{ kN},\ \ R_B = 90\text{ kN}}$

(3) 단순보에서 등분포 하중이 작용하는 경우 반력 구하기

다음과 같은 단순보의 길이 l m에 등분포 하중 w kN/m(단위길이 당 하중)이 작용하고 있다. A 점에서의 반력 R_A와 B 점에서의 반력 R_B을 구하시오.

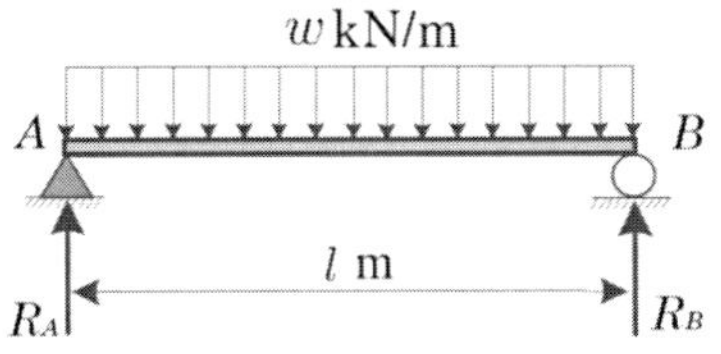

등분포 하중을 집중 하중으로 변환하면 쉽게 구할 수 있으므로

자유 물체도를 그릴 때 등분포 하중 → 집중 하중으로 변환한다.

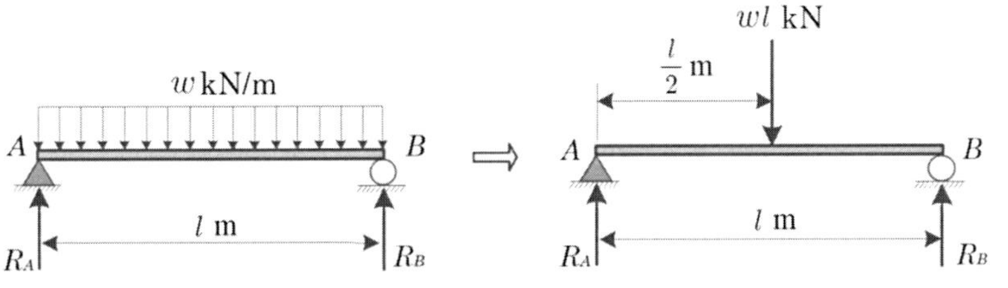

① 수직 힘은 평형 상태이므로 $+\uparrow\sum F_y = 0$

하중은 등분포 하중 w kN 이 l m에 걸쳐있으므로

전체 하중은 단순보 l m에 걸친 전체 하중은 wl이다(여기서 단위 길이는 1 m이다).

따라서 $wl = R_A + R_B$

② A 점에 대한 모멘트를 구하면

$\circlearrowleft\!\!+\sum M_A = 0$($A$ 점에서 힘의 방향을 보았을 때 반시계 방향이면 +, 시계 방향이면 −),

M(모멘트) $= P$(힘)$\times l$(거리)이므로

$$\circlearrowleft\!\!+\sum M_A = 0; -wl \times \frac{l}{2} + R_B \times l = 0,$$

$$R_B = \frac{wl}{2}$$

$wl = R_A + R_B$에 대입하면

$$R_A = wl - \frac{wl}{2} = \frac{wl}{2}$$

$$\therefore \underline{R_A = \frac{wl}{2},\ R_B = \frac{wl}{2}}$$

예제 다음과 같은 단순보의 길이 8 m에 등분포 하중($w = 10$ kN/m)이 작용하고 있다. A 점에서의 반력 R_A와 B 점에서의 반력 R_B을 구하시오.

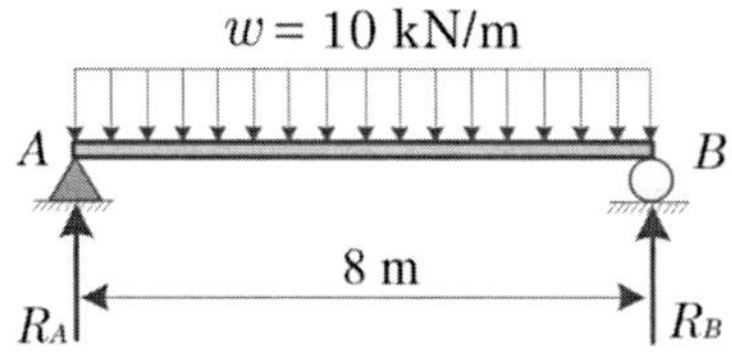

풀이 등분포 하중을 집중 하중으로 변환하면 쉽게 구할 수 있으므로
자유 물체도를 그릴 때는 먼저 등분포 하중 → 집중 하중으로 변환한다.

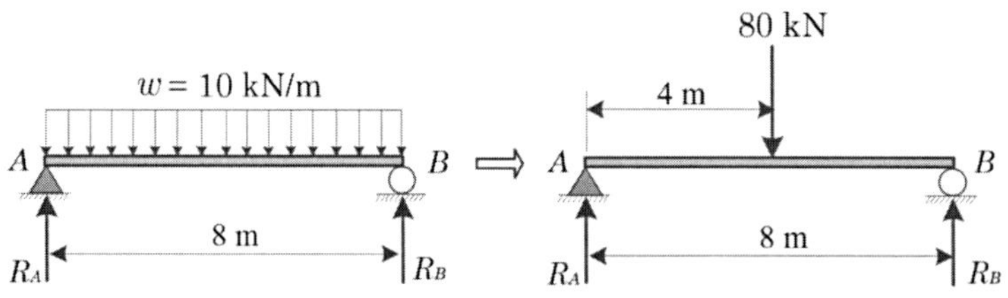

① 수직 힘은 평형 상태이므로 $+\uparrow \sum F_y = 0$

하중은 등분포 하중 w kN 이 8 m에 걸쳐있고, 전체 하중은 단순보 8 m에 걸친 전체 하중은 80 kN이다.

따라서 80 kN= $R_A + R_B$

② A 점에 대한 모멘트를 구하면

$\circlearrowleft \sum M_A = 0$(A점에서 힘의 방향을 보았을 때 반시계 방향이면 +, 시계 방향이면 −),

M(모멘트)= P(힘)$\times l$(거리)이고, 80 kN은 등분포 하중이므로 집중 하중으로 변환하면 보의 중앙인 4 m 위치에 작용한다.

$\circlearrowright \sum M_A = 0;\ -80\ \text{kN} \times 4\ \text{m} + R_B\ \text{kN} \times 8\ \text{m} = 0,\ R_B = 40\ \text{kN}$

$R_B = 40\ \text{kN}$을 수직 방향의 힘 평형식에 대입하면

$80\text{kN} = R_A + R_B$

$R_A = 40\ \text{kN}$

$\therefore \underline{R_A = 40\ \text{kN},\ R_B = 40\ \text{kN}}$

(4) 내다지보(돌출보)에서 등분포 하중이 작용하는 경우 반력 구하기

예제 다음과 그림과 같이 A 점과 B 점 사이의 거리는 l m이고, B 점과 C 점 사이의 거리는 a m, 전 거리에 걸친 하중은 w이다. 이 내다지 보의 반력(R_A, R_B)을 구하시오(자유 물체도, 풀이 과정, 답을 쓰시오.).

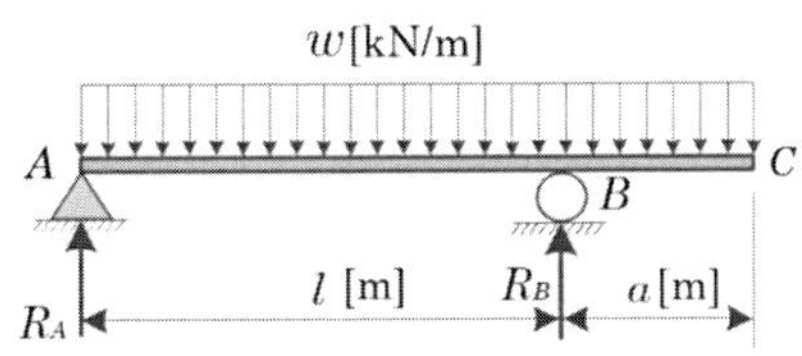

답은 아래 ( )에 내용을 채우시오

$R_A = \left(\frac{\quad}{2}\right) - (\text{—}),\quad R_B = \frac{(\quad)}{2} + (\quad) + \frac{(\quad)}{2l}$

풀이 자유 물체도를 그리면 그림 (a) 또는 그림 (b)와 같이 그릴 수 있다. 계산하기 편리한 방법을 생각하고 그리면 된다. 2가지 방법 모두 답은 같다.

① 먼저 자유 물체도 그림 (a)로 반력을 구해보자. 반력 R_A를 먼저 구하는 것이 편리한지 아니면 R_B를 먼저 구하는 것이 편리하지 생각하고 풀어보자

반력 중 R_A를 먼저 구하는 방법으로 계산해보면 B 점에서의 모멘트를 구한다.

② 힘은 평형 상태($+\uparrow \sum F_y = 0$)이므로 $wl + wa = R_A + R_B$ 이다.

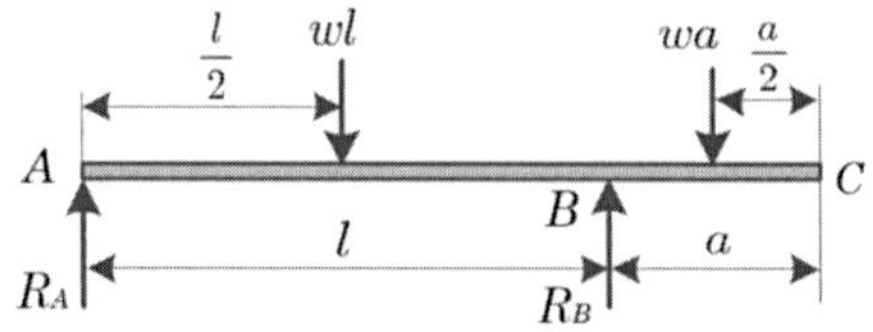

(a) 등분포 하중을 집중 하중 2개로 나누어 계산

③-1 방법: B 점에서의 모멘트를 구하여 수직 평형식에 대입하여 계산하는 방법

$$\circlearrowleft\!\!+ \sum M_B = 0;\ M_B = -R_A \times l + wl \times \frac{l}{2} - wa \times \frac{a}{2} = 0,$$

$$R_A \times l = wl \times \frac{l}{2} - wa \times \frac{a}{2},$$

$$R_A = \frac{wl}{2} - \frac{wa^2}{2l}$$

R_A를 수직 방향의 평형식 $wl + wa = R_A + R_B$에 대입하면

$$wl + wa = \frac{wl}{2} - \frac{wa^2}{2l} + R_B,$$

$$R_B = wl - \frac{wl}{2} + wa + \frac{wa^2}{2l} = \frac{wl}{2} + wa + \frac{wa^2}{2l}$$

③-2 A 점에 대한 모멘트를 직접 구하여 R_B를 구하는 방법

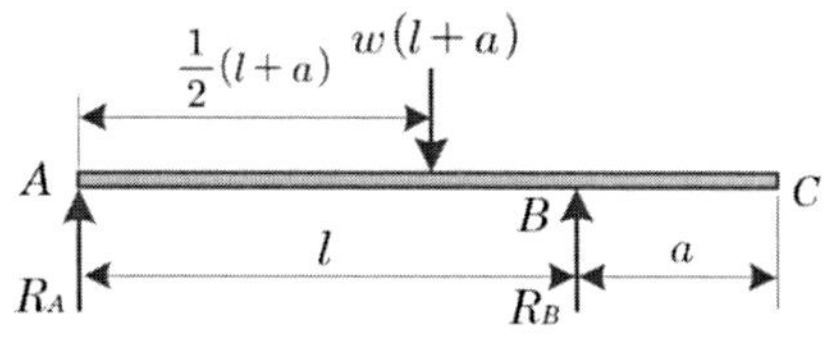

(b) 등분포 하중을 집중 하중 1개로 계산

$$\circlearrowleft\!\!+ \sum M_A = 0;\ +R_B l - w \times (l+a) \times \frac{1}{2}(l+a) = 0$$

$$R_B = \left(w \times (l+a) \times \frac{1}{2}(l+a)\right) \times \frac{1}{l}$$

$$= \frac{w}{2l} \times (l+a)^2 = \frac{w}{2l} \times (l+a) \times (l+a)$$

$$= \frac{w}{2l} \times (l^2 + 2la + a^2)$$

$$= \frac{wl}{2} + wa + \frac{wa^2}{2l}$$

$$\therefore \ \underline{R_A = \frac{wl}{2} - \frac{wa^2}{2l}, \quad R_B = \frac{wl}{2} + wa + \frac{wa^2}{2l}}$$

예제 다음과 같은 내다지보에서 등분포 하중(w =40 kN/m)이 작용할 때 반력(R_A, R_B)를 구하시오.

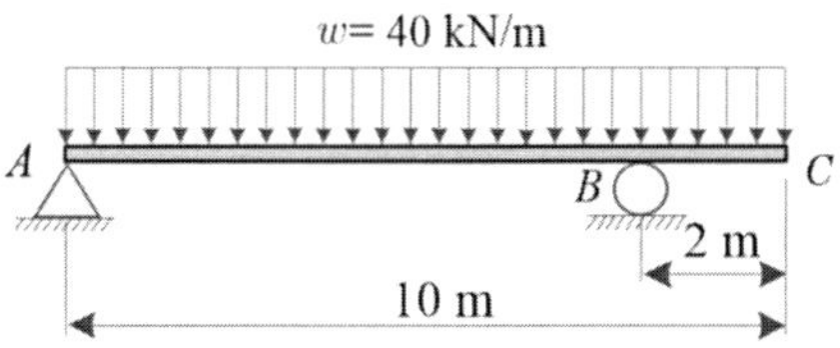

풀이

① 먼저 자유 물체도를 그린다. 집중 하중을 분포 하중으로 변환하면 40kN×10 m=400 kN 전체가 등분포 하중이므로 400 kN이 중앙(A점으로부터 5 m 지점)에 작용한다.

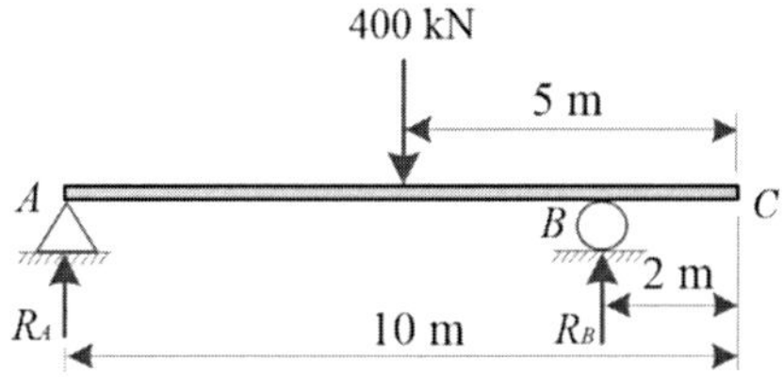

② 반력 R_B를 구하기 위해서 A 점에서 모멘트를 구한다.

$\circlearrowright \sum M_A = 0$; $\circlearrowright \sum M_A = -400 \text{ kN} \times 5 \text{ m} + R_B \times 8 \text{ m} = 0$

$R_B = 250 \text{ kN}$

③ 수직힘의 평형식에 R_B값을 대입하면

$+\uparrow \sum F_y = 0$; $400 \text{ kN} = R_A + R_B$, $400 \text{ kN} = R_A + 250$,

$R_A = 150\ \text{kN}$

$\therefore\ \underline{R_A = 150\ \text{kN},\ \ R_B = 250\ \text{kN}}$

(5) 등변 분포 하중이 작용할 때의 반력 구하기

그림과 같이 삼각형 등변 분포 하중이 작용할 때의 반력을 구해보자

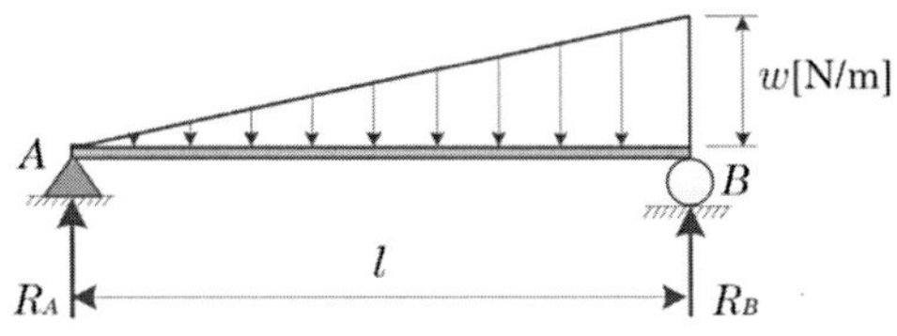

반력을 구하기 위해서는 등변 분포 하중을 집중 하중으로 변환해서 자유 물체도를 그려보면 힘의 해석에 도움이 된다.

① 수직 힘은 평형 상태이므로 $+\uparrow \sum F_y = 0$,

등변 분포 하중은 삼각형이므로 집중 하중으로 변환하면 등분포 하중($w \times l$)의 반절이므로 집중 하중은 $wl \times \frac{1}{2} \Rightarrow \frac{wl}{2}$ 이다.

$-\frac{wl}{2} + R_A + R_B = 0$(반력의 방향이 ↑ 이면 양(+)이므로), $\frac{wl}{2} = R_A + R_B$

삼각형의 도심(무게 중심)은 넓은 쪽에서 $\frac{1}{3}$ 위치이므로, 거리가 l이면 $\frac{1}{3}l$위치이다.

따라서 자유 물체도를 그리면 그림과 같다.

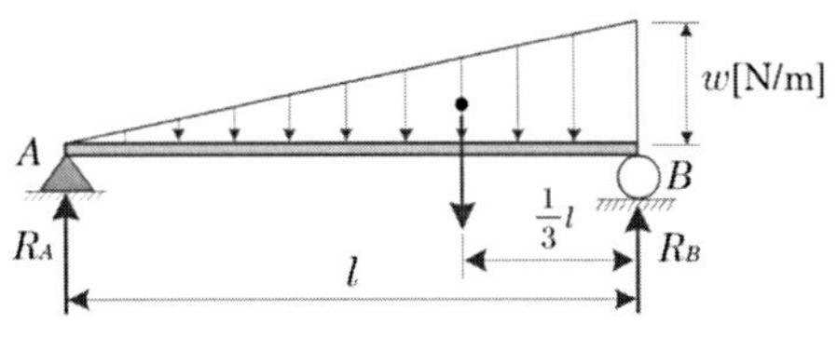

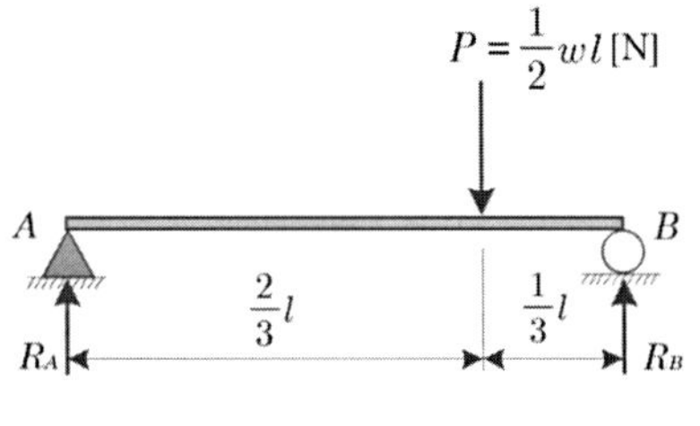

② 반력을 구하기 위하여 A 점에 대한 모멘트를 구하면

$\circlearrowright \sum M_A = 0$, M(모멘트) $= P$(힘) $\times l$(거리)이므로

$\circlearrowright \sum M_A = 0;\ -\frac{wl}{2}\times\frac{2}{3}l + R_B \times l = 0,\ R_B = \frac{wl}{3},\ R_A = \frac{wl}{2} - \frac{wl}{3} = \frac{wl}{6}$

$\therefore\ R_A = \frac{wl}{6},\ R_B = \frac{wl}{3}$

예제 그림과 같이 삼각형 분포 하중이 작용하여 평형을 이룰 때, 보의 A점과 B점의 반력 (R_A, R_B)를 구하시오

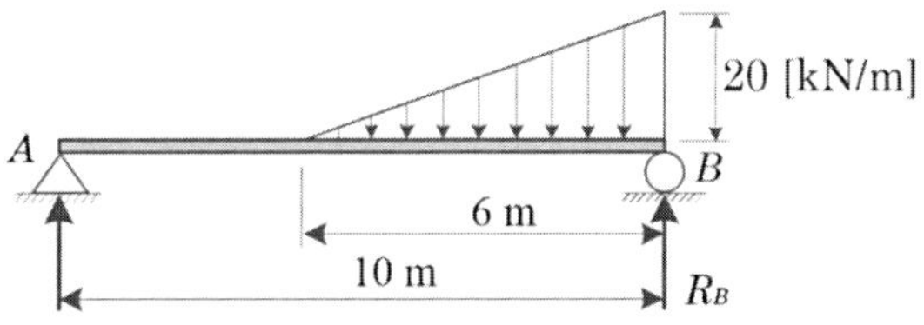

풀이

삼각형의 분포 하중을 집중 하중으로 변환하면 $\frac{1}{2}\times 6 \times 20$ kN $=$ 60 kN, 위치는 $\frac{1}{3}$ 지점이므로

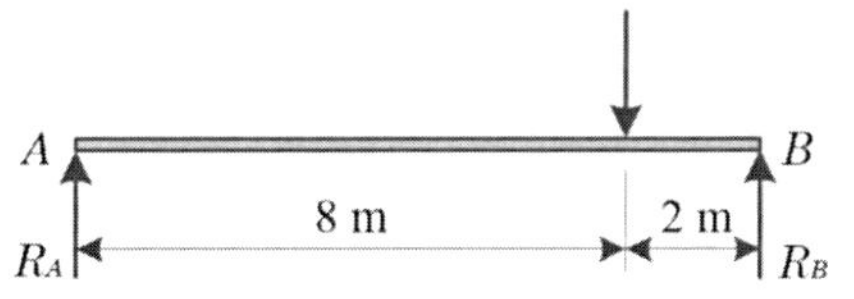

수직 힘은 평형 상태($+\uparrow \sum F_y = 0$)이므로 60 kN $= R_A + R_B$ 에서

$\circlearrowright \sum M_A = 0;\quad R_B \times 10\text{ m} - 60\text{ kN} \times 8\text{ m} = 0$

$R_B = 48$ kN

$\circlearrowright \sum M_B = 0;\quad -R_A \times 10\text{ m} + 60\text{ kN} \times 2\text{ m} = 0$

$R_A = 12$ kN

$\therefore\ R_A = 12$ kN, $R_B = 48$ kN

(6) 외팔보에 하중 작용할 때의 반력 구하기

외팔보의 자유단에 집중 하중이 작용할 때	외팔보의 자유단에 분포 하중이 작용할 때
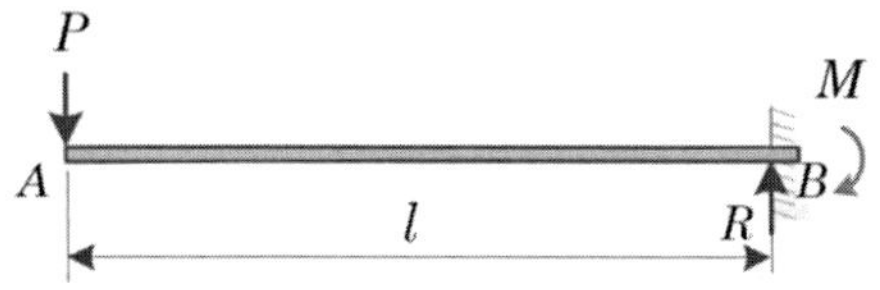	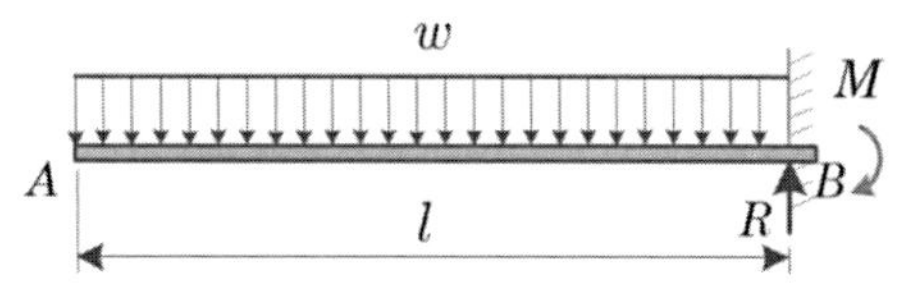
수직 힘은 평형 상태이므로 $+\uparrow\sum F_y = 0$에서 $-P + R_B = 0$ 따라서 B 점에서의 반력은 $R_A = P$	수직 힘은 평형 상태이므로 $+\uparrow\sum F_y = 0$에서 $R_A - wl = 0$, 따라서 $R_A = wl$

예제 그림과 같은 외팔보에 하중이 작용하고 있다. A 점에 작용하는 반력을 구하시오

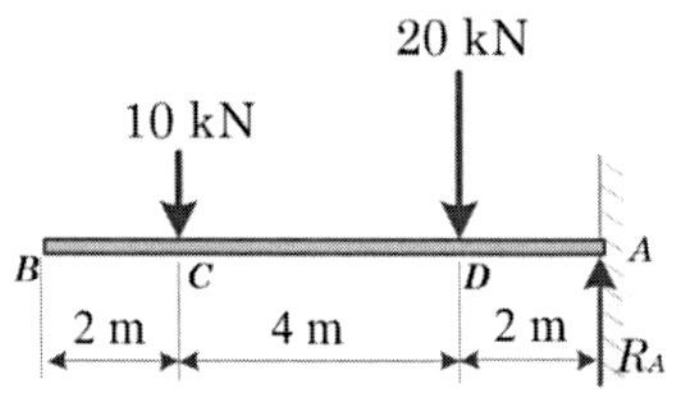

풀이 힘은 수직으로 만 작용되므로 반력은 수직 힘과 같다.

$+\uparrow\sum F_y = 0$에서 $-P + R_A = 0$

$-10\text{ kN} - 20\text{ kN} + R_A = 0, \quad R_A = 30\text{ kN}$

예제 그림과 같은 외팔보에 등분포 하중과 집중 하중이 작용하고 있다. B 점에 작용하는 반력을 구하시오

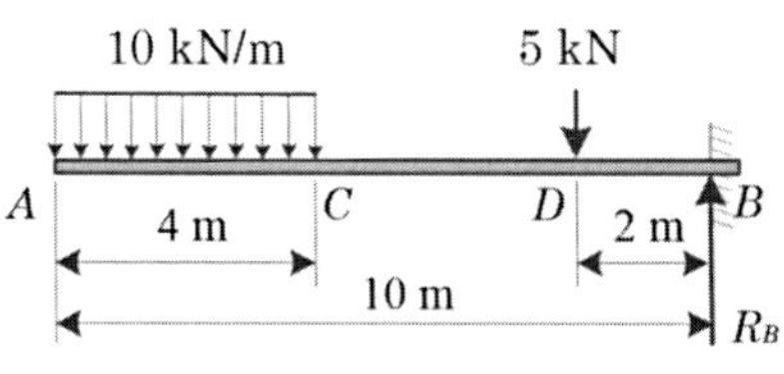

① 힘은 평형 상태이므로 등분포 하중을 집중 하중으로 변환하여 계산하면

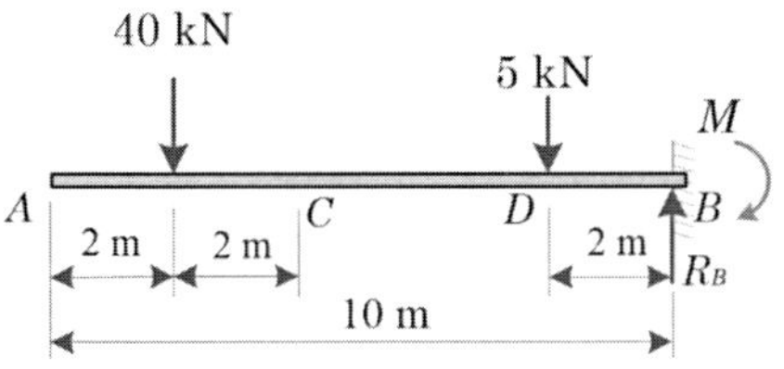

10 kN이 4 m에 걸쳐 작용하는 등분포 하중은 10 kN/m×4 m=40 kN인 집중 하중으로 변환하여 계산하면 반력과 모멘트를 쉽게 계산할 수 있다(전단력이나 모멘트를 구할 때는 등분포 하중을 집중 하중으로 변환하면 안되는 경우가 있으므로 유의해야 한다).

$+\uparrow\sum F_y = 0;\ -40\text{ kN} - 5\text{ kN} + R_B = 0,\ R_B = 45\text{ kN}$

(7) 보에 모멘트가 작용할 때의 반력 구하기

예제 다음과 같이 단순보의 C 점에 굽힘 모멘트(200 N·m)가 작용하고 있다. A 점과 B 점의 반력 (R_A, R_B)를 구하시오

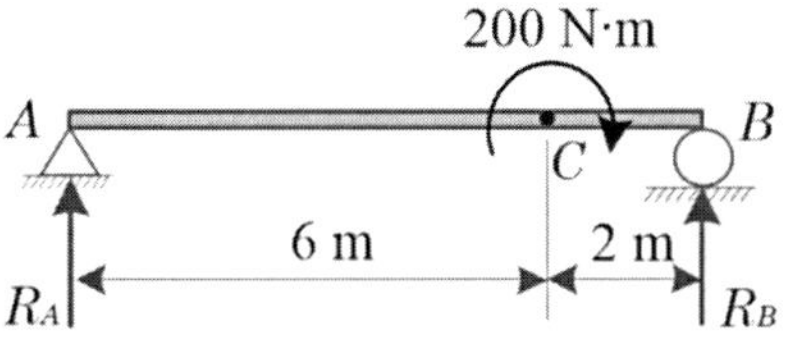

풀이 힘은 평형 상태($\circlearrowright\sum M_A = 0$, $\circlearrowright\sum M_B = 0$)이므로

$\circlearrowright\sum M_A = 0;\ R_B\times 8\text{ m} - 200\text{ N·m} = 0,$

$R_B = 25\text{ N}$

$\circlearrowright\sum M_B = 0;\ -R_A\times 8\text{ m} - 200\text{ N·m} = 0,\ R_A = -25\text{ N}$

예제 다음 그림과 같이 하중이 작용할 때 A와 B지점의 반력(R_A, R_B)을 구하시오.

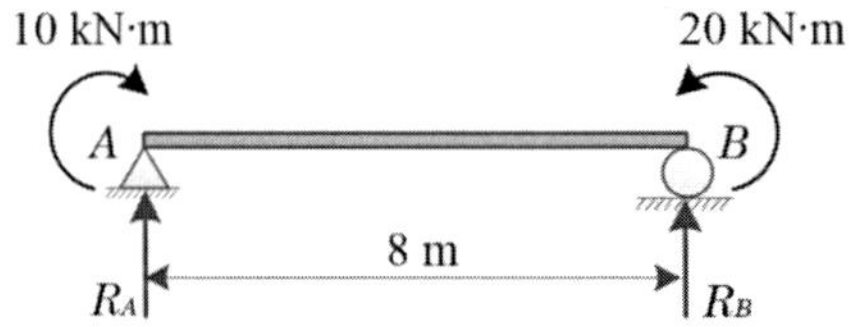

풀이 힘은 평형 상태($\circlearrowleft\sum M_A = 0$, $\circlearrowleft\sum M_B = 0$)이므로

$$\circlearrowleft\sum M_A = 0;\ R_B l + 20 - 10 = 0,$$

$$R_B \times 8\ \text{m} + 20\ \text{kN·m} - 10\ \text{kN·m} = 0,$$

$$R_B = -\frac{10}{8} = -2.5\ \text{kN}$$

$$\circlearrowleft\sum M_B = 0;\ -R_A l - 10 + 20 = 0,$$

$$-R_A \times 8\ \text{m} + 20\ \text{kN·m} - 10\ \text{kN·m} = 0,$$

$$R_A = \frac{10}{8} = 2.5\ \text{kN}$$

$$R_A = -2.5\ \text{kN},\ R_B = 2.5\ \text{kN}$$

연습문제

3-1 아래 그림과 같은 보는 C 점에 50 N의 힘이 작용하고 평형 상태에 있다. A 점에서의 반력 R_A와 B 점에서의 반력 R_B을 구하시오.

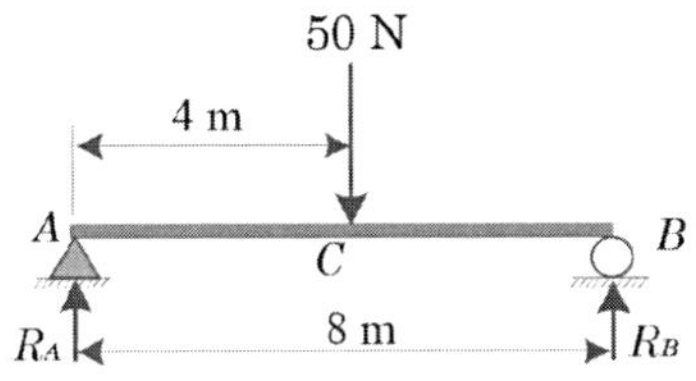

3-2 아래 그림과 같이 단순보의 C 점에 100 kN의 힘이 작용하여 평형 상태에 있다. A 점에서의 반력 R_A와 B 점에서의 반력 R_B을 구하시오.

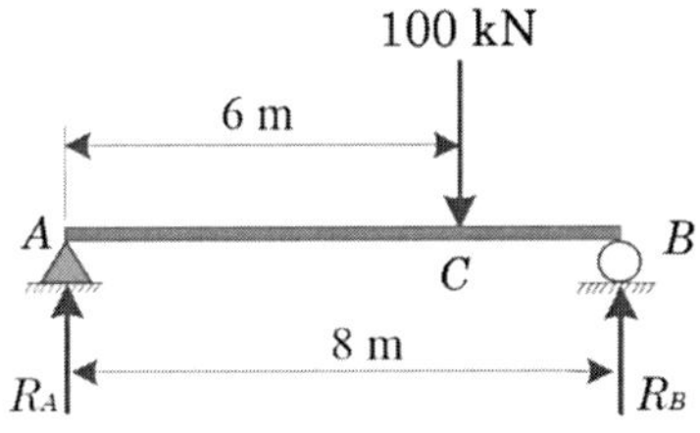

3-3 아래 그림과 같이 단순보의 C점에 30°의 각도로 100 kN의 힘이 작용하고, D점에 100 kN의 힘이 작용하여 평형 상태에 있다. A점에서의 반력 R_A와 B점에서의 반력 R_B을 구하시오.

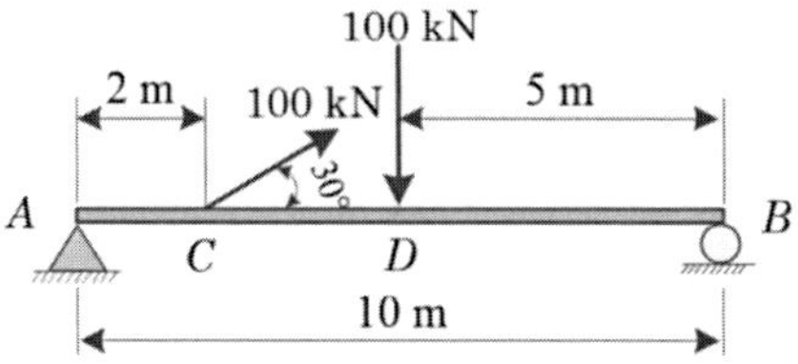

3-4 다음 그림과 같이 하중이 작용할 때 A와 B지점의 반력(R_A, R_B)을 구하시오.

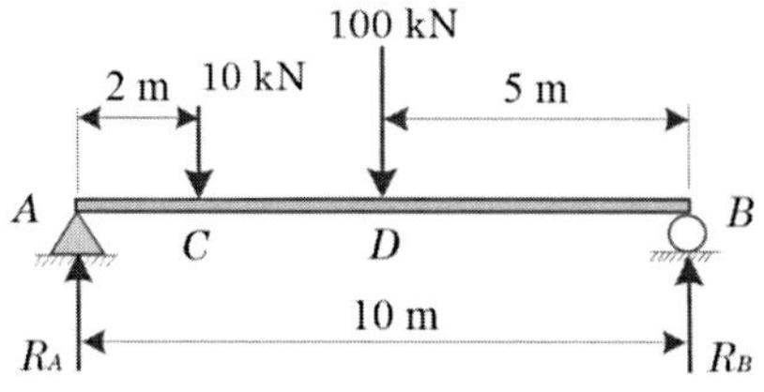

3-5 그림과 같은 보에서 지점 B가 40 N 까지의 반력을 지지할 수 있다. 하중 120 N은 A점에서 부터 몇 m까지 거리까지 이동시키면 되는지 이동거리(x)를 구하시오. (풀이 과정과 답을 쓰시오. 단, 소숫점 둘째자리에서 반올림하여 첫째자리까지 쓰시오)

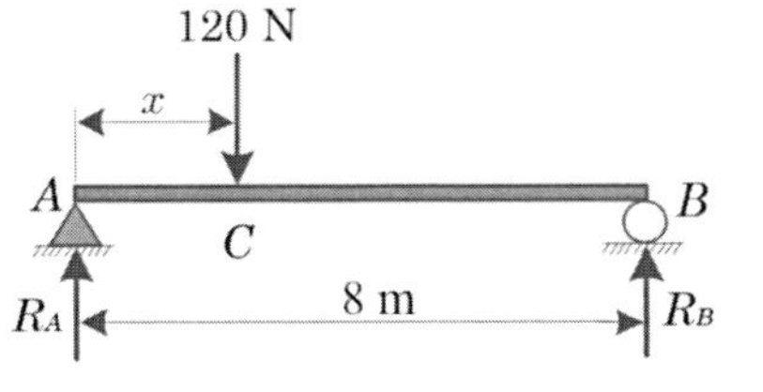

3-6 그림과 같이 지점 C 점에 2 kN이 작용하고 있고, D 지점은 4 kN이 작용하며 이동하고 있다. A점과 B 점의 반력이 같게 될 때 4 kN이 작용하는 x의 거리[m]를 구하시오.

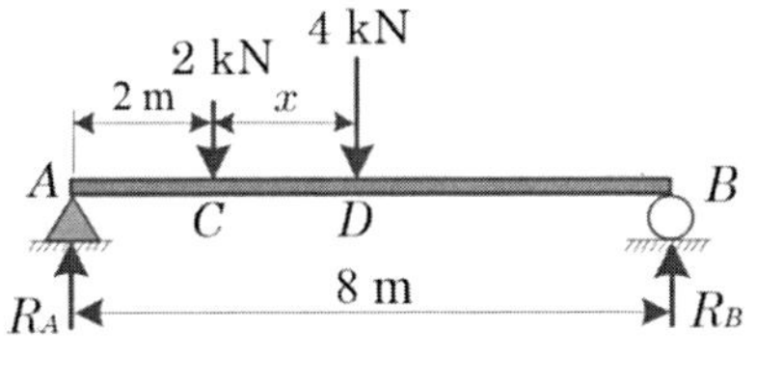

3-7 다음과 그림과 같이 A점과 B점 사이의 거리는 8 m이고, 등분포 하중 $w=10$ kN/m, 집중 하중은 20 kN이 작용하고 있다. 보의 반력(R_A와 R_B)을 구하시오.(단, 보의 자체 하중을 무시한다. 자유 물체도, 풀이 과정, 답을 쓰시오.).

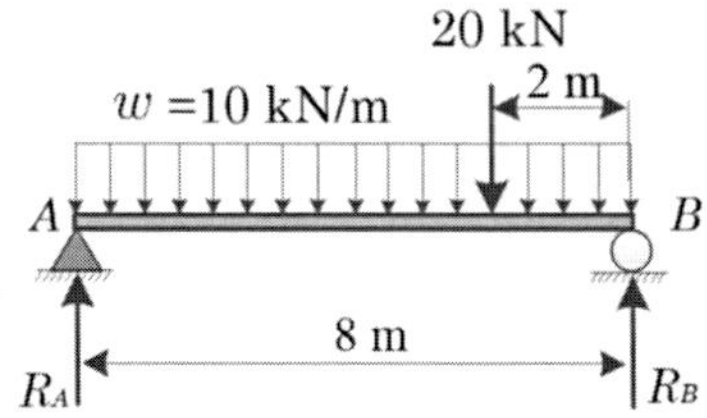

3-8 그림과 같이 A 점과 B 점 사이의 거리는 10 m이고, $w=30$ kN/m 이다. 이 보의 반력(R_A와 R_B)을 구하시오.(단, 보의 자체 하중을 무시한다. 자유 물체도, 풀이 과정, 답을 쓰시오.).

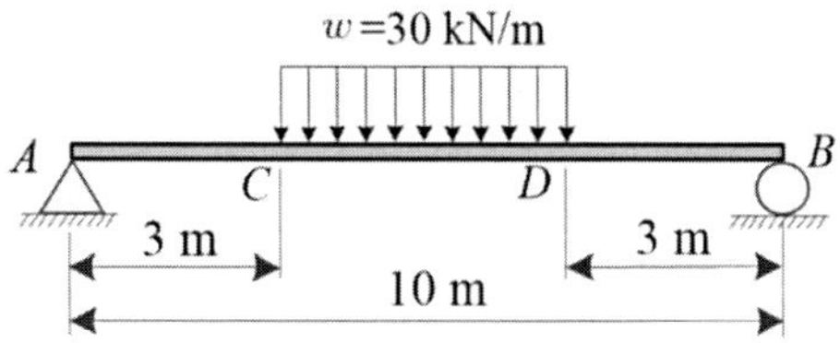

3-9 그림과 같은 단순보에 등변 분포 하중을 받을 때의 반력(R_A와 R_B)을 구하시오.

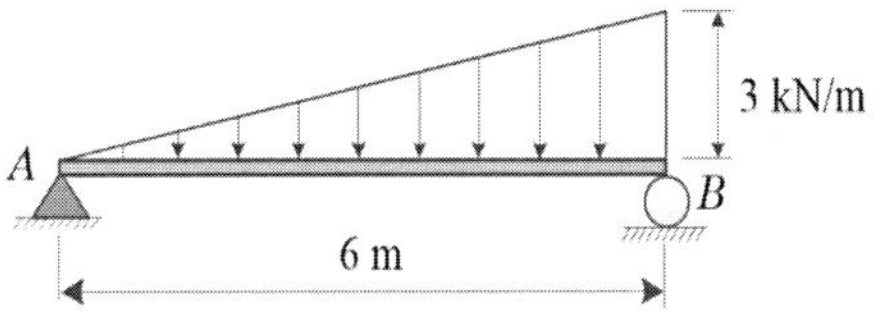

3-10 그림과 같이 분포 하중이 작용하여 평형을 이룰 때, 보의 A점과 B점의 반력 R_A와 R_B를 구하시오.

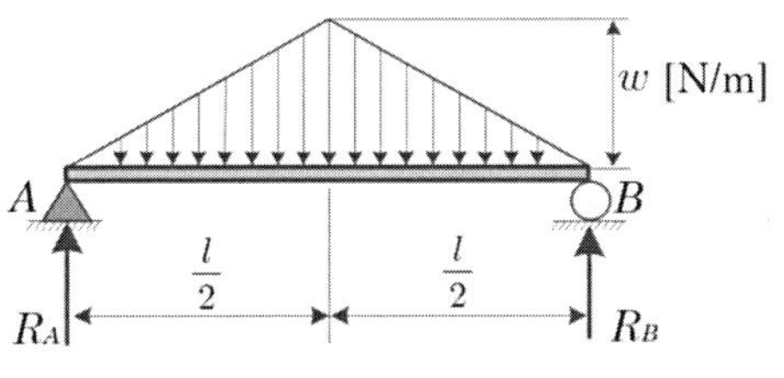

3-11 그림과 같이 삼각 분포 하중이 작용하여 평형을 이룰 때, 보의 A점과 B점의 반력 R_A와 R_B를 구하시오.

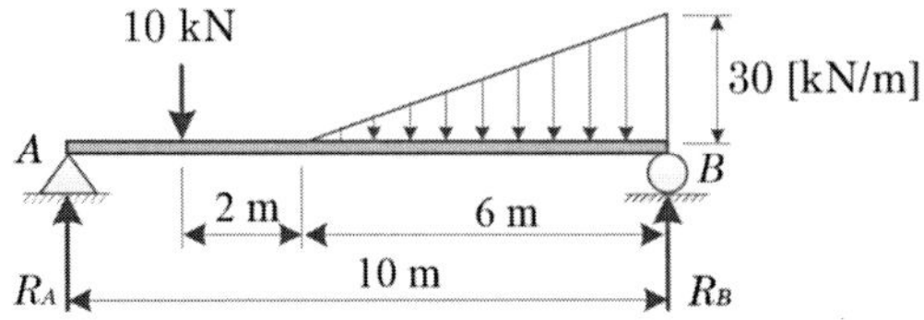

3-12 다음과 같은 돌출보에 등분포 하중($w = 2$ kN/m)과 C 점에 10 kN의 힘이 작용하고 있다. A점과 B점의 반력 R_A와 R_B를 구하시오.

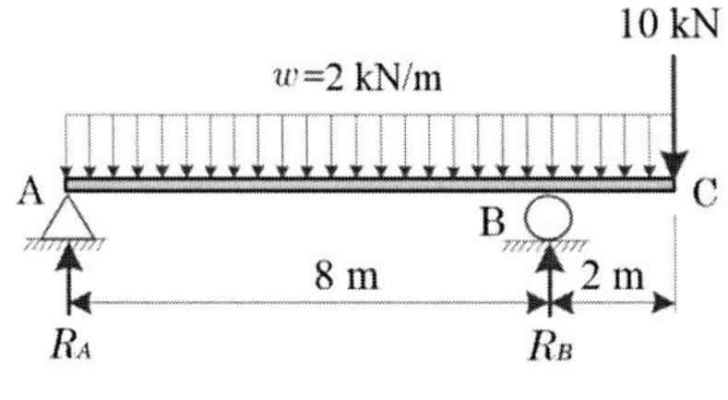

3-13 다음과 같은 외팔보에 등분포 하중과 집중 하중이 작용하고 있다. 반력 R_B를 구하시오.

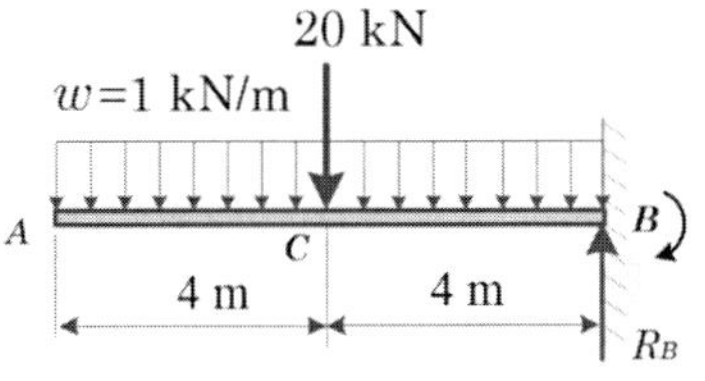

3-14 다음 그림과 같은 보에 집중 하중, 분포 하중, 등변 분포 하중, 굽힘 모멘트가 작용하고 있다. 자유 물체도를 그린 후 풀이와 함께 수직 반력 R_B와 반력 R_D를 구하시오.(단, 모멘트의 방향은 ⊕$\sum M = 0$으로 계산하시오)

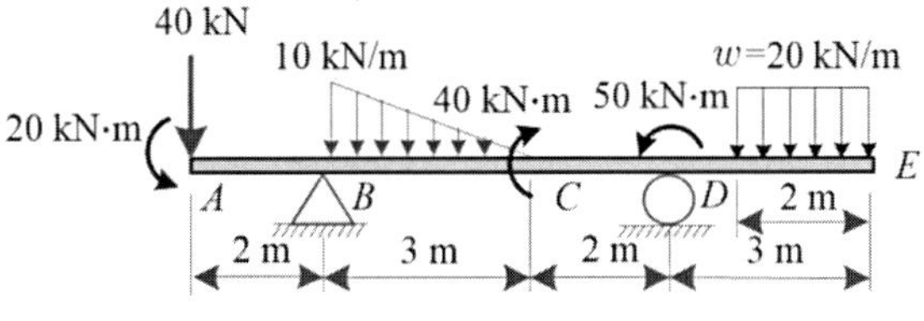

연습문제 풀이

3-1 풀이

① 먼저 (a)와 같이 자유 물체도(각도, 힘의 크기, 질점 위치, 길이 등)를 그린다.

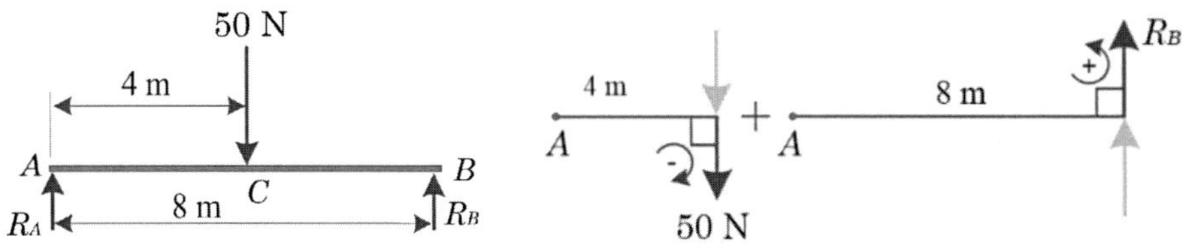

(a) (b)

② 힘은 평형 상태($+\uparrow\sum F_y = 0$)이므로, 작용하는 힘(50 N)=반력($R_A + R_B$)이다

③ 반력을 구하기 위하여 모멘트 구하는 식($M = F \times r$)을 활용한다.

④ 모멘트를 구하기 위해서는 A점이나 B점을 기준으로 하는데 어느 점을 기준으로 하든지 같은 값으로 나온다. 여기서는 A점을 기준으로 하여 문제를 풀이한다.

⑤ A점에 대한 모멘트는 M_A로 표기한다. A점에 대한 모멘트를 구하기 위해서는

- 그림 (b)와 같이 C점에 작용하는 (50 N)과 A점에서의 거리(4 m)를 그림으로 그린다.
- B점에서의 반력(R_B)과 A점에서의 거리(8 m)를 그림으로 그린다.

⑥ 모멘트의 방향은 모멘트의 기준점으로 하여 작용하는 힘을 따라 가면 C점에 작용하는 모멘트는 시계 방향이므로 $-$(음)이고, B점에서의 모멘트는 반시계 방향이므로 $+$(양)이다.

따라서 A점에 대한 모멘트($M_A = F \times r$)에서

$\circlearrowleft\!\!+\sum M_A = -(50\text{ N}\times 4\text{ m}) + (R_A\text{ N}\times 8\text{ m}) = 0$, $R_A\text{N}\times 8\text{ m} = 50\text{ N}\times 4\text{ m}$에서 $R_A = 25\text{ N}$

⑦ 작용하는 힘(50 N)=반력 $R_A(=25\text{ N})$+반력 R_B, 따라서 $R_B = 25\text{ N}$

$\therefore$ $R_A = 25\text{ N}$, $R_B = 25\text{ N}$

3-2 풀이

힘은 평형 상태($+\uparrow\sum F_y = 0$)이므로, 작용하는 힘(100 kN) = 반력($R_A + R_B$)이다.

자유 물체도는 그림 (a)와 같다. 반력 R_B를 구하기 위해 A점에서의 모멘트를 구한다.

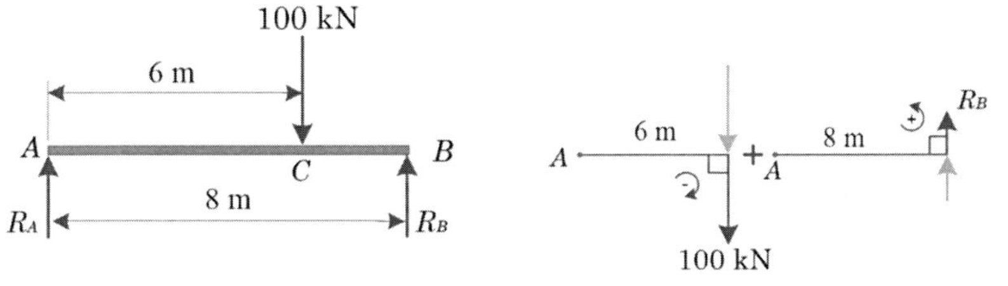

(a) 자유 물체도　　　　(b) A점에서의 모멘트 구하는 법

[그림] 자유 물체도와 모멘트 구하는 법

그림 (b)를 참조하여 모멘트를 구하는 식은 다음과 같다.

$\circlearrowleft\sum M_A = 0$; $\circlearrowleft\sum M_A = -(100\ \text{kN} \times 6\ \text{m}) + R_B \times 8\ \text{m} = 0$, $R_B = 75\ \text{kN}$

수직 방향의 힘을 구하면 100 kN $= R_A + R_B (= 75\ \text{kN})$ 이므로 $R_A = 25\ \text{kN}$

$\therefore$ $\underline{R_A = 25\ \text{kN},\ R_B = 75\ \text{kN}}$

3-3 풀이

먼저 자유 물체도를 그리면 그림과 같다. 그림 (a)에서 30°의 각도로 경사진 힘을 모멘트를 구하기 위하여 수직 힘을 구한다.

삼각함수 공식을 활용하여 C 점에 작용하는 수직 힘은 100 kN×sin 30° = 50 kN이다.

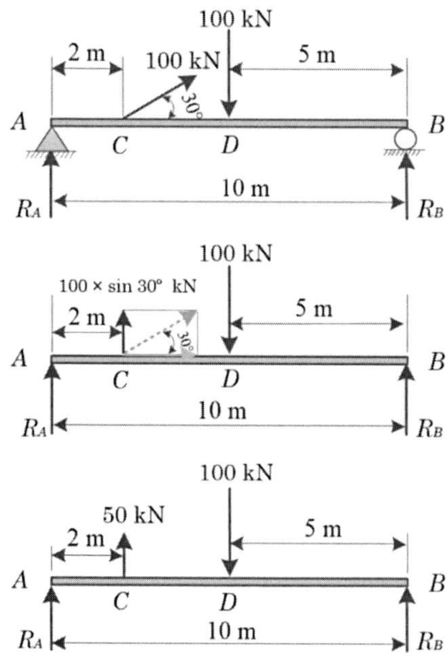

힘은 평형 상태($+\uparrow\sum F_y = 0$)이므로

$100\text{ kN} - 50\text{ kN} = R_A + R_B$에서

반력 R_B를 구하기 위해,

A점에서의 모멘트 식을 정리하면 아래와 같다.

$\circlearrowright\sum M_A = 0,$

$\circlearrowright\sum M_A = 50\text{ kN}\times 2\text{ m} - 100\text{ kN}\times 5\text{ m} + R_B\text{ kN}\times 10\text{ m} = 0$

$R_B\text{ kN}\times 10\text{ m} = 400\text{ kN}\cdot\text{m}$

$R_B = 40\text{ kN}$

$100\text{ kN} - 50\text{ kN} = R_A + R_B$ 에서

$R_A = 10\text{ kN}$

$\therefore\ \underline{R_A = 10\text{ kN},\ R_B = 40\text{ kN}}$

3-4 A점은 힌지이므로 수평 방향과 수직 방향의 반력 힘이 작용되지만, B점은 롤러로 구성되어 있는 단순보이므로 수평 방향으로 힘은 작용하지 않는다.

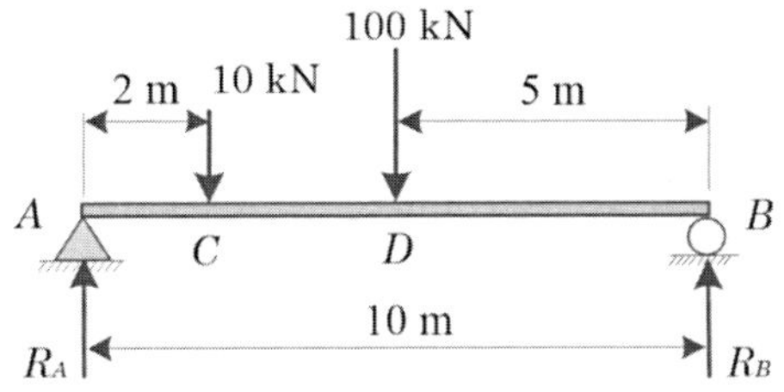

보에 작용하는 수평 방향의 힘은 없으므로(즉, 평형 상태($\overset{+}{\rightarrow}\sum F_x = 0$)이므로) 수평 방향의 반력은 0이다.

반력 R_B를 구하는 순서

힘은 평형 상태($+\uparrow\sum F_y = 0$)이므로 $10\text{ kN} + 100\text{ kN} = R_A + R_B$ (1)

반력 R_B를 구하기 위해 A점에서의 모멘트를 구하면

$\circlearrowleft\!+\sum M_A = 0;\ -10\text{ kN}\times 2\text{ m} - 100\text{ kN}\times 5\text{ m} + R_B\text{ kN}\times 10\text{ m} = 0,\ R_B = 52\text{ kN}$

R_B를 식(1)에 대입하면 $110\text{ kN} = R_A + 52 \quad R_A = 58\text{ kN}$

또는

B 점에서의 모멘트를 구해도 같은 값이 나온다. 즉,

$\circlearrowleft\!+\sum M_B = 0;\ +10\text{ kN}\times 8\text{ m} + 100\text{ kN}\times 5\text{ m} - R_A\text{ kN}\times 10\text{ m} = 0,\ R_A = 58\text{ kN}$

$\therefore\ \underline{R_A = 58\text{ kN},\ R_B = 52\text{ kN}}$

3-5 풀이 과정과 답을 쓰시오. 단, 소숫점 둘째자리에서 반올림하여 첫째자리까지 쓰시오

풀이 반력 R_B를 구하려는 A점에서의 모멘트를 구하기 위해 자유 물체도를 그려보면

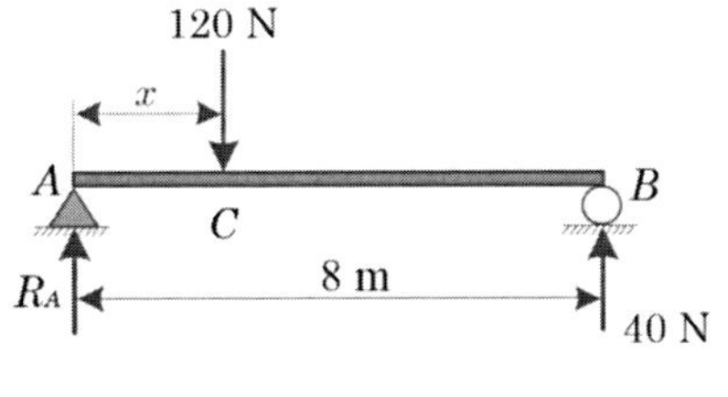

$\circlearrowright \sum M_A = 0;\ -120\text{ N} \times x\text{ m} + 40\text{ N} \times 8\text{ m} = 0,\ -120 \times x + 40 \times 8 = 0,$

$x = \dfrac{320}{120} = 2.7\text{ m}$

3-6 수직 방향 힘은 평형 상태($+\uparrow \sum F_y = 0$)이므로

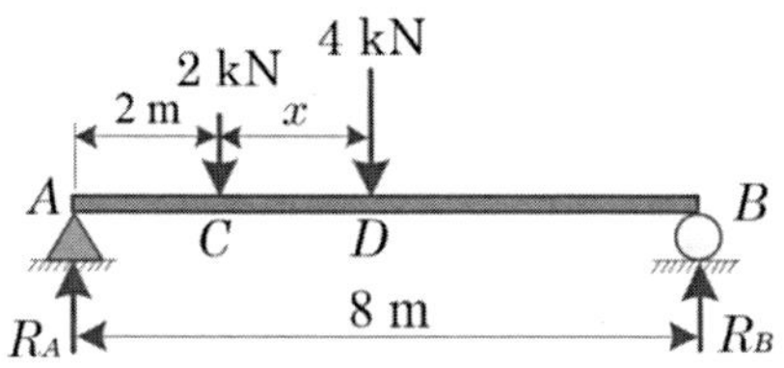

$6\text{ kN} = R_A + R_B$ 에서 $R_A = R_B = 3\text{ kN}\,(\uparrow)$가 되어야 한다.

$\circlearrowright \sum M_A = 0;\ R_B \times 8 - (2 \times 2) - (4 \times (x+2)) = 0,\ R_B = 3$을 대입하면

$4x = 12$

$\therefore\ x = 3\text{ m}$

3-7 집중 하중과 등분포 하중이 같이 작용하므로 자유 물체도를 그릴 때 나누어서 그린 후 합하는 방법으로 풀이하면 쉽게 이해가 된다. 먼저 등분포 하중을 집중 하중으로 변환한다.

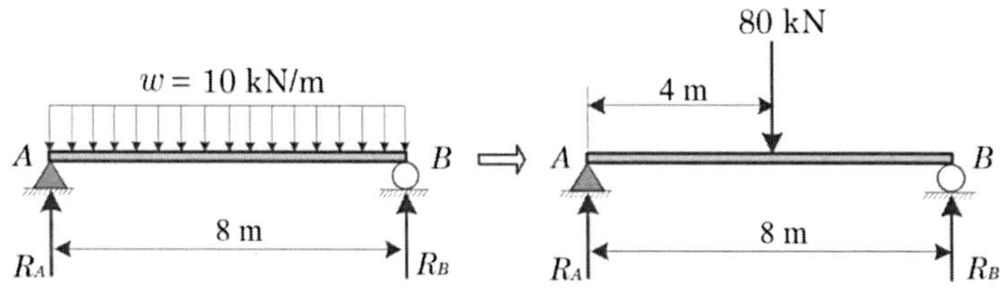

반력을 구할 때, 등분포 하중은 먼저 집중 하중으로 변경하여 구하면 편리하다.

등분포 하중을 집중 하중으로 변환하고 집중 하중을 합하면 아래와 같다

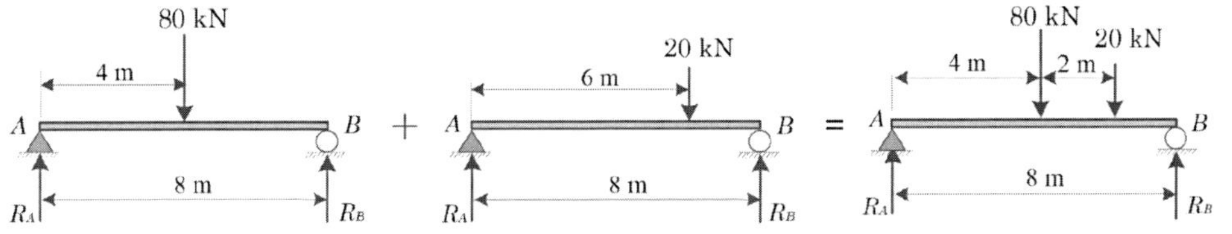

힘은 평형 상태($+\uparrow\sum F_y = 0$)이므로 $80\ \text{kN} + 20\ \text{kN} = R_A + R_B$이다.

A점에서의 모멘트를 구하면

$\circlearrowright\sum M_A = 0;\ R_B \times 8\ \text{m} - 80\ \text{kN} \times 4\ \text{m} - 20\ \text{kN} \times 6\ \text{m} = 0$

$8R_B = (320 + 120)\ \text{kN·m}$

$R_B = 55\ \text{kN}$

R_B를 수직 방향의 합력 $100\ \text{kN} = R_A + 55\ \text{kN}$ 에 대입하면

$R_A = 45\ \text{kN}$

$\therefore\ \underline{R_A = 45\ \text{kN},\ R_B = 55\ \text{kN}}$

3-8 등분포 하중을 집중 하중으로 변환하여 자유 물체도를 그린다.

4 m 길이에 등분포 하중 30 kN이 작용하고 있으므로

등분포 하중을 집중 하중으로 변환하면 $30\ \text{kN/m} \times 4\ \text{m} = 120\ \text{kN}$

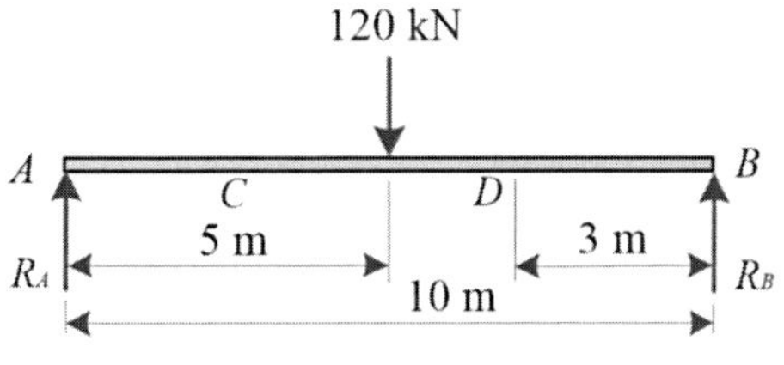

힘은 평형 상태($+\uparrow\sum F_y = 0$)이므로 $120\ \text{kN} = R_A + R_B$이다.

집중 하중은 중앙에 작용하고 있으므로

$\circlearrowright\sum M_A = 0;\ R_B \times 10\ \text{m} - 120\ \text{kN} \times 5\ \text{m} = 0$

$10R_B = 600\ \text{kN}$

$R_B = 60\ \text{kN}$

$\therefore \; \underline{R_A = 60\text{ kN},\;\; R_B = 60\text{ kN}}$

3-9 자유 물체도를 그리면

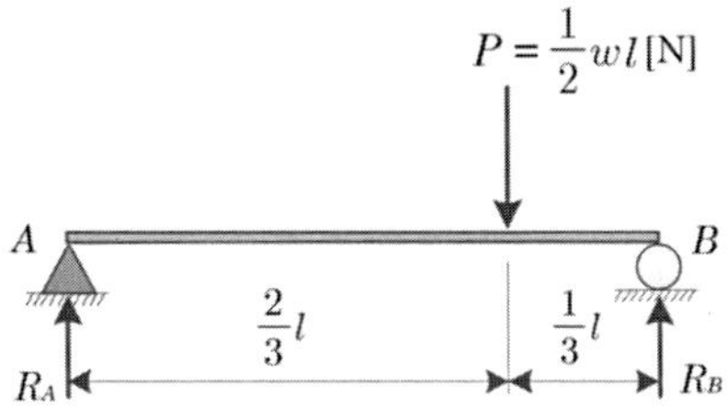

수직력을 구하기 위하여 $+\uparrow\sum F_y = 0$으로 하면

반력 = 삼각형의 하중, $R_A + R_B = \frac{1}{2}\times 6\times 3$, $R_A + R_B = 9$

반력(R_A)를 구하기 위하여 B 점에 대한 모멘트를 구하면

$$\circlearrowright\sum M_B = 0;\; -R_A\times 6 + (18\times\frac{1}{2}\times 2) = 0,\; R_A = 3\text{ kN} \text{ 따라서 } R_B = 6\text{ kN}$$

3-10 등변 분포 하중을 집중 하중으로 변화해보면

삼각형의 넓이와 같으므로 $\frac{1}{2}\times(\frac{l}{2}+\frac{l}{2})\times w = \frac{wl}{2}$ 또는 $wl\times\frac{1}{2}=\frac{wl}{2}$

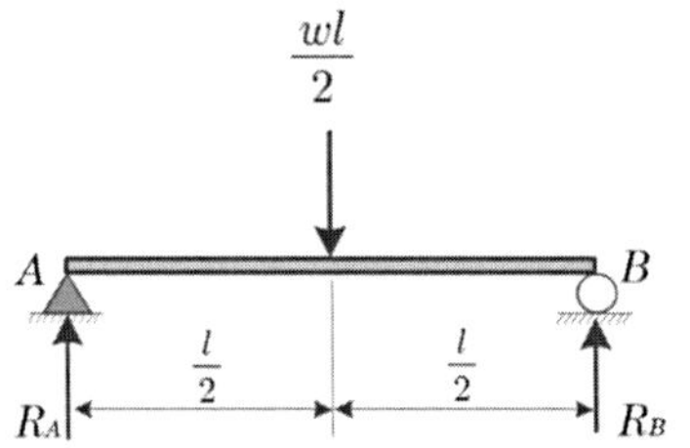

힘은 평형 상태($+\uparrow\sum F_y = 0$)이므로 $\frac{wl}{2} = R_A + R_B$ 에서

따라서 반력을 구하기 위하여 B점에서의 모멘트를 구한다.

$\circlearrowleft \sum M_B = 0;\ \ -R_A \times l + \frac{1}{2} \times w \times l \times \frac{l}{2} = 0,\ \ R_A = \frac{wl}{4}$

수직 힘의 평형식으로부터 R_B를 구하면 $R_B = \frac{wl}{4}$

$\therefore\ \underline{R_A = \frac{wl}{4},\ \ R_B = \frac{wl}{4}}$

3-11 삼각 등변 분포 하중을 집중 하중으로 변환하여 자유 물체도를 그린다.

삼각형의 분포 하중을 집중 하중으로 변환하면 삼각형의 집중 하중은 $\frac{1}{2} \times 6 \times 30$ kN, 위치는 $\frac{1}{3}$ 지점이므로

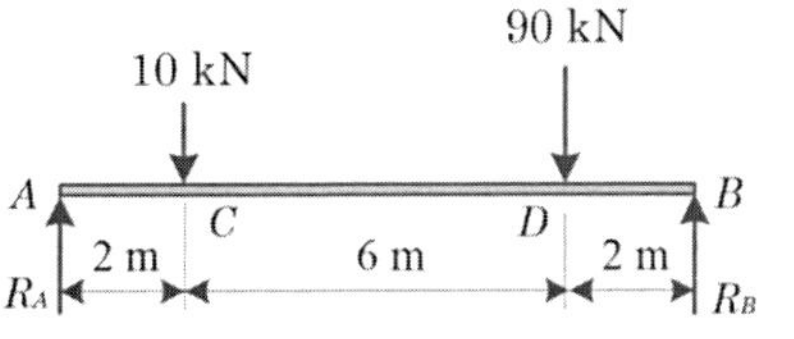

힘은 평형 상태$(+\uparrow \sum F_y = 0)$이므로 $10\text{ kN} + \frac{1}{2} \times 6\text{ m} \times 30\text{ kN} = R_A + R_B$ 에서

$100\text{ kN} = R_A + R_B$ (1)

반력 R_B를 구하기 위해서 A 점에서의 모멘트를 계산한다.

$\circlearrowleft \sum M_A = 0;\ \ R_B \times 10\text{ m} - 10\text{ kN} \times 2\text{ m} - 90\text{ kN} \times 8\text{ m} = 0$

$R_B = 74\text{ kN}$

식 (1)에 $R_B = 74$ kN을 대입하면 $R_A = 26$ kN

또는 모멘트 식으로 직접 구하려면 B 점에서의 모멘트를 계산한다.

$\circlearrowleft \sum M_B = 0;\ \ -R_A \times 10\text{ m} + 10\text{ kN} \times 8\text{ m} + 90\text{ kN} \times 2\text{ m} = 0$

$R_A = 26\text{ kN}$

$\therefore\ \underline{R_A = 26\text{ kN},\ \ R_B = 74\text{ kN}}$

3-12 자유 물체도를 그려보면

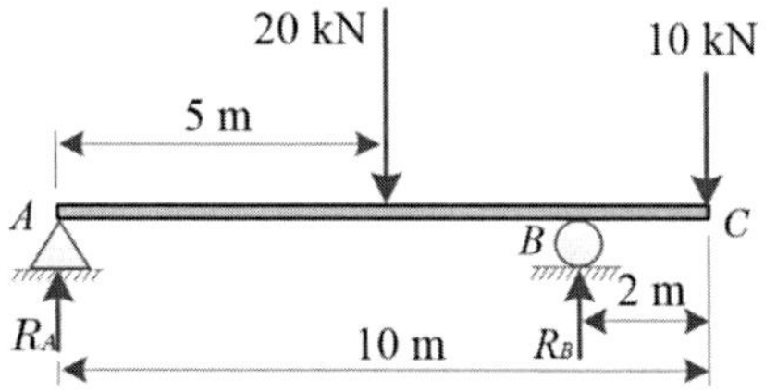

$+\uparrow\sum F_y = 0$, $\circlearrowleft\sum M = 0$ 이어야 하므로

분포 하중을 집중 하중으로 변환하면 집중 하중은 2 kN/m×10 m = 20 kN이다.

$+\uparrow\sum F_y = 0;\ R_A + R_B = 20\ \text{kN} + 10\ \text{kN}$

반력 R_B를 구하기 위해

$\circlearrowleft\sum M_A = 0;\ R_B \times 8\ \text{m} - (2\ \text{kN/m} \times 10\ \text{m} \times 5\ \text{m}) - 10\ \text{kN} \times 10\ \text{m} = 0,\ R_B = 25\ \text{kN}$

따라서 $R_A + R_B = 30$ kN에서 $R_A = 5$ kN

$\therefore\ R_A = 5\ \text{kN},\ R_B = 25\ \text{kN}$

3-13 자유 물체도를 그려보면 A점에서 4 m 거리에 집중 하중 20 kN이 작용하고, 같은 지점에 등분포 하중을 집중 하중으로 변환한 8 kN의 하중이 같이 작용하고 있다.

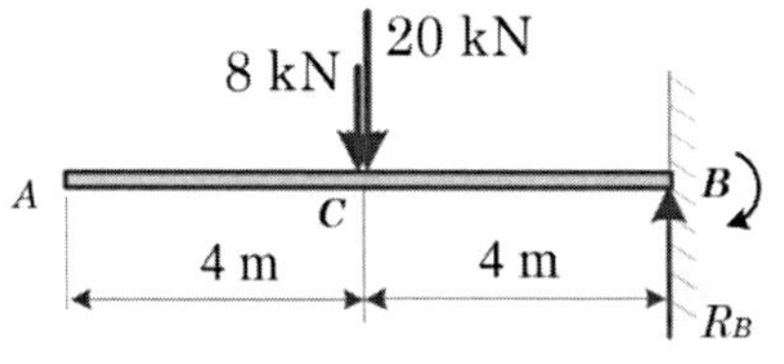

$+\uparrow\sum F_y = 0$, $\circlearrowleft\sum M = 0$ 이어야 하므로

분포 하중을 집중 하중으로 변환하면 집중 하중은 1 kN/m×8 m = 8 kN이다.

$+\uparrow\sum F_y = 0$; 20 kN(집중 하중) + 8 kN(등분포 하중(1 kN/m)×8 m) = R_B

$R_B = 28\ \text{kN}$

3-14 집중 하중, 분포 하중, 등변 분포 하중, 굽힘 모멘트가 작용하고 있으므로 자유 물체도를 그려보면

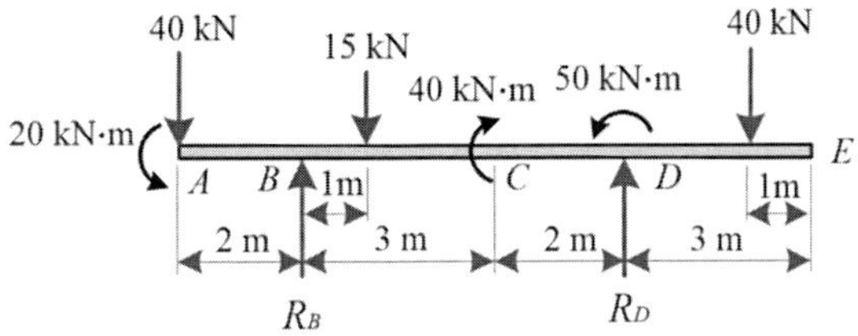

$+\uparrow\sum F_y = 0$, $\circlearrowright\sum M = 0$에서

$\circlearrowright\sum M_D = 0$;

$-R_B\times5\text{ m}+20\text{ kN·m}+40\text{ kN}\times7\text{ m}+15\text{ kN}\times4\text{ m}-40\text{ kN·m}+50\text{ kN·m}-40\text{ kN}\times2\text{ m}=0$

$-R_B\times5\text{ m}+20\text{ kN·m}+280\text{ kN·m}+60\text{ kN·m}-40\text{ kN·m}+50\text{ kN·m}-80\text{ kN·m}=0$

$R_B\times5\text{ m}=290\text{ kN·m}$

$R_B=58\text{ kN}$

$\circlearrowright\sum M_B = 0$;

$R_D\times5\text{ m}+20\text{ kN·m}+40\text{ kN}\times2\text{ m}-15\text{ kN}\times1\text{ m}-40\text{ kN·m}+50\text{ kN·m}-40\text{ kN}\times7\text{ m}=0$

$R_D\times5\text{ m}+20\text{ kN·m}+80\text{ kN·m}-15\text{ kN·m}-40\text{ kN·m}+50\text{ kN·m}-280\text{ kN·m}=0$

$R_D\times5\text{ m}=185\text{ kN·m}$

$R_D=37\text{ kN}$

$\therefore\ R_B=58\text{ kN},\ R_D=37\text{ kN}$

Ⅳ 보의 전단력 선도와 굽힘 모멘트 선도

보의 각 단면에 작용하는 **전단력**(shearing force)과 **굽힘 모멘트**(bending moment)는 일반적으로 단면마다 서로 다른 값이다. 따라서 그 크기와 변화에 상태를 그림으로 표시하기 위하여 수직 방향에 전단력 및 굽힘 모멘트 값을, 수평 방향에는 보의 길이에 따른 힘의 분포선도를 그린다. 이 선도를 전단력 선도(S.F.D, diagram of shearing force)와 굽힘 모멘트 선도(B.M.D, diagram of bending moment)라고 한다.

1 단순보에서 전단력과 굽힘 모멘트 구하기

단순보에 여러 개의 집중 하중이 작용하는 경우 전단력을 구하기 위해서는 먼저 반력을 구하고, 임의의 단면에서 전단력과 굽힘 모멘트를 구하면 된다.

반력을 구하기 위하여 A점에서의 대한 모멘트를 구하면, 보에 작용하는 힘과 모멘트의 평형식에서 반력이 계산된다.

$+\uparrow\sum F_y = 0$에서, 윗방향의 힘(↑)을 양(+)의 방향으로 하면

$$+R_A - P_1 - P_2 - P_3 + R_B = 0$$

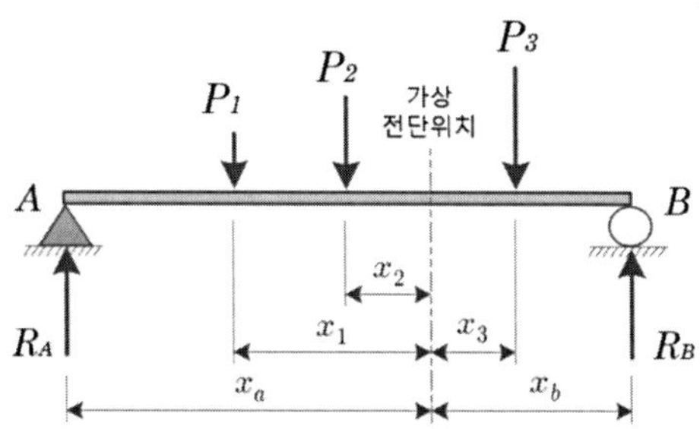

단순보에 집중 하중과 모멘트가 작용하는 경우의 반력, 전단력, 굽힘 모멘트 결정과 부호는 아래 그림과 같으나 문제에 따라 다르므로 꼭 확인하고 문제를 풀이하길 바란다.

부호 규약에서 반력은 (↑) 방향을 '+'로 하고, 전단력 V와 굽힘 모멘트 M에 대한 양(+)의 방향은 아래 그림과 같다.

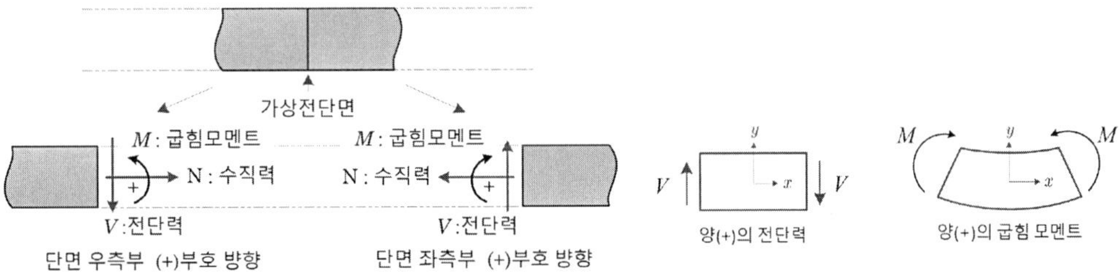

[그림] 전단력과 굽힘 모멘트의 부호 규약(방향)

단순보에서 3개의 하중이 작용할 때의 전단력과 모멘트 구하기

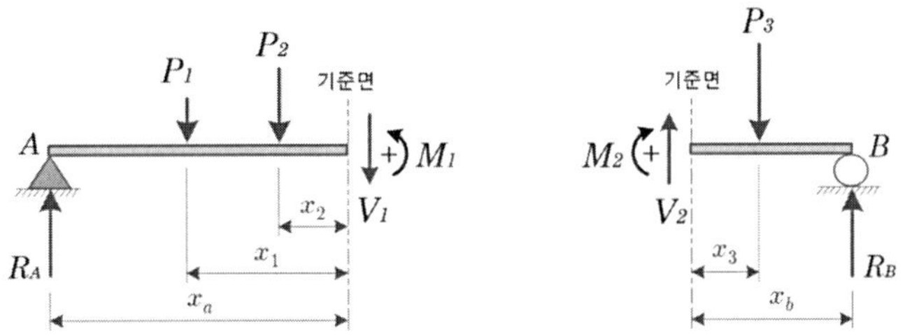

우측부 단면　　　　좌측부 단면

- 기준 절단면(좌·우측)에서 $+\uparrow\sum F_y = 0$

  우측부 단면 $(R_A - P_1 - P_2)$와 좌측부 단면$(P_3 - R_B)$의 힘은 같다

  $R_A - P_1 - P_2 = P_3 - R_B$

  따라서 $R_A + R_B = P_1 + P_2 + P_3$

- 기준면의 좌측 보에서 전단력(V_1)을 구하면, 반력 R_A는 양의 방향(↑)이고, 힘 P_1과 P_2, 전단력 V_1의 방향은 음(↓)의 방향이므로

$R_A - P_1 - P_2 - V_1 = 0$에서 $\underline{V_1 = R_A - P_1 - P_2}$

기준면의 우측부에서는, 전단력(V_2)을 구하면

$V_2 - P_3 + R_B = 0$에서

$\underline{V_2 = P_3 - R_B}$

- 모멘트 구하기

$\sum M = 0$에서

가상의 절단면 좌우측에서 굽힘 모멘트 방향에 모멘트를 구하면

단면의 우측부 모멘트(M_1) = 단면의 좌측부 모멘트(M_2)의 크기는 같다

단면의 우측부 모멘트(M_1)의 합은 0 이므로

$\circlearrowleft\!\!+ \sum M_1 = 0; -R_A x_a + P_1 x_1 + P_2 x_2 + M_1 = 0,$

$\underline{M_1 = R_A x_a - P_1 x_1 - P_2 x_2 = 0}$

단면의 좌측부 모멘트(M_2)의 합을 구하면

$\circlearrowleft\!\!+ \sum M_2 = 0; -M_2 - P_3 x_3 + R_B x_b = 0$

$\underline{M_2 = R_B x_b - P_3 x_3}$

즉 가상 전단 위치에서는 $V_1 + (-V_2)$, $M_1 + (-M_2)$ 전단력과 모멘트는 크기가 같고 방향이 반대이므로 평형 상태임.

1) 단순보에서 집중 하중이 작용하는 경우의 전단력 선도와 굽힘 모멘트 선도

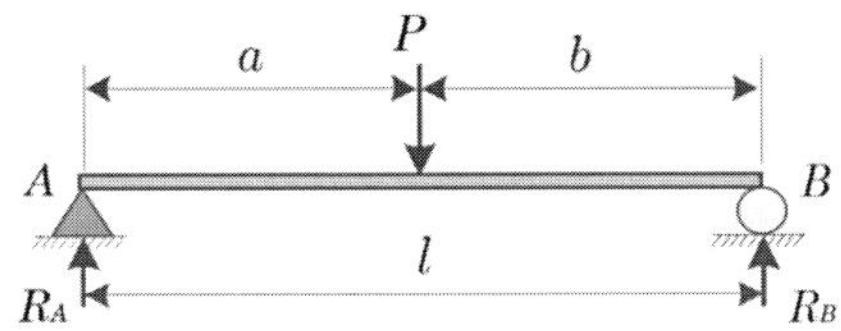

① 수직 힘은 평형 상태이므로 $+\uparrow\sum F_y = 0$

$+\uparrow\sum F_y = 0$에서, 윗방향의 힘(↑)을 양(+)의 방향으로 하면

$$+R_A - P + R_B = 0,\ P = R_A + R_B \qquad (1)$$

반력 풀이 순서 방법 1)

① A 지점에서 모멘트($\circlearrowleft\sum M_A = 0$)를 구한다. 반시계 방향을 양(+)으로 정하여 계산한다.

힘이 평형 상태이므로 A 지점이나 B 지점의 모멘트는 같은값이 나오므로 한 지점(A 점 또는 B 점)만 정해서 풀이하면 된다.

먼저 A 점에 대한 모멘트를 구하면, B점에서의 반력(R_B)을 구할 수 있다.

따라서 A 점에 대한 모멘트 $\circlearrowleft\sum M_A = 0$, M(모멘트)$=P$(힘)$\times l$(거리)이므로

$\circlearrowleft\sum M_A = 0;\ -P\times a + R_B\times l = 0$

$$\therefore\ R_B = \frac{Pa}{l}$$

② 반력 R_B를 (식 1)에 대입하면

$$P = R_A + = R_A + \frac{P(l-b)}{l} = R_A + \frac{Pl - Pb}{l}$$

$$P = R_A + P - \frac{Pb}{l},\ \therefore\ R_A = \frac{Pb}{l}$$

반력 풀이 방법 2)

따라서 A 점에 대한 모멘트 $\circlearrowleft\sum M_A = 0$, M(모멘트)$=P$(힘)$\times l$(거리)이므로

$\circlearrowright\sum M_A = 0; -P\times a + R_B\times l = 0$

$\therefore\ R_B = \dfrac{Pa}{l}$

B 점에 대한 모멘트 $\circlearrowright\sum M_B = 0; R_A\times l - P\times b = 0$

$\therefore\ R_A = \dfrac{Pb}{l}$

A 점 또는 B 점 한 지점의 모멘트만 구해서 힘의 평형식($+\uparrow\sum F_y = 0$, 식 1)에 대입해서 풀어도 되고, 경우에 따라서는 A 점 또는 B 점에 대한 모멘트에서 반력을 구해도 되므로 편리한 방법으로 풀이하면 된다.

- 전단력 및 굽힘 모멘트 구하는 방법

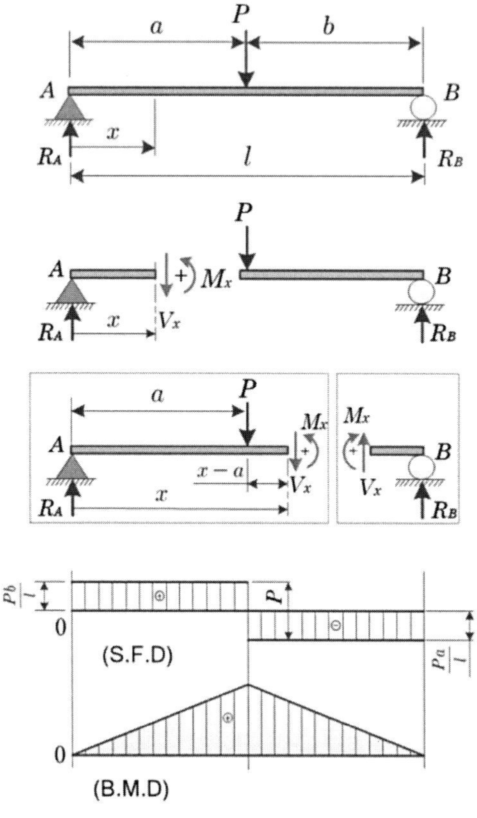

① $0 < x < a$인 경우 전단력 : 두 힘(R_A, V_x)의 방향은 반대이고, 힘의 크기는 같다

따라서 $R_A - V_x = 0$, 전단력 $V_x = R_A = \frac{Pb}{l}$ (1)

$$\text{모멘트 } M_x = R_A \times x = \frac{Pb}{l} \times x \quad (2)$$

② $a < x < l$ 인 경우

- 박스의 왼쪽 그림에서 보면, 3개의 힘 중 두 힘(V_x, P)은 방향이 같고, 다른 한 힘인 반력(R_A)은 방향이 반대이다(윗 방향(↑)의 힘을 양(+)으로 한다).

따라서 $R_A - V_x - P = 0$

$$\text{전단력 } V_x = R_A - P = \frac{Pb}{l} - \frac{Pl}{l} = -\frac{P(l-b)}{l} = -\frac{Pa}{l} = -R_B \quad (3)$$

모멘트를 구하면

$$M_x = R_A \times x - P(x-a) = \frac{Pb}{l} \times x - P(x-a)$$

$$= P(\frac{b}{l} - 1)x + Pa = P(\frac{b-l}{l})x + Pa = -P\frac{a}{l}x + Pa \quad (4)$$

- 박스의 오른쪽 그림에서 보면, 두 힘(V_x, R_B)은 방향이 같으므로 크기가 같다.

따라서 $V_x + R_B = 0$, 즉 $V_x = -R_B$로 간단하게 할 수도 있다.

③ $x = 0$일 때 식 (1) (2)에서

$$V_x = R_A = \frac{Pb}{l},\ M_x = R_A \times x = \frac{Pb}{l} \times x = \frac{Pb}{l} \times 0 = 0$$

$x = l$일 때 식 (3) (4)에서

$$\text{전단력 } V_x = -\frac{Pa}{l},\ \text{모멘트 } M_x = -P\frac{a}{l}x + Pa = -Pa + Pa = 0$$

최대 굽힘 모멘트는 전단력 선도가 (+)에서 (−)부호로 바뀌는 곳에서 발생하므로 굽힘 모멘트 식 (2) 또는 (4)에서 $x = a$ 를 대입하면. 최대 굽힘 모멘트가 발생하며 그 값은 (5), (6)과 같다.

모멘트 식(2)로 부터 $M_a = \frac{Pb}{l} \times x = \frac{Pb}{l} \times a = \frac{Pab}{l}$ (5)

$x = a$ 에서 최대 굽힘 모멘트($M_a = M_{max}$)가 발생되므로

$$M_a = M_{\max} = -P\frac{a}{l}x + Pa = -\frac{Pa^2}{l} + Pa = \frac{Pa(l-a)}{l} = \frac{Pab}{l} \quad (6)$$

따라서 최대 굽힘 모멘트를 구하려면 전단력이 0인 곳을 찾으면 된다.

2) 단순보에 2개 이상의 집중 하중이 작용하는 경우

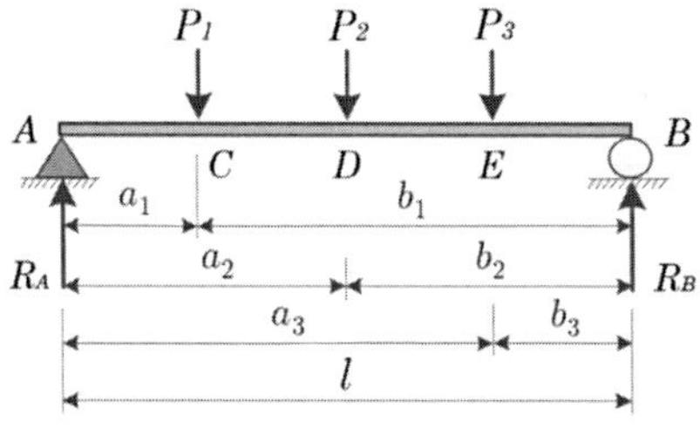

① 수직 힘은 평형 상태이므로 $+\uparrow\sum F_y = 0$

$+\uparrow\sum F_y = 0$에서, 윗방향의 힘(↑)을 양(+)의 방향으로 하면

$$R_A - P_1 - P_2 - P_3 + R_B = 0$$

$$R_A + R_B = P_1 + P_2 + P_3 \quad (1)$$

반력 풀이 순서 방법

반력 R_B를 먼저 구하려면 A 지점에서 모멘트($\circlearrowleft\sum M_A = 0$)를 구하고, 반력 R_A를 먼저 구하려면 B 지점에서 모멘트($\circlearrowleft\sum M_B = 0$)를 먼저 구한다.

① 반력 R_A를 먼저 구하려고 B 지점에서 모멘트($\circlearrowleft\sum M_B = 0$)를 잡는다.

문제 풀이에서는 반시계 방향을 양(+)으로 정하여 계산하나, 교재나 문제에 따라서 시계 방향을 (+)로 정하여 계산하기도 한다. 힘이 평형 상태이므로 A 지점이나 B 지점의 모멘트는 같은 값이 나오므로 한 지점(A 점 또는 B 점)만 정해서 풀이하면 된다.

따라서 B 점에 대한 모멘트 $\circlearrowleft\sum M_B = 0$, M(모멘트) $= P$(힘) $\times l$(거리)이므로

$$\circlearrowleft\sum M_B = 0;\ R_A = \frac{P_1 b_1 + P_2 b_2 + P_3 b_3}{l}$$

반력 R_B를 구하기 위해서는 식 (1)에 대입하거나, A 지점에서 모멘트($\circlearrowleft\sum M_A = 0$)

를 구하면 된다.

R_B를 구하기 위해 $\circlearrowright \sum M_A = 0$ 에서 $R_B = \dfrac{P_1 a_1 + P_2 a_2 + P_3 a_3}{l}$

② 전단력 및 굽힘 모멘트 구하는 방법

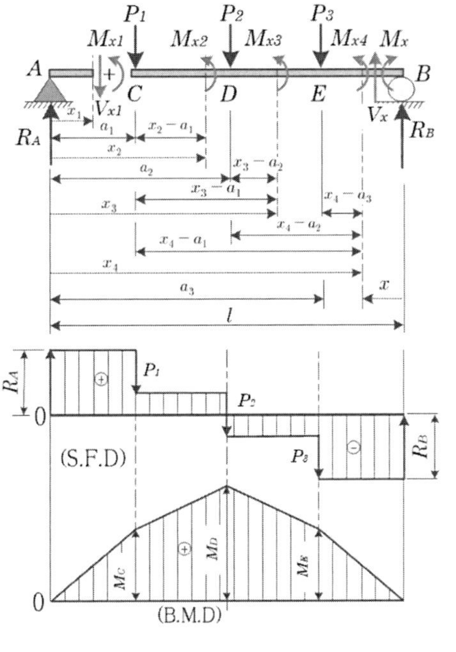

- $0 < x_1 < a_1$ 구간

전단력 : 두 힘(R_A, V_x)의 방향은 반대이고, 힘의 크기는 같다

따라서 $R_A - V_{x1} = 0$, 전단력 $V_{x1} = R_A$ (1)

굽힘 모멘트 $\circlearrowright \sum M_{x1} = 0;\ M_{x1} = R_A \times x_1 = R_A x_1$ (2)

- $a_1 < x_2 < a_2$ 구간

전단력 $R_A - P_1 - V_{x2} = 0,\ V_{x2} = R_A - P_1$

굽힘 모멘트 $M_{x2} = R_A x_2 - P_1(x_2 - a_1)$ (3)

- $a_2 < x_3 < a_3$ 구간

전단력 $R_A - P_1 - P_2 - V_{x3} = 0,\ V_{x3} = R_A - P_1 - P_2$

굽힘 모멘트 $M_{x3} = R_A x_3 - P_1(x_3 - a_1) - P_2(x_3 - a_2)$

- $a_3 < x_4 < l$ 구간

  전단력 $R_A - P_1 - P_2 - P_3 - V_{x4} = 0$, $V_{x4} = R_A - P_1 - P_2 - P_3$

  굽힘 모멘트 $M_{x4} = R_A x_4 - P_1(x_4 - a_1) - P_2(x_4 - a_2) - P_3(x_4 - a_3)$

 수식이 많아 계산이 어려우면 R_B쪽$(x = 0)$에서 구하면 쉬워지므로 구해보자.

  전단력 : R_B쪽$(a_3 > x > 0)$에서 보면 간단한 식이 되므로 $V_{x4} = -R_B$

  굽힘 모멘트 : R_B쪽$(x = 0)$에서 보면 간단한 식이다

  $$M_l = -R_B \times x = -R_B \times 0 = 0$$

③ 전단력 선도와 굽힘 모멘트 선도를 그리기 위해서 각 지점((A, B, C, D, E)의 전단력과 모멘트 값을 구해보면

$x_1 = 0$ (A 지점)일 때 식 (2)에 대입 하면 $M_A = R_A \times x = R_A \times 0 = 0$

$x_1 = a_1$ (C 지점)일 때 식 (2)에 대입 하면 $M_x = R_A \times a_1$

$x_2 = a_2$ (D 지점)일 때 식 (3)에 대입 하면 $M_x = R_A a_2 - P_1(a_2 - a_1)$

$x_3 = a_3$ (E 지점)일 때 $M_x = R_A a_3 - P_1(a_3 - a_1) - P_2(a_3 - a_2)$

 또는 $M_x = R_B(l - a_3) = R_B b_3$

$x_4 = l$ (B 지점)일 때 $M_{x4} = R_A l - P_1(l - a_1) - P_2(l - a_2) - P_3(l - a_3)$

수식이 많아 어려우므로 R_B쪽$(x = 0)$에서 굽힘 모멘트를 구해보면

 $M_x = -R_B \times x = -R_B \times 0 = 0$이 되어 간단하다.

전단력 선도가 (+)에서 (−) 부호로 바뀌는 곳에서 최대 굽힘 모멘트가 발생하므로, 이 지점(D 지점)이 위험 단면이다

예제 그림과 같이 하중이 작용하는 보에서 C 점과 D 점에 작용하는 전단력과 휨 모멘트를 구하시오.(단, 보의 자체 하중은 무시한다)

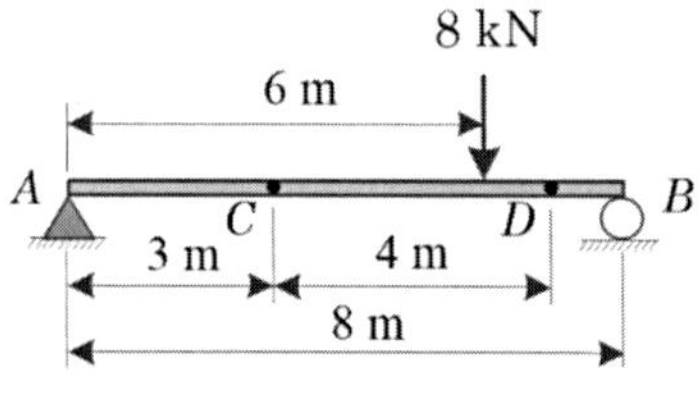

풀이 그림 (a)와 같이 자유 물체도를 그린다.

A 점에서 모멘트를 구하려면 M(모멘트) = P(힘)×l(거리)이므로

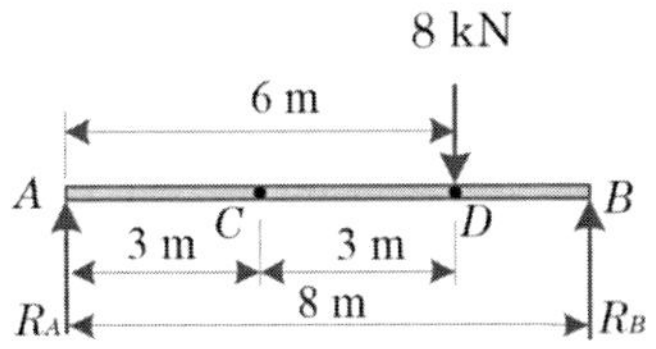

(a)

반력을 구하기 위한 조건 :$+\uparrow\sum F_y = 0$, $\circlearrowright\sum M = 0$

$\circlearrowright\sum M_A = 0$; R_B kN× 8 m − 8 kN×6 m = 0, R_B = 6 kN

$+\uparrow\sum F_y = 0$에서, −8 kN + R_A + R_B = 0에서

−8 kN + R_A + 6 kN = 0, R_A = 2 kN

∴ R_A = 2 kN, R_B = 6 kN

C 점과 D 점에 작용하는 전단력과 굽힘 모멘트를 구하기 위해 자유 물체도에 전단력과 굽힘 모멘트를 그리면 아래와 같다.

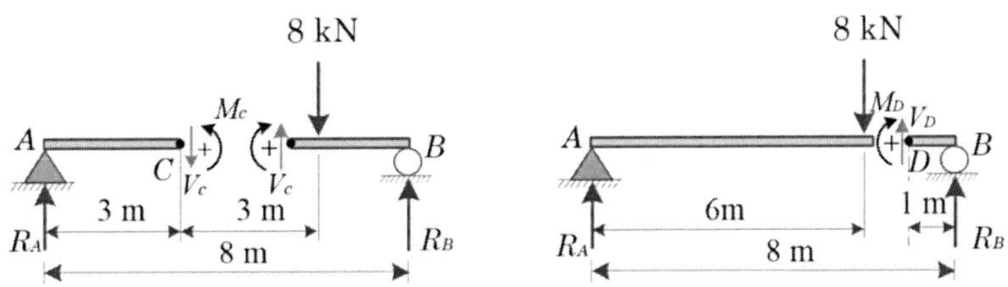

(b) (c)

그림 (b)의 C 점의 좌측에서 전단력과 모멘트를 그린 단면에서

C 점의 전단력을 구해보면

$+\uparrow\sum F_y = 0$, R_A(2 kN) − V_C = 0, V_C = 2 kN

C 점의 굽힘 모멘트를 구해보면

$\circlearrowright\sum M_C = 0$; M_C − 2 kN×3 m = 0, M_C = 6 kN·m

그림 (b)의 C 점의 우측에서 전단력과 모멘트를 그린 단면에서

C 점의 전단력을 구해보면

$+\uparrow\sum F_y = 0$, V_C − 8 kN + R_B(6 kN) = 0, V_C = 2 kN

C 점의 굽힘 모멘트를 구하기 위해서

모멘트의 방향은 ↻$\sum M_C = 0$ 또는 ↺$\sum M_C = 0$로 정해도 된다.

어느 방향을 선택해도 아래와 같이 같은 값이다.

↺$\sum M_C = 0$; $M_C + 8\text{ kN}\times 3\text{ m} - R_B(6\text{ kN})\times 5\text{ m} = 0$, $M_C + 24\text{ kN}\cdot\text{m} - 30\text{ kN}\cdot\text{m} = 0$,

$M_C = 6\text{ kN}\cdot\text{m}$

↻$\sum M_C = 0$; $-M_C - 8\text{ kN}\times 3\text{ m} + R_B(6\text{ kN})\times 5\text{ m} = 0$, $-M_C - 24\text{ kN}\cdot\text{m} + 30\text{ kN}\cdot\text{m} = 0$,

$M_C = 6\text{ kN}\cdot\text{m}$

즉, C점에서 좌측이나 우측 어느 쪽을 선택해도 값은 같게 나오므로 편한 방향을 선택해서 계산하면 된다.

그림 (c)에서는 간단하게 계산하기 위해서는 D 점의 우측의 전단력과 모멘트를 그린 단면에서 값을 구하면 된다.

D 점의 우측에서 전단력을 구해보면

$+\uparrow\sum F_y = 0$, $R_B(6\text{ kN}) + V_D = 0$, $V_D = -6\text{ kN}$

D 점의 굽힘 모멘트를 구해보면(모멘트의 방향과 같게 해보자)

↺$\sum M_D = 0$; $M_D - 6\text{ kN}\times 1\text{ m} = 0$, $M_D = 6\text{ kN}\cdot\text{m}$ 이다.

예제 다음 그림과 같은 단순보의 C 점에 10 kN의 힘이 작용하고, D 점에 100 kN의 힘이 작용하여 평형 상태에 있다. 아래 문제의 답을 구하시오.(단, 보의 하중은 무시한다.)

1) A 점에서의 반력 R_A와 B 점에서의 반력 R_B를 구하시오.
2) A-C, C-D, D-B 구간의 전단력[kN]을 구하시오.
3) A-C, C-D, D-B 구간의 굽힘 모멘트[kN·m]를 구하시오.
4) 각 지점(A, C, D, B)의 전단력[kN]을 구하시오.
5) 각 지점(A, C, D, B)의 굽힘 모멘트[kN·m]를 구하시오.
6) 최대 굽힘 모멘트가 작용하는 지점의 최대 굽힘 모멘트를 구하시오.

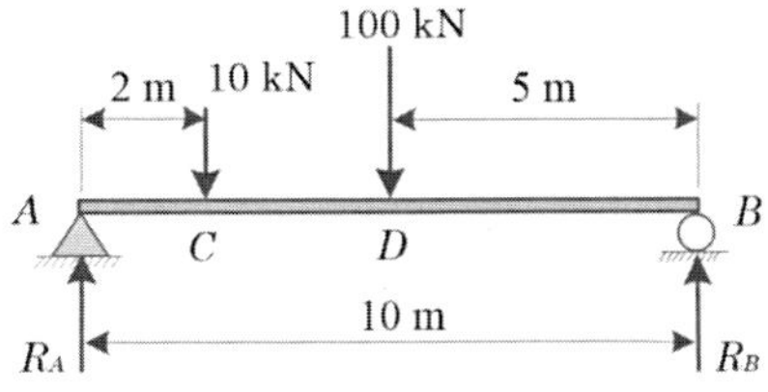

풀이

① 먼저 자유 물체도(그림 (a) 참조)를 그리고 반력을 구한다.

A 점은 힌지, B 점은 롤러로 구성되어 있는 단순보이고, 외력은 수직 방향만 작용하고 있으므로 수평 방향으로는 힘이 작용하지 않는다.

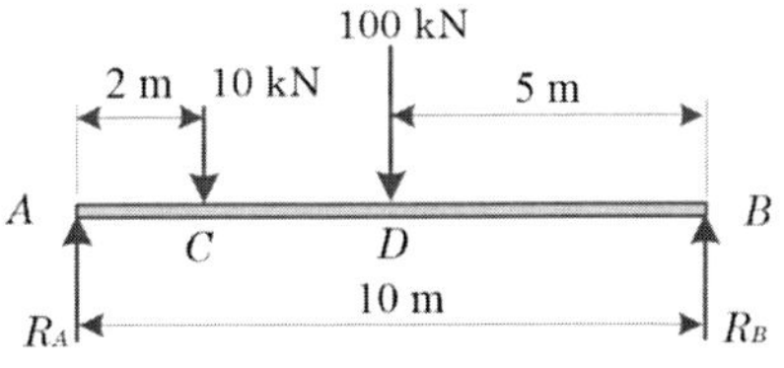

(a)

즉 수평 방향 성분의 힘은 작용하는 힘이 없으므로 $\overset{+}{\rightarrow}\sum F_x = 0$이다.

반력 R_B를 구하기 위해,

수직 성분 힘은 평형 상태($+\uparrow\sum F_y = 0$)이므로

$10\text{ kN} + 100\text{ kN} = R_A + R_B$ (1)

반력을 구하기 위해 A 점에서의 모멘트 식을 정리하면 아래와 같다.

$\circlearrowright\!\!+\sum M_A = 0;\ R_B\text{ kN}\times 10\text{ m} - 10\text{ kN}\times 2\text{ m} - 100\text{ kN}\times 5\text{ m} = 0,$

$\underline{R_B = 52\text{ kN}}$

R_B를 식 (1)에 대입하면 $110\text{kN} = R_A + 52\text{ kN},\ \underline{R_A = 58\text{ kN}}$

또는 B 점에서 모멘트를 구하면 같은 값이 나온다. 즉,

$\circlearrowright\!\!+\sum M_B = 0;\ -R_A\text{kN}\times 10\text{ m} + 10\text{ kN}\times 8\text{ m} + 100\text{ kN}\times 5\text{ m} = 0,\ \underline{R_A = 58\text{ kN}}$

② 전단력(V)은 일정한 상수이므로 수평으로 그려지고(전단력 선도 S.F.D 참조), 굽힘 모멘트 선도는 x에 관한 1차 함수이므로 x에 비례하여 일직선으로 그려진다(모멘트 선도 B.M.D 참조).

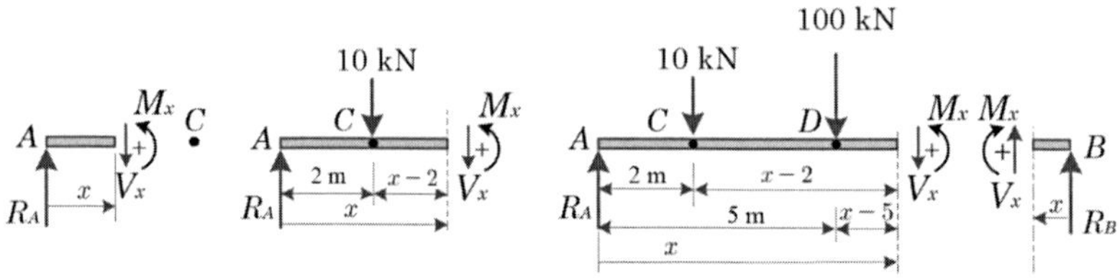

(b) (c) (d)

전단력 선도와 굽힘 모멘트 선도를 그리기 위해서는 먼저

- $0 < x < 2$ 구간(그림 (b) 구간)

$V_x = R_A = 58\text{ kN}$

$M_x = R_A x = 58 \times x = 58x\text{ kN·m}$

- $2 < x < 5$ 구간(그림 (c) 구간)

$V_x = R_A - P_1 = 58 - 10 = 48\text{ kN}$

$M_x = R_A x - P(x-2)$

$= 58x - 10(x-2) = 48x + 20\text{ kN·m}$

- $5 < x < 10$ 구간(그림 (d) 왼쪽 그림 부분)

$V_x = R_A - P_1 - P_2 = 58 - 10 - 100 = -52\text{ kN}$

$M_x = R_A x - P_1(x-2) - P_2(x-5)$

$= 58x - 10x - 100x + 20 + 500$

$= -52x + 520\text{ kN·m}$

$x = 2$일 때

전단력은 $V_x = R_A - P_1$

$= 58 - 10 = 48\text{ kN}$

굽힘 모멘트를 구하려면

굽힘 모멘트 식의 x에

하중의 위치 2 m를 대입하면 된다.

$M_x = 48x + 20 = 48 \times 2 + 20$

$= 116\text{ kN·m}$

$x = 5$일 때 전단력은

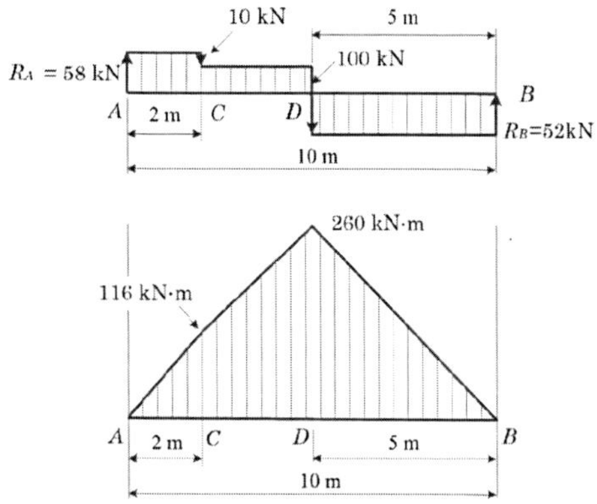

(e)

D 점의 가장 왼쪽($x = 4.9 \cdots$)

$V_x = R_A - P_1 = 58 - 10 = 48$ kN

D 점의 가장 오른쪽 ($x = 5.0 \cdots 1$)

$V_x = R_A - P_1 - P_2$

$= 58 - 10 - 100 = -52$ kN

굽힘 모멘트는

$M_x = R_A x - P_1(x-2) - P_2(x-5)$

$= 58x - 10x - 100x + 20 + 500$

$= -52x + 520$

$= -52$ kN×5 m + 520 kN·m

$= -260$ kN·m + 520 kN·m

= 260 kN·m

$x = 10$일 때 전단력은

$V_x = R_A - P_1 - P_2 = 58 - 10 - 100 = -52$ kN

굽힘 모멘트는

$M_x = R_A x - P_1(x-2) - P_2(x-5)$

= 58 kN×10 m − 10 kN×8 m − 100 kN×5 m = 0 kN·m

- 간단한 방법으로 반대쪽을 가상으로 절단하여 계산하는 방법

$10 > x > 5$ 구간은

오른쪽에서부터 x를 시작해보면 $0 < x < 5$ 구간이므로 (그림 (d)의 오른쪽 그림 부분)

$V_x = -R_B = -52$ kN

$\circlearrowleft \sum M_x = 0; -M_D + R_B x = 0$ kN·m

$M_D = R_B x = 52x$ kN·m, $M_{x=5} = 52 \times 5$ kN·m = 260 kN·m

③ 최대 굽힘 모멘트는 $x = 5$일 때 전단력이 0 이 되므로

$M_x = R_A x - P(x-2) = 58x - 10(x-2) = 48x + 20$

$= 48 \times 5 + 20$

$= 260$ kN·m

2 등분포 하중이 작용할 때의 전단력 선도(S.F.D)와 굽힘 모멘트 선도(B.M.D)

그림과 같이 단순보에 등분포 하중이 작용하고 있을 때의 전단력과 굽힘 모멘트를 구하고, 전단력 선도(S.F.D)와 굽힘 모멘트 선도(B.M.D)를 그리는 방법을 알아보자

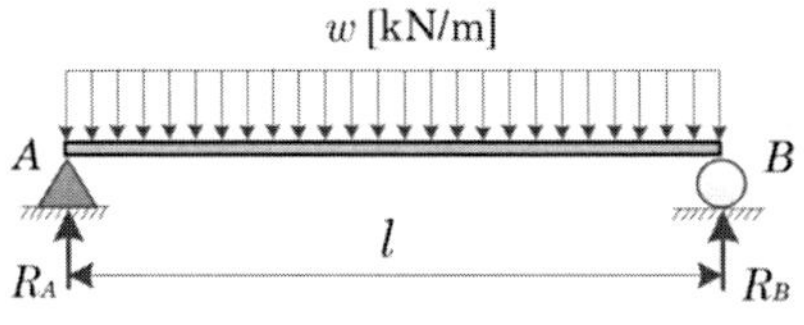

풀이 먼저 반력을 구하기 위해 등분포 하중을 집중 하중으로 변환하면 하중은 wl이 되고 하중은 중앙에 작용한다.

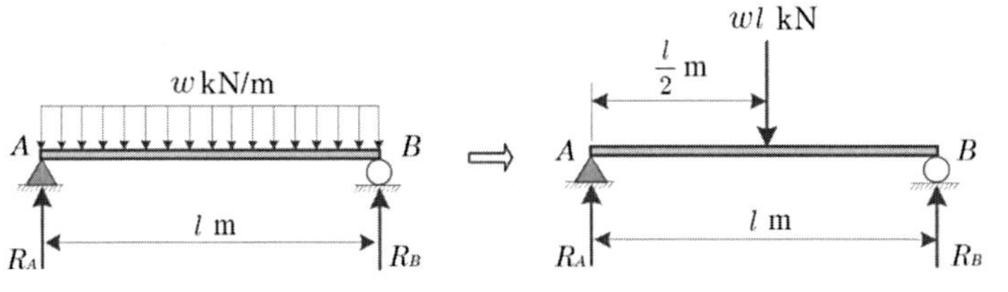

① 수직 힘은 평형 상태이므로 $+\uparrow \sum F_y = 0;\ wl = R_A + R_B$

② A 점에 대한 모멘트를 구하면

$\circlearrowleft \sum M_A = 0$, M(모멘트) $= P$(힘) $\times\, l$(거리)이고 A 점에서 반시계 방향을 양(+)으로 하면

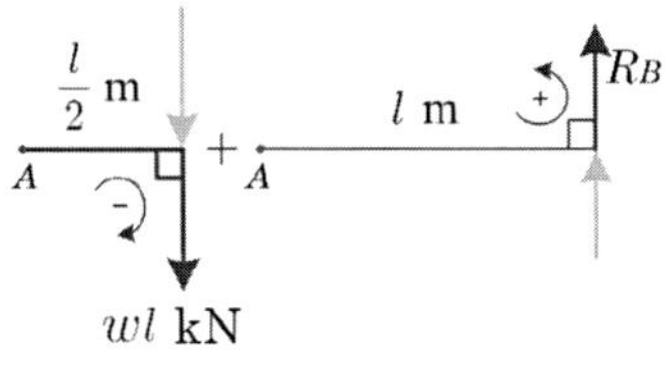

$$\circlearrowleft \sum M_A = 0;\ -wl \times \frac{l}{2} + R_B \times l = 0,$$

$$\therefore\ R_B = \frac{wl}{2}$$

$$\therefore\ R_A = wl - \frac{wl}{2} = \frac{wl}{2}$$

③ 전단력은 x에 관한 1차 함수이므로 직선으로 그려지고(전단력 선도 (S.F.D 참조), 굽힘 모멘트 선도는 x에 관한 2차 함수이므로 포물선으로 그려진다.

- x가 A점에서 C 점까지의 거리일 때 전단력과 굽힘 모멘트를 구하기 위해 C 점의 단면을 절단하여 등분포 하중을 집중 하중으로 변환하여 자유 물체도를 그려보면

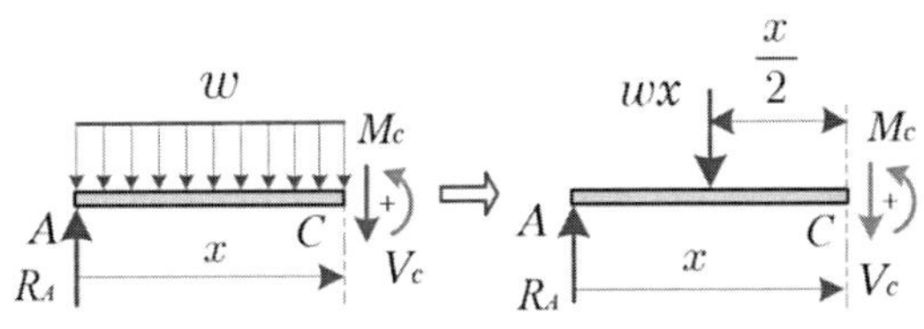

C 점에서의 전단력은

$$+\uparrow\sum F_y(V)=0;\ V_C=R_A-wx=\frac{wl}{2}-wx$$

C 점에서의 굽힘 모멘트를 구하면

$$\circlearrowright\!\!{+}\sum M_C=0;\ M_C=\frac{wl}{2}\times x-wx\times\frac{x}{2}=\frac{wlx}{2}-\frac{wx^2}{2}$$

- x 위치에서의 전단력과 모멘트 방정식을 구하기 위해서 $x=0$, $x=l$, $0<x<l$ 인 경우의 식을 구해보자

$x=0$일 때, 즉 $x=0$을 대입하면

$$V_0=R_A-wx=\frac{wl}{2}-wx=\frac{wl}{2}-w\times 0=\frac{wl}{2}=R_A$$

$$M_0=\frac{wl}{2}\times x-wx\times\frac{x}{2}=\frac{wlx}{2}-\frac{wx^2}{2}=0$$

$x=l$일 때, 즉 $x=l$을 대입하면

$$V_l=R_A-wx=\frac{wl}{2}-w\times l=-\frac{wl}{2}=-R_B$$

$$M_l=\frac{wl}{2}\times x-wx\times\frac{x}{2}=\frac{wl}{2}\times l-w\times l\times\frac{l}{2}=0$$

최대 굽힘 모멘트 위치는 $0<x<l$ 인 경우이므로 최대 굽힘 모멘트는 전단력이 0인 지점을 찾으면 된다.

$$V_x = R_A - wx = \frac{wl}{2} - wx = 0, \text{ 따라서 } \therefore x = \frac{l}{2}$$

따라서 최대 굽힘 모멘트는

$$M_{\max} = \frac{wl}{2} \times \frac{l}{2} - w \times \frac{l}{2} \times \frac{\frac{l}{2}}{2} = \frac{wl^2}{4} - \frac{wl^2}{8} = \frac{wl^2}{8}, \quad \therefore M_{\max} = \frac{wl^2}{8}$$

전단력 선도와 모멘트 선도를 그리면 아래 그림과 같다.

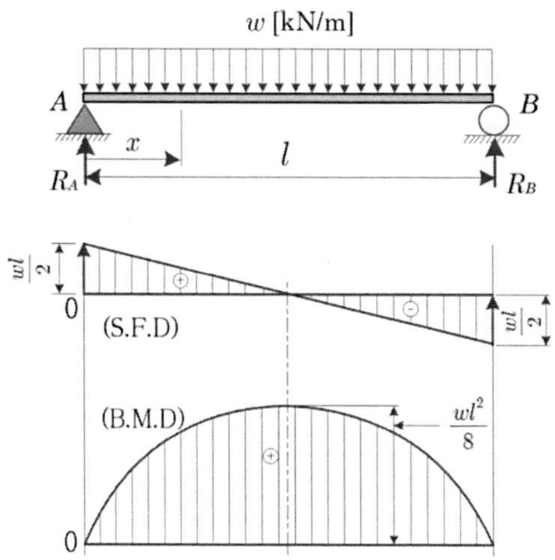

예제 그림과 같이 보의 일부에만 등분포 하중이 작용할 때 반력(R_A, R_B)를 계산하시오. 또한 최대 굽힘 모멘트가 발생되는 위치는 A 점으로부터 x방향으로 얼마나 떨어진 곳인가? (단, 보의 자체 하중은 무시한다)

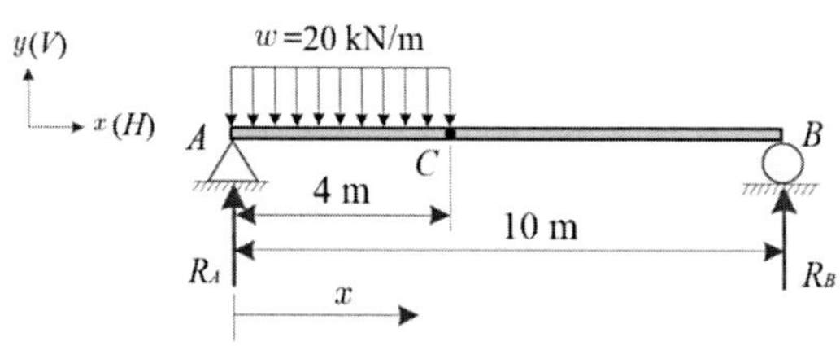

풀이 먼저 자유 물체도를 그린다.

- 수직 성분 힘은 평형 상태($+\uparrow\sum F_y = 0$)이므로

  집중 하중을 분포 하중으로 변환하면 20 kN/m×4 = 80 kN

  $$80\ \text{kN} = R_A + R_B$$

- 반력을 구하기 위해 A 점에서의 모멘트 식을 정리하면 아래와 같다.

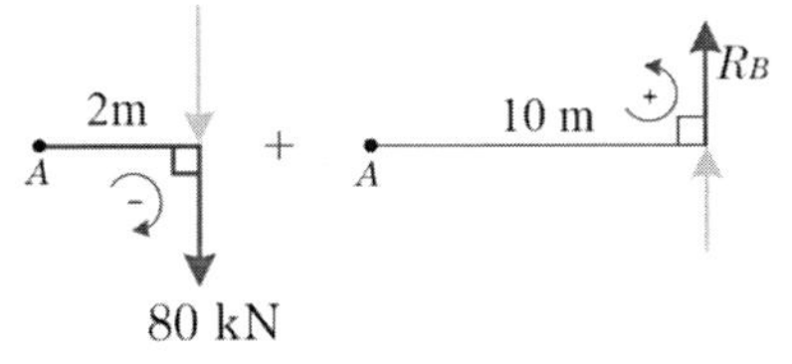

$\circlearrowleft \sum M_A = 0$; R_B kN×10 m − 80 kN×2 m = 0, $\underline{R_B = 16\ \text{kN}}$

20 kN×4 $= R_A + R_B$에서 80 kN $= R_A + 16$ kN, $\underline{R_A = 64\ \text{kN}}$

전단력이 0되는 지점은 반력과 등분포 하중이 같은 지점을 찾으면 된다.

즉 $R_A = 64$ kN이므로

$$64\ \text{kN} = wx \text{에서 } x = \frac{64}{20} = 3.2\ \text{m}$$ (여기서, 등분포 하중 $w = 20$ kN/m이다)

$$x = 3.2\ \text{m}$$

최대 굽힘 모멘트는 전단력이 0인 지점에서 발생하므로

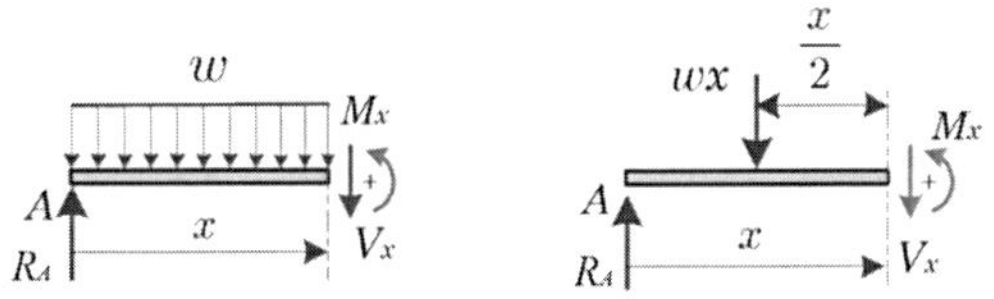

전단력이 0이 되는 3.2 m 지점에서 굽힘 모멘트를 구하면

$\circlearrowleft \sum M_x = 0$; $M_x + wx \times \dfrac{x}{2} - R_A$kN×$x$ m = 0,

$$M_x + 20 \times 3.2 \times \frac{3.2}{2}\ \text{kN·m} - 64\ \text{kN} \times 3.2\ \text{m} = 0$$

$$M_x = 102.4\ \text{kN·m}$$

- C 점에서의 굽힘 모멘트를 구하면 ($x=4$ m 이므로)

$$\circlearrowleft \sum M_C = 0;\ M_C + wx \times \frac{x}{2} - R_A \text{kN} \times x \text{ m} = 0,$$

$$M_C + 20 \times 4 \times \frac{4}{2} \text{ kN·m} - 64 \text{ kN} \times 4 \text{ m} = 0$$

$$M_C = 256 - 160 \text{ kN·m} = 96 \text{ kN·m}$$

전단력 선도와 굽힘 모멘트 선도를 그리면 아래와 같다.

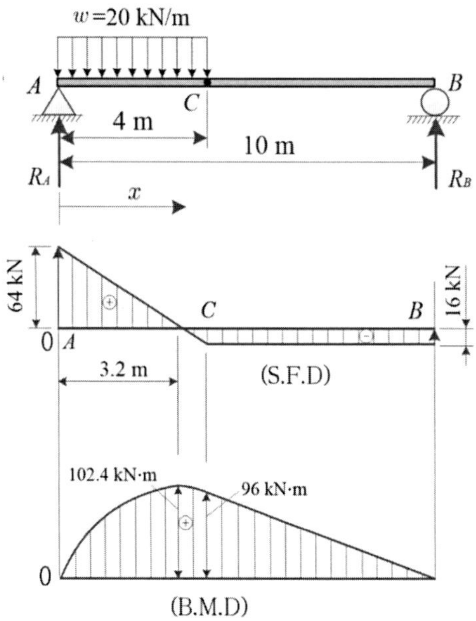

예제 C 점에서의 전단력 및 굽힘 모멘트의 크기를 구하시오. A 점에서 시작해서 전단력이 0이 되는 지점을 구하시오. 최대 굽힘 모멘트가 발생하는 지점과 최대 굽힘 모멘트를 구하시오.

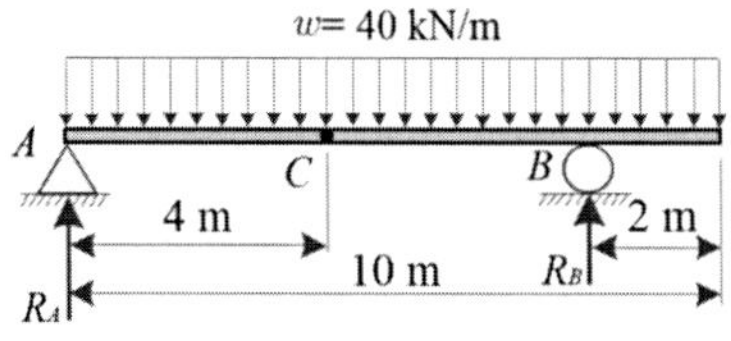

풀이 먼저 자유 물체도를 그린다.

- 수직 성분 힘은 평형 상태($+\uparrow\sum F_y = 0$)이므로

① 집중 하중을 분포 하중으로 변환한다.

40 kN/m의 의미는 40 kN/1m이므로 10 m이면 = 400 kN

$400\ \text{kN} = R_A + R_B$

전체가 등분포 하중이므로 400 kN이 중앙(A점으로부터 5 m 지점)에 작용한다.

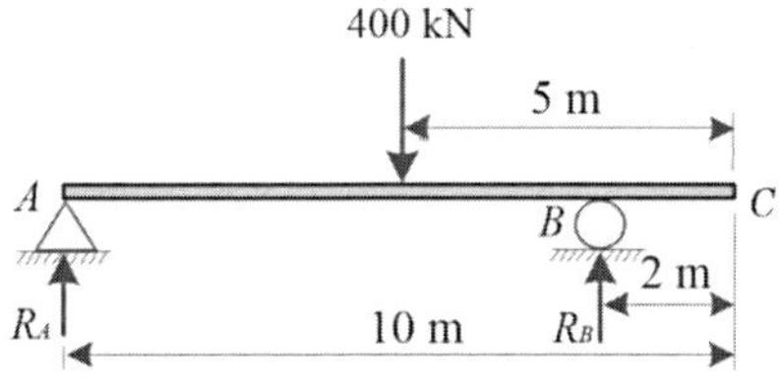

② 반력 R_B를 구하기 위해서 A점에서 모멘트를 구한다.

$\circlearrowleft\sum M_A = 0;\ \circlearrowleft\sum M_A = -400\ \text{kN}\times 5\ \text{m} + R_B \times 8\ \text{m} = 0$

$R_B = 250\ \text{kN}$

③ 수직힘의 평형식에 R_B값을 대입하면

$+\uparrow\sum F_y = 0;\ 400\ \text{kN} = R_A + R_B,\ 400\ \text{kN} = R_A + 250,$

$R_A = 150\ \text{kN}$

$\therefore\ \underline{R_A = 150\ \text{kN},\ \ R_B = 250\ \text{kN}}$

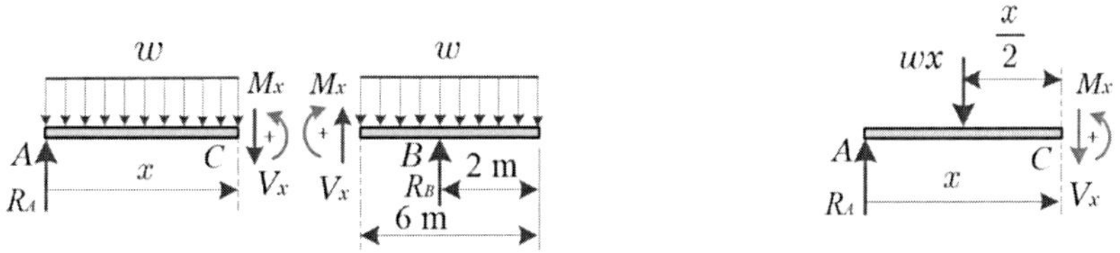

(a) (b)

A점에서 x점까지의 전단력의 방향은 아래 방향(↓)으로 정하고, 크기는 (반력+등분포 하중)의 합 크기이다.

$+\uparrow\sum F_y = 0$($+\uparrow\sum V_x = 0$: x 위치에서의 전단력의 합은 0)에서 $-V_x - wx + R_A = 0$이므로

$x = 4$ m인 C점에서의 전단력 식은

$+\uparrow\sum V_x = 0$에서 $-V_x - 40$ kN/m×4m$+ R_A = 0$, $V_x = R_A - 160$ kN

$R_A = 150$ kN 이므로

$V_x = 150 \text{ kN} - 160 \text{ kN} = -10 \text{ kN}$

C점에서의 굽힘 모멘트 식은

$$\circlearrowright \sum M_x = 0;\ M_x + wx \times \frac{x}{2} - R_A \text{kN} \times x \text{ m} = 0,$$

$$M_{x=4} = 150 \text{ kN} \times 4 \text{ m} - wx \times \frac{x}{2} = 600 \text{ kN·m} - 320 \text{ kN·m} = 280 \text{ kN·m}$$

전단력이 0인 점을 찾으면 최대 굽힘 모멘트를 구할 수 있다.

전단력이 0인 점은

$-V_x - wx + R_A = 0$에서 $V_x = R_A - wx = 0$에서 $40x = 150$ kN

$x = 3.75$ m

$x = 3.75$ m인 점에서 굽힘 모멘트를 구하면

(b)의 왼쪽 그림에서

$$\circlearrowright \sum M_{x=3.75} = 0$$

$$+M_x - R_A \times 3.75 \text{ m} + wx \times \frac{x}{2} = 0$$

$$M_{x=3.75} = 150 \text{ kN} \times 3.75 \text{ m} - wx \times \frac{x}{2} = 562.5 - 40 \times 3.75 \times \frac{3.75}{2}$$

$$= 562.5 - 281.25 = 281.25 \text{ kN·m}$$

3 등변분포 하중이 작용할 때의 전단력 선도(S.F.D)와 굽힘 모멘트 선도(B.M.D)

등변분포 하중은 삼각형 하중을 말하며, 하중의 크기는 직사각형의 $\frac{1}{2}$이며, 삼각형의 하중의 중심은 높이가 긴 쪽에서 $\frac{1}{3}$ 지점이다.

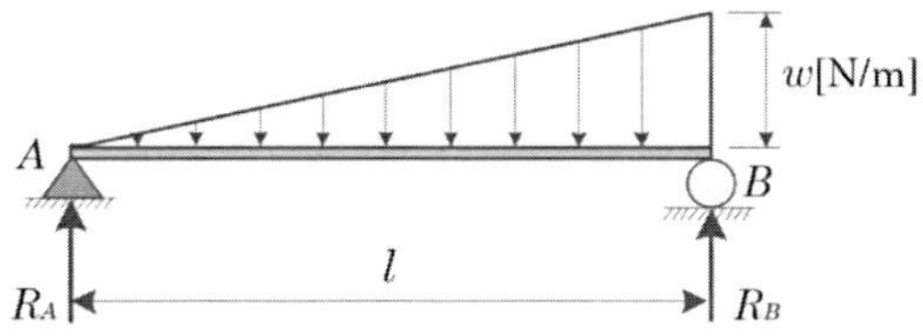

반력을 구하는 방법은 등분포 하중과 같으나 삼각형의 중심은 차이가 난다.

① 수직 힘은 평형 상태이므로 $+\uparrow\sum F_y = 0$,

그림(a)에서 삼각형이므로 작용하는 하중은 $wl \times \frac{1}{2}$

$$-\frac{wl}{2} + R_A + R_B = 0, \quad \therefore \frac{wl}{2} = R_A + R_B$$

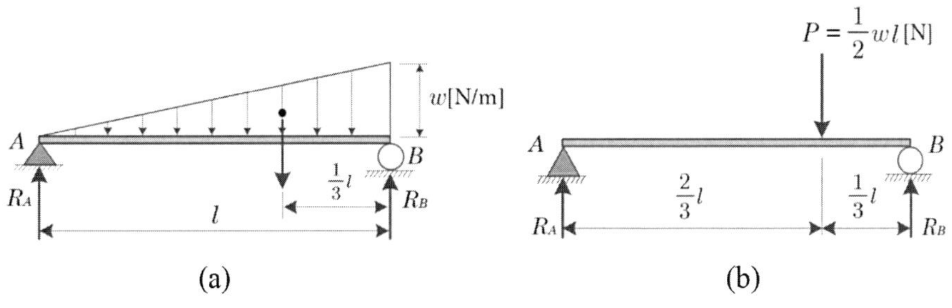

② 반력을 구하기 위하여 A 점에 대한 모멘트를 구하면(그림 (b) 참조)

$\circlearrowright\sum M_A = 0$, M(모멘트) $= P$(힘) $\times\, l$(거리)이므로

$$\circlearrowright\sum M_A = 0; -\frac{wl}{2} \times \frac{2}{3}l + R_B \times l = 0$$

$$\therefore R_B = \frac{wl}{3}$$

$$\therefore R_A = \frac{wl}{2} - \frac{wl}{2} = \frac{wl}{6}$$

③ 전단력과 굽힘 모멘트 방정식 $(0 < x < l)$

그림에서 임의 전단위치(x) 에서의 등변 하중(w_x)을 구하기 위하여 비례식을 사용한다.

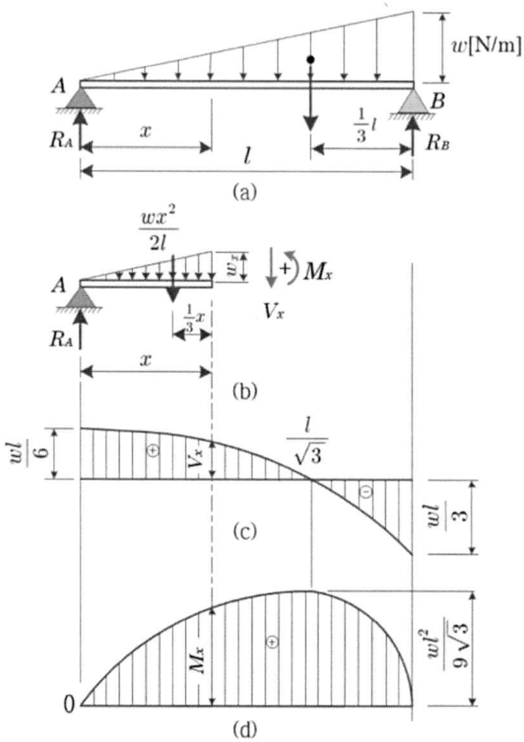

$$l : x = w : w_x \quad \therefore \; w_x = w\frac{x}{l}$$

임의 전단위치 x에서의 전단력은

$$V_x = R_A - \frac{w_x x}{2} = \frac{wl}{6} - \frac{w\frac{x}{l}x}{2} = \frac{wl}{6} - \frac{wx^2}{2l}$$

$$M_x = R_A x - \frac{w_x x}{2}x = \frac{wl}{6}x - \frac{wx^2}{2l} \times \frac{x}{3}$$ (삼각형의 무게 중심은 $\frac{1}{3}$인 지점이므로 $\frac{x}{3}$를 곱함)

$$= \frac{wlx}{6} - \frac{wx^3}{6l}$$

전단력(V)은 x에 관한 2차 함수이므로 곡선으로 그려지고(전단력 선도 (c) SFD 참조), 굽힘 모멘트 선도는 x에 관한 3차 함수이므로 포물선((d) 참조)으로 그려진다.

전단력 선도와 모멘트 선도를 그리기 위해서는

$x=0,\ x=l,\ 0<x<l$ 인 경우에 전단력, 모멘트 방정식에 대입하여 구한다.

$x=0$일 때, 즉 V_x, M_x식에 $x=0$을 대입하면 된다.

$$V_0=\frac{wl}{6}-\frac{w\times 0^2}{2l}=\frac{wl}{6}$$

$$M_0=\frac{wl\times 0}{6}-\frac{w\times 0^3}{6l}=0$$

$x=l$일 때, 즉 V_x, M_x식에 $x=l$을 대입하면

$$V_l=\frac{wl}{6}-\frac{wx^2}{2l}=\frac{wl}{6}-\frac{wl^2}{2l}=\frac{wl}{6}-\frac{wl}{2}=-\frac{wl}{3}$$

$$M_l=\frac{wlx}{6}-\frac{wx^3}{6l}=\frac{wll}{6}-\frac{wl^3}{6l}=0$$

최대 굽힘 모멘트는 전단력이 0인 지점에서 발생하므로 전단력이 0인 지점을 찾으려면 임의 전단면 위치 x에서의 전단력 식에서

$$V_x=\frac{wl}{6}-\frac{wx^2}{2l}=0,\ \frac{wl}{6}=\frac{wx^2}{2l},\ 6wx^2=2wl^2 \text{ 에서}$$

$\therefore$ 최대 굽힘 모멘트가 발생되는 단면의 위치는 $x=\dfrac{l}{\sqrt{3}}$

최대 굽힘 모멘트를 구하려면 전단력이 0 인 지점인 $x=\dfrac{l}{\sqrt{3}}$을

$M_x=\dfrac{wlx}{6}-\dfrac{wx^3}{6l}$에 대입하면

$$M_{\max}=\frac{wl\frac{l}{\sqrt{3}}}{6}-\frac{w\left(\frac{l}{\sqrt{3}}\right)^3}{6l}=\frac{wl^2}{9\sqrt{3}}$$

4 좌측단에 우력이 작용할 때의 전단력과 굽힘 모멘트

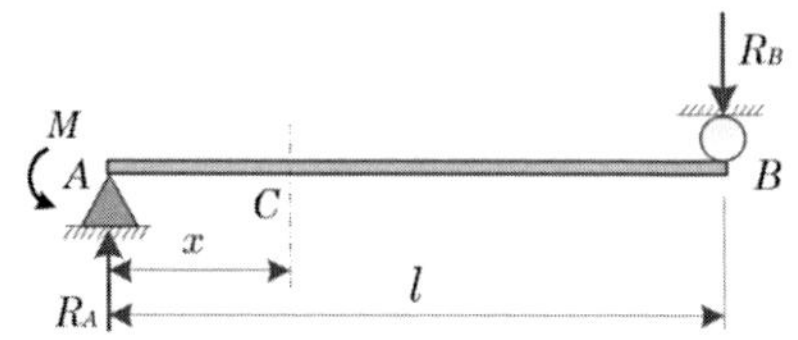

① 수직 힘은 평형 상태이므로 $+\uparrow\sum F_y = 0$로 가정 하면

$$R_A - R_B = 0, \ \therefore \ R_A = R_B$$

② 반력을 구하기 위하여 A 점에 대한 모멘트를 구하면

$$\circlearrowright\!\!\!+\sum M_A = 0, \ M(\text{모멘트}) = P(\text{힘}) \times l(\text{거리})\text{이므로}$$

$$M - R_B l = 0, \qquad \therefore R_B = \frac{M}{l}, \ R_A = \frac{M}{l}$$

③ $0 < x < l$ 사이의 전단력과 굽힘 모멘트를 구하기 위하여 자유 물체도를 그린다.

임의 전단위치(x)에서 전단력 식은 $V_x = R_A = \dfrac{M}{l}$

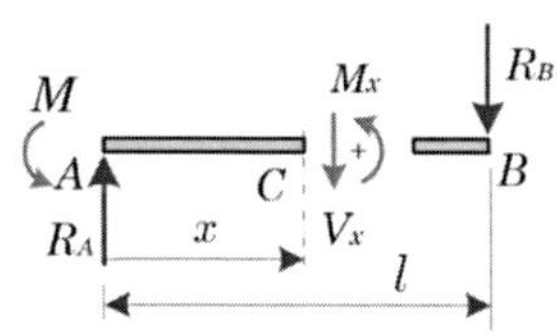

임의 전단위치(x)에서 굽힘 모멘트 식은

$$M_x + M - R_A x = 0$$

$$M_x = R_A x - M = \frac{M}{l}x - M = M\left(\frac{x}{l} - 1\right)$$

$x = 0, x = l, 0 < x < l$ 인 경우의 전단력, 모멘트 방정식에 대입하여 값을 구한다.

$x = 0$일 때, 즉 V_x, M_x식에 $x = 0$을 대입하면 된다.

$$V_x = R_A = \frac{M}{l},$$

$$M_x = \frac{Mx}{l} - M = \frac{M \times 0}{l} - M = -M$$

$x = l$일 때, 즉 V_x, M_x식에 $x = l$을 대입하면

$$V_l = R_A = R_B = \frac{M}{l}$$

$$M_l = \frac{Mx}{l} - M = \frac{M \times l}{l} - M = 0$$

5 외팔보(오른팔보, 왼팔보)의 자유단에 집중 하중이 작용할 때 전단력 선도(S.F.D)와 굽힘 모멘트 선도(B.M.D)

오른팔 보의 자유단에 집중 하중이 작용할 때

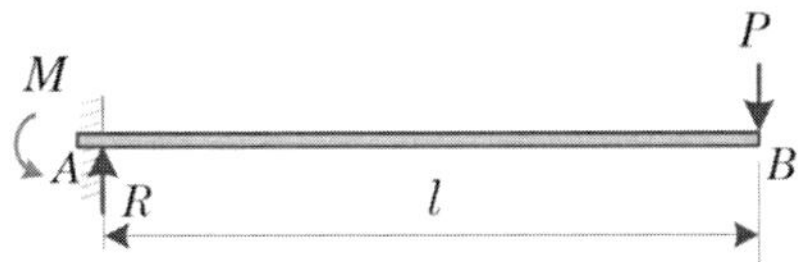

① 수직 힘은 평형 상태이므로

$+\uparrow\sum F_y = 0$에서 $R_A - P = 0$,

따라서 A 점에서의 반력은 $R_A = P$

A 점에 대한 모멘트를 구하면

$\circlearrowright\sum M_A = 0;\ M_A - Pl = 0$

따라서 $M_A = Pl$

② $0 < x < l$에서 전단력과 굽힘 모멘트 선도를 그리기 위해 임의의 전단 위치(x)에서의 전단력과 굽힘 모멘트를 그림으로 그려보면 아래와 같다

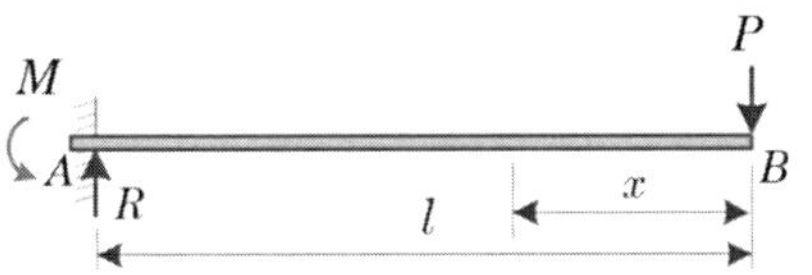

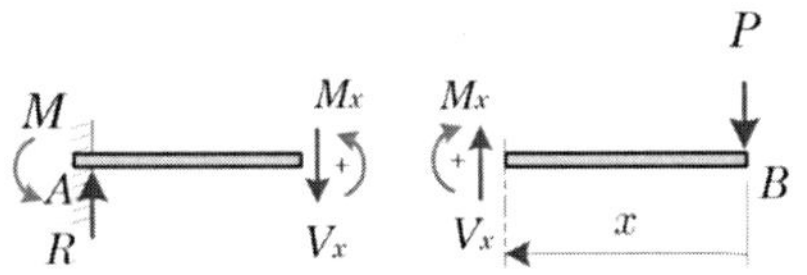

(a) (b)

임의의 전단위치(x)에서의 전단력과 굽힘 모멘트는 그림 (b)에서

$+\uparrow\sum F_y = 0$에서 힘의 방향(P)이 반대이므로 $V_x - P = 0$, 따라서 $V_x = P$

왼팔 보의 자유단에 집중 하중이 작용할 때

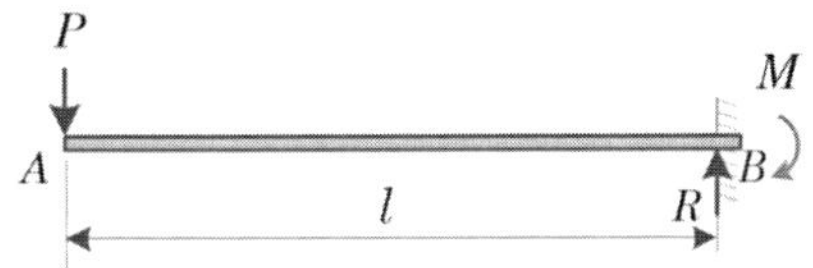

① 수직 힘은 평형 상태이므로

$+\uparrow\sum F_y = 0$에서 $-P + R_B = 0$

따라서 B 점에서의 반력은 $R_A = P$

B 점에 대한 모멘트를 구하면

$\circlearrowright\sum M_B = 0;\ -M_B + Pl = 0$

따라서 $M_B = Pl$

② $0 < x < l$에서 전단력과 굽힘 모멘트 선도를 그리기 위해 임의의 전단위치(x)에서의 전단력과 굽힘 모멘트를 그림으로 그려보면 아래와 같다

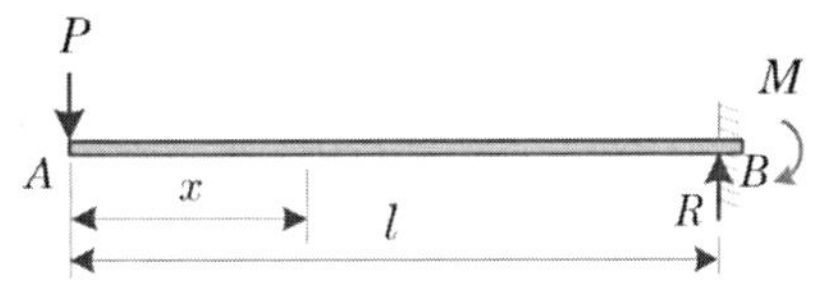

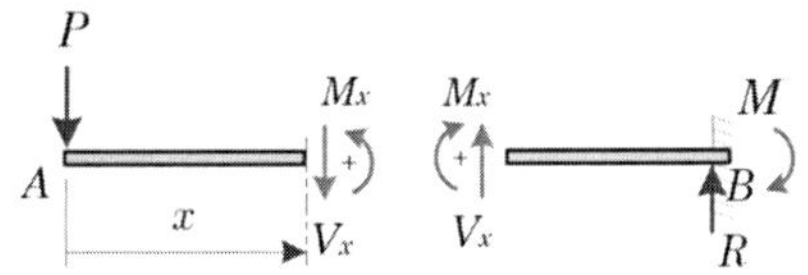

(a) (b)

임의의 전단위치(x)에서의 전단력과 굽힘 모멘트는 그림 (a)에서

$+\uparrow\sum F_y = 0$에서 힘의 방향(P)과 전단력의 방향이(V_x)이 반대이므로

<table>
<tr><th>오른팔 보의 자유단에 집중 하중이 작용할 때</th><th>왼팔 보의 자유단에 집중 하중이 작용할 때</th></tr>
<tr><td>
$\circlearrowright\sum M_x = 0$에서 굽힘 모멘트는 회전 방향이 시계 방향이므로
$-M_x - Px = 0$
따라서 $M_x = -Px$
③ 최대 굽힘 모멘트는 $x = l$(고정단)에서 발생하므로 $M_x = -Px$에 대입하면
$M_{\max} = -Pl$
④ 전단력 선도(S.F.D)와 굽힘 모멘트 선도(B.M.D)를 그리면 아래 그림과 같다.
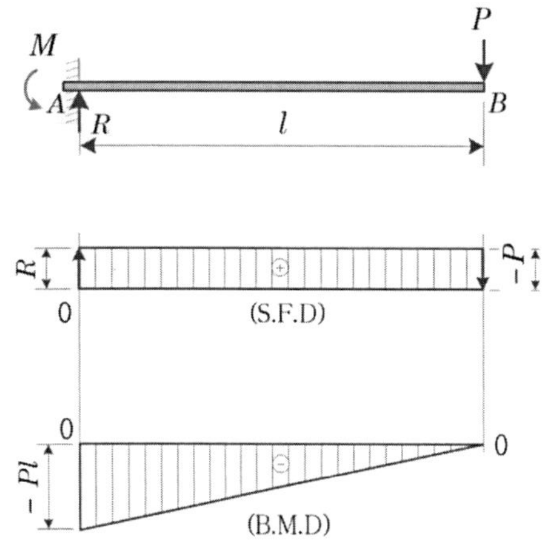

</td><td>
$-P - V_x = 0$, 따라서 $V_x = -P$
$\circlearrowright\sum M_x = 0$에서 굽힘 모멘트는 회전 방향과 힘의 모멘트가 같은 방향이므로
$M_x + Px = 0$ 따라서 $M_x = -Px$
③ 최대 굽힘 모멘트는 $x = l$(고정단)에서 발생하므로 $M_x = -Px$에 대입하면
$M_{\max} = -Pl$
④ 전단력 선도(S.F.D)와 굽힘 모멘트 선도(B.M.D)를 그리면 아래 그림과 같다.
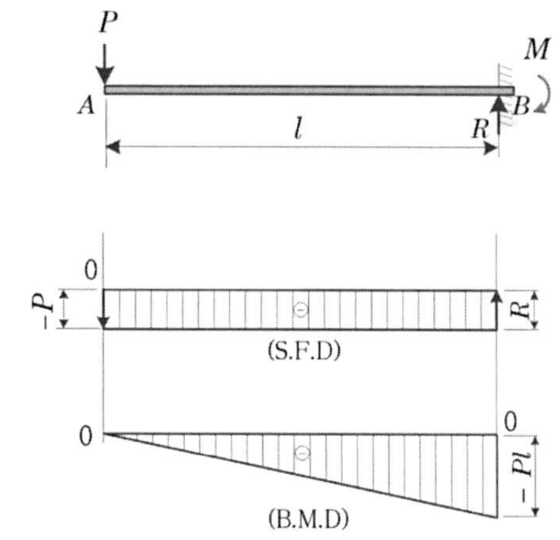

</td></tr>
</table>

6 외팔보(오른팔 보, 왼팔 보)의 자유단에 등분포 하중이 작용할 때 전단력 선도(S.F.D)와 굽힘 모멘트 선도(B.M.D)

<table>
<tr><th>오른팔 보의 자유단에 등분포 하중이 작용할 때</th><th>왼팔 보의 자유단에 등분포 하중이 작용할 때</th></tr>
<tr><td>
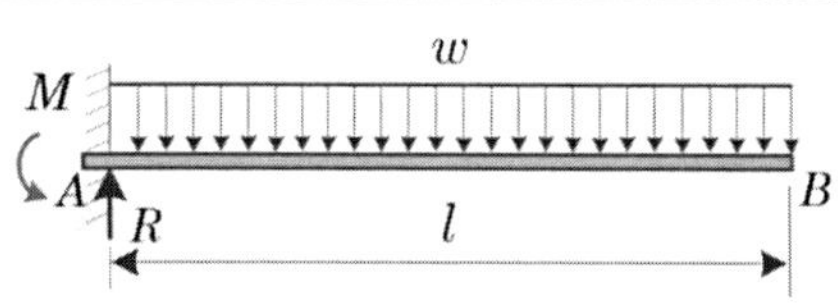

</td><td>
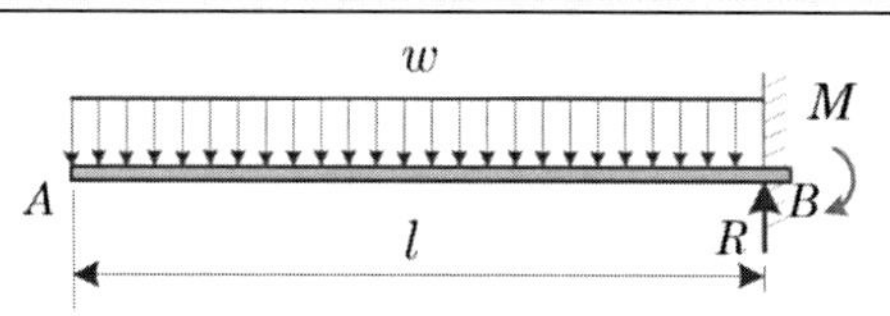

</td></tr>
</table>

오른팔 보의 자유단에 등분포 하중이 작용할 때

① 수직 힘은 평형 상태이므로

$+\uparrow\sum F_y = 0$에서 $R_A - wl = 0$,

따라서 $R_A = wl$

A 점에 대한 모멘트는

$\circlearrowright\sum M_A = 0;\ M_A - wl\times\frac{l}{2} = 0$

따라서 $M_A = \frac{wl^2}{2}$

② $0 < x < l$에서 전단력과 굽힘 모멘트 선도를 그리기 위해 임의의 전단위치(x)에서의 전단력과 굽힘 모멘트를 그림으로 그려보면 아래와 같다

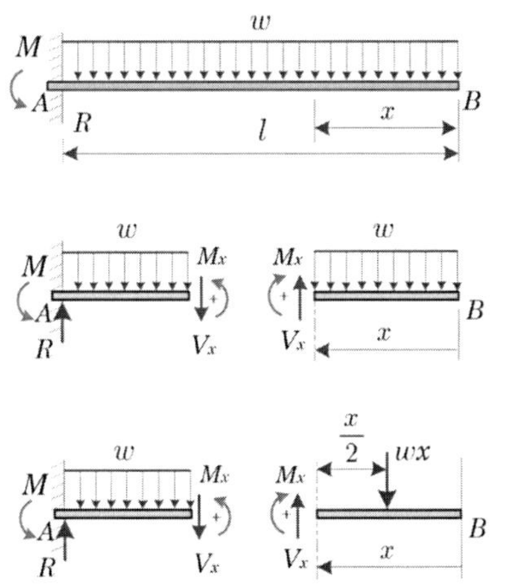

(a) (b)

임의의 전단위치(x)에서의 전단력과 굽힘 모멘트는 그림 (b)에서

$+\uparrow\sum F_y = 0$에서 힘의 방향이 반대이므

왼팔 보의 자유단에 등분포 하중이 작용할 때

① 수직 힘은 평형 상태이므로

$+\uparrow\sum F_y = 0$에서 $R_A - wl = 0$,

따라서 $R_A = wl$

B 점에 대한 모멘트를 구하면

$\circlearrowright\sum M_B = 0; - M_B + wl\times\frac{l}{2} = 0$

따라서 $M_B = \frac{wl^2}{2}$

② $0 < x < l$에서 전단력과 굽힘 모멘트 선도를 그리기 위해 임의의 전단위치(x)에서의 전단력과 굽힘 모멘트를 그림으로 그려보면 아래와 같다

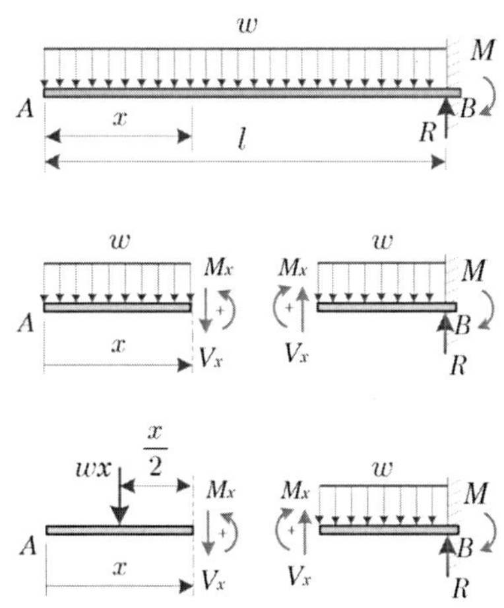

(a) (b)

임의의 전단위치(x)에서의 전단력과 굽힘 모멘트는 그림 (a)에서

$+\uparrow\sum F_y = 0$에서 힘의 방향이 같으므로

<table>
<tr><th>오른팔 보의 자유단에 등분포 하중이 작용할 때</th><th>왼팔 보의 자유단에 등분포 하중이 작용할 때</th></tr>
<tr><td>로 $-wx + V_x = 0$, 따라서 $V_x = wx$
$\circlearrowleft\!+ \sum M_A = 0$, 굽힘 모멘트는 모두 반시계 방향이므로 $-M_x - wx \times \frac{x}{2} = 0$
따라서 $M_x = -\frac{wx^2}{2}$
③ 최대 굽힘 모멘트는 $x = l$(고정단)에서 발생하므로
$M_{\max} = -\frac{wl^2}{2}$
④ 전단력 선도(S.F.D)와 굽힘 모멘트 선도(B.M.D)를 그리면 아래 그림과 같다.
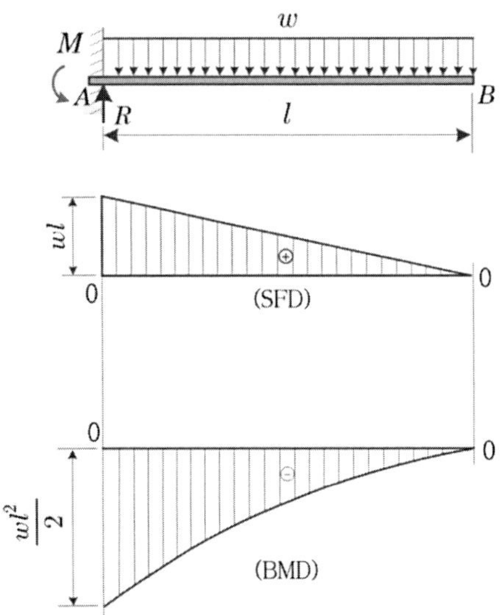
</td><td>$-wx - V_x = 0$, 따라서 $V_x = -wx$
$\circlearrowleft\!+ \sum M_B = 0$, 굽힘 모멘트는 모두 시계 방향이므로 $M_x + wx \times \frac{x}{2} = 0$
따라서 $M_x = -\frac{wx^2}{2}$
③ 최대 굽힘 모멘트는 $x = l$(고정단)에서 발생하므로
$M_{\max} = -\frac{wl^2}{2}$
④ 전단력 선도(S.F.D)와 굽힘 모멘트 선도(B.M.D)를 그리면 아래 그림과 같다.
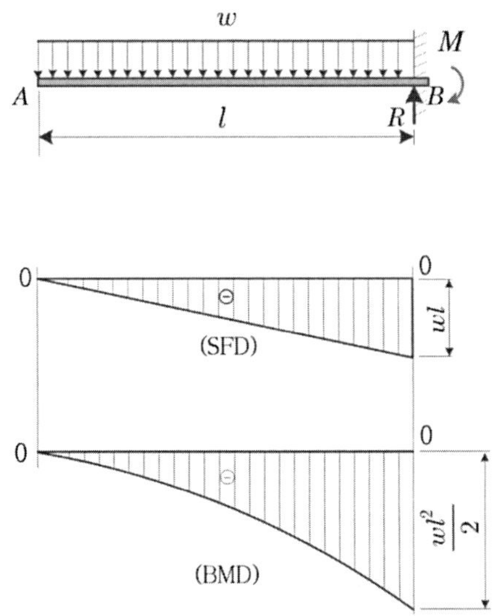
</td></tr>
</table>

예제 다음과 같은 외팔보에 등분포 하중과 집중 하중이 작용하고 있다. 반력 R_B를 구하시오. 또한 B 점에서의 굽힘 모멘트(M_B)를 구하시오.

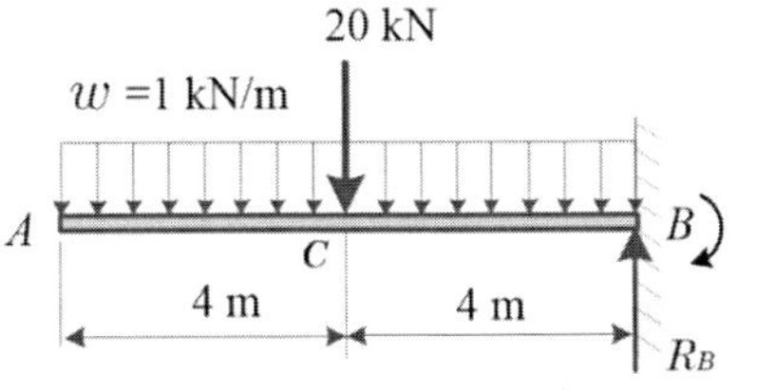

풀이 $+\uparrow\sum F_y = 0$, $↻\sum M = 0$ 이어야 하므로

등분포 하중을 집중 하중으로 변환하면 집중 하중은 1 kN/m×8 m = 8 kN이다.

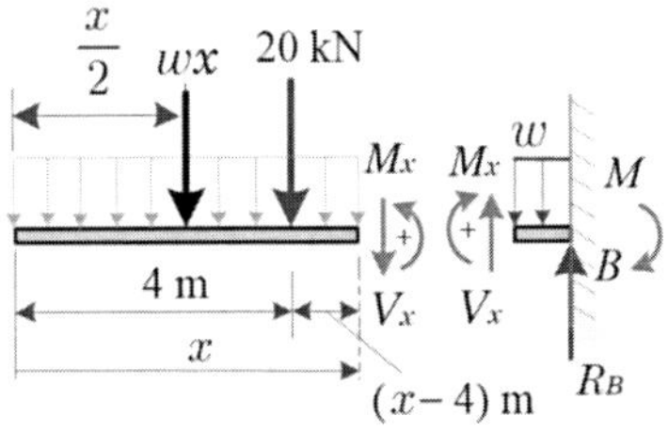

$+\uparrow\sum F_y = 0$; 20 kN(집중 하중) + 8 kN(등분포 하중(1 kN/m)×8 m) = R_B

$R_B = 28$ kN

$↻\sum M = 0$ 이어야 하므로 x는 좌측에서 시작하여 임의의 x점에서 모멘트를 구해보면

$$↻\sum M_x = 0;\ +M_x + 20\text{ kN}\times(x-4)\text{ m} + wx\times\frac{x}{2}\text{ m} = 0$$

$x = 8$일 때, $M_x = -20\text{ kN}\times(8-4)\text{ m} - (1\text{ kN/m}\times 8\text{ m}\times 4\text{ m}) = -112\text{ kN·m}$

$$↻\sum M_B = 0;\ -M_B + 20\text{ kN}\times 4\text{ m} + (1\text{ kN/m}\times 8\text{ m}\times 4\text{ m}) = 0$$

따라서 $M_B = 112$ kN·m

예제 다음과 같은 외팔보에 등분포 하중과 집중 하중이 작용하고 있다. 반력 R_A를 구하시오. A 점에서의 굽힘 모멘트(M_A)를 구하시오.

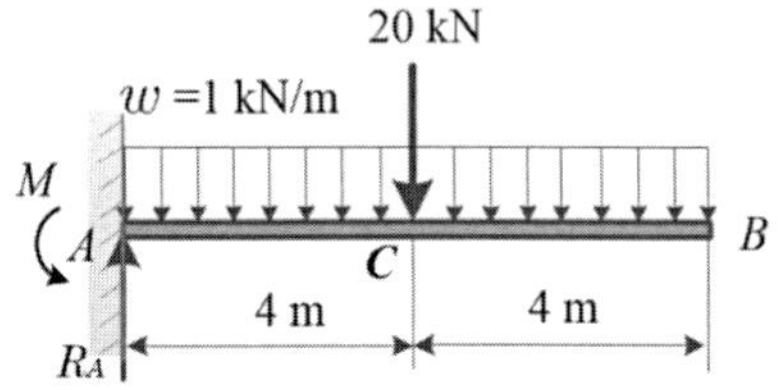

풀이

부호 규약에 따라 $+\uparrow\sum F_y = 0$, $\circlearrowright\sum M = 0$ 이어야 하므로

분포 하중을 집중 하중으로 변환하면 집중 하중은 1 kN/m×8 m =8 kN이다.

$+\uparrow\sum F_y = 0$; 20 kN(집중 하중) + 8 kN(등분포 하중(1 kN/m)×8 m) $= R_A$

R_A =28 kN

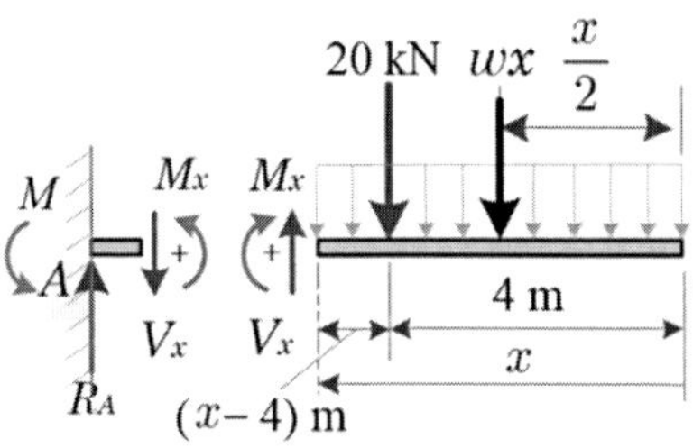

$\circlearrowright\sum M = 0$ 이어야 하므로,

x는 우측에서부터 좌측으로의 거리이므로 임의의 x 점에서 모멘트를 구해보면

$\circlearrowright\sum M_x = 0;\ -M_x - 20\text{ kN}\times(x-4)\text{ m} - wx\times\frac{x}{2}\text{ m} = 0$

$x = 8$일 때, $M_x = -20\text{ kN}\times(8-4)\text{m} - (1\text{ kN/m}\times 8\text{ m}\times 4\text{ m})$

따라서 $M_x = -80\text{ kN·m} - 32\text{ kN·m} = -112\text{ kN·m}$

$\circlearrowright\sum M_A = 0;\ M_A - 20\text{ kN}(8-4) - (1\text{ kN/m}\times 8\text{ m}\times 4\text{ m}) = 0$

$M_A = 112\text{ kN·m}$

7 외팔보의 자유단에 2개 이상의 집중 하중이 작용할 때의 전단력 선도(S.F.D)와 굽힘 모멘트 선도(B.M.D)

외팔보에 3개의 집중 하중이 작용할 때 전단력 선도와 굽힘 모멘트 선도를 그리시오

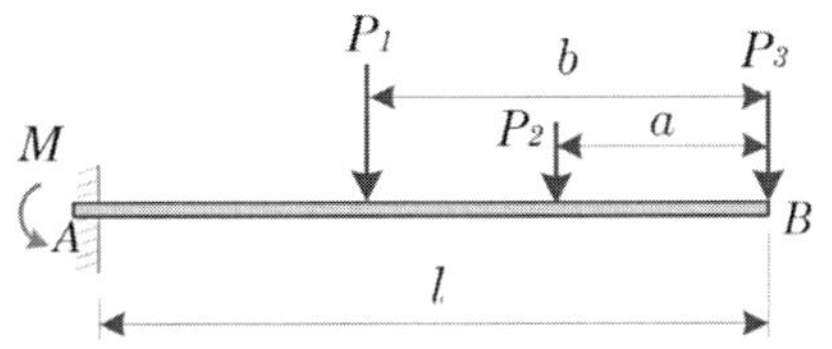

① 평형 상태이므로 수직 힘은 $+\uparrow\sum F_y = 0$이다.

$$R_A = P_1 + P_2 + P_3$$

반력을 구하기 위하여 A 점에 대한 모멘트를 구하면

$$\circlearrowleft\sum M_A = 0;\ M_A = P_3 l + P_2(l-a) + P_1(l-b)$$

② 전단력과 굽힘 모멘트 방정식

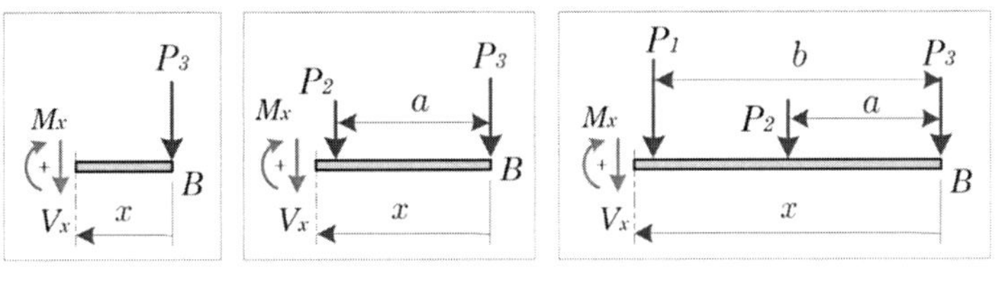

(a) $0 < x < a$ (b) $a < x < b$ (c) $b < x < l$

$0 < x < a$의 경우는 그림 (a)에서

임의 전단 위치(x)에서 전단력과 굽힘 모멘트는

$+\uparrow\sum F_y = 0$이므로 $V_x + P_3 = 0$, 따라서 $V_x = -P_3$

시계 방향으로 양(+)로 하면 $M_x + P_3 x = 0$, 따라서 $M_x = -P_3 x$

반시계 방향을 + 로 한다면 $\circlearrowleft\sum M_x = 0;\ -M_x - P_3 x = 0$, 따라서 $M_x = -P_3 x$

모멘트의 방향은 바뀌어도 같은 값이 나오므로 모멘트 방향의 기준을 일관되게 정하여 풀이하면 된다.

$a < x < b$의 경우는 그림 (b)에서

$+\uparrow\sum F_y = 0$이므로 $V_x + P_2 + P_3 = 0$, 따라서 $V_x = -P_2 - P_3$

그림과 같이 시계 방향으로 양(+)로 하면 $M_x + P_2(x-a) + P_3 x = 0$,

따라서 $M_x = -P_2(x-a) - P_3 x$

$b < x < l$의 경우는 그림 (c)에서

$+\uparrow\sum F_y = 0$이므로 $V_x + P_1 + P_2 + P_3 = 0$, 따라서 $V_x = -P_1 - P_2 - P_3$

그림과 같이 시계 방향으로 양(+)로 하면 $M_x + P_1(x-b) + P_2(x-a) + P_3 x = 0$,

따라서 $M_x = -P_1(x-b) - P_2(x-a) - P_3 x$

③ 최대 굽힘 모멘트는 $x = l$(고정단)에서 발생하므로

$M_{\max} = -P_1(l-b) - P_2(l-a) - P_3 l$

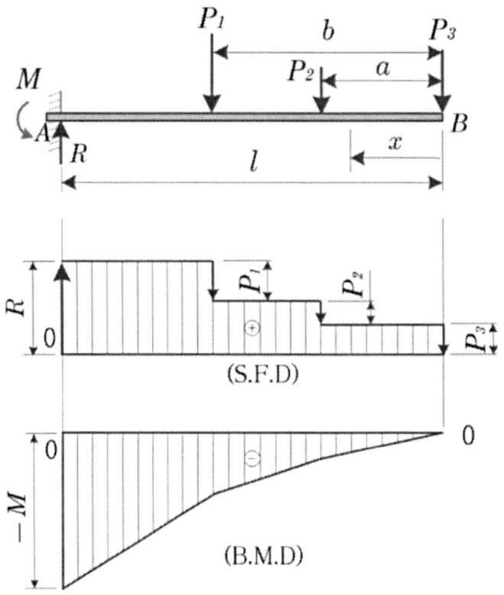

연습문제

4-1 아래 그림과 같이 단순보의 C 점에 30°의 각도로 100 kN의 힘이 작용하고, D 점에 100 kN의 힘이 작용하여 평형 상태에 있다. A 점에서의 반력 R_A와 B 점에서의 반력 R_B을 구하여라.

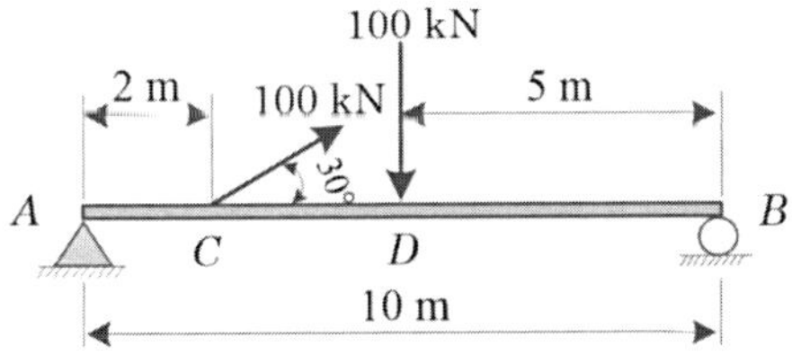

4-2 그림과 같이 A 점과 B 점 사이의 거리는 10 m이고, C 점과 D 점 사이에 등분포 하중(w = 30 kN/m)이 작용하고 있다. 이 보의 각 지점의 전단력과 굽힘 모멘트, 최대 굽힘 모멘트를 구하고 전단력 선도와 굽힘 모멘트 선도를 그리시오.(단, 보의 자체 하중은 무시한다. 자유 물체도, 풀이 과정, 답을 쓰시오.).

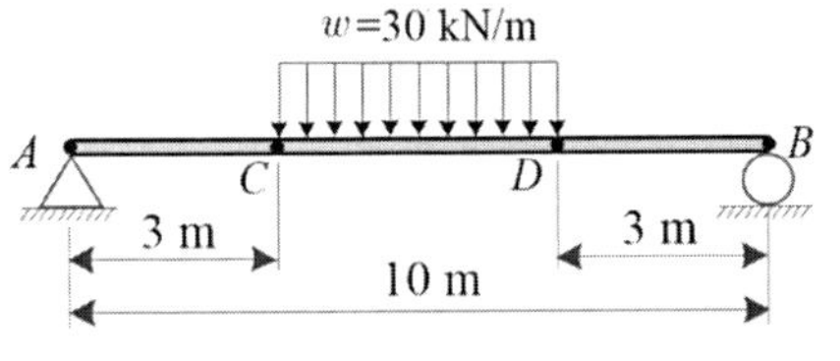

4-3 그림과 같은 단순보에서 등분포 하중($w = 30$ kN/m)과 집중 하중(P)가 작용하여 평형을 이룰 때, 지점 반력(A점과 B점의 반력) R_A와 R_B, 각 지점 사이의 전단력 및 굽힘 모멘트, 최대 굽힘 모멘트를 구하시오. 또한 전단력 선도와 모멘트 선도를 그리시오.

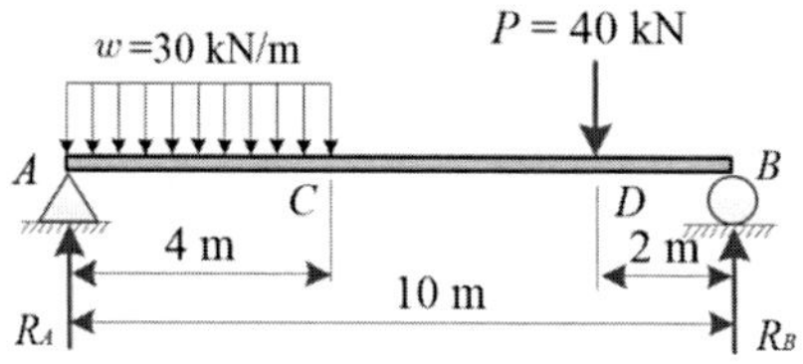

4-4 그림과 같은 단순보에서 등분포 하중($w = 30$ kN/m)과 집중 하중(P)가 작용하여 평형을 이룰 때, 지점 반력(A점과 B점의 반력) R_A와 R_B, 전단력 및 굽힘 모멘트를 구하시오. 또한 전단력 선도와 모멘트 선도를 그리시오.

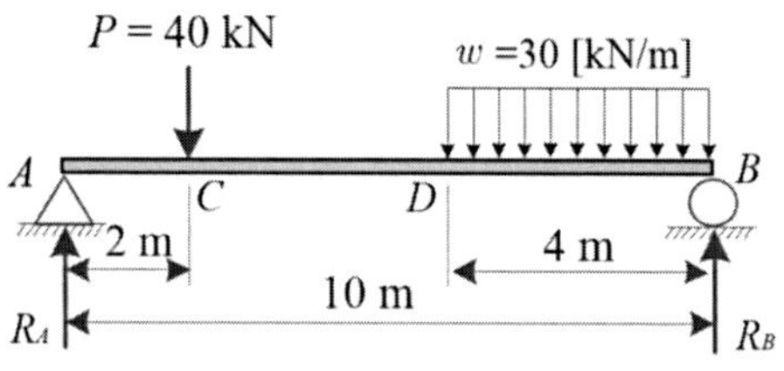

4-5 그림과 같은 보의 반력을 구하고, 각 지점의 전단력과 최대 굽힘 모멘트를 구하시오. 그리고 전단력 선도와 굽힘 모멘트 선도를 그리시오.

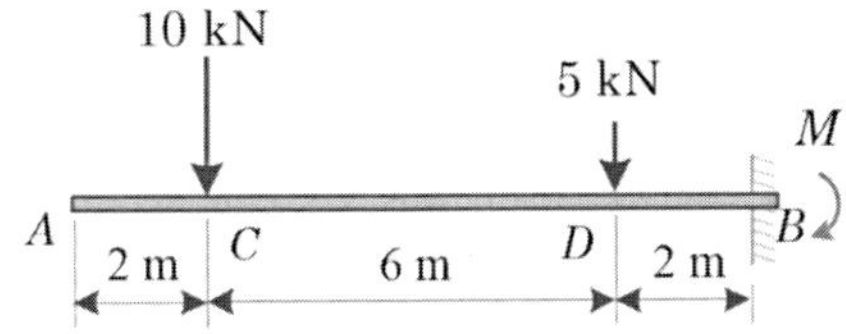

4-6 그림과 같은 보의 반력을 구하고, 각 지점의 전단력과 최대 굽힘 모멘트를 구하시오. 그리고 전단력 선도와 굽힘 모멘트 선도를 그리시오.

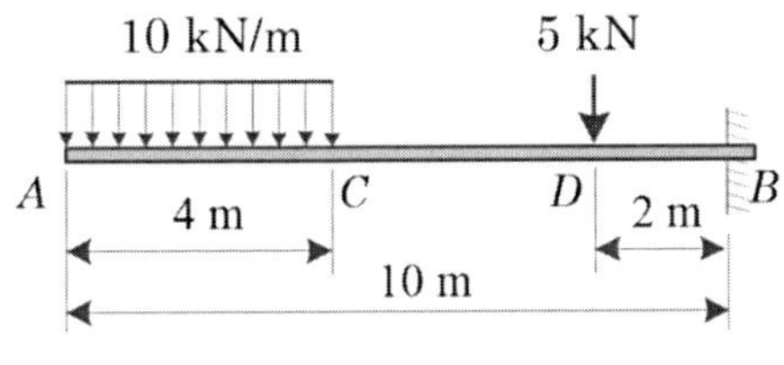

4-7 다음과 같은 단순보의 C점에 굽힘 모멘트(200 N·m)가 작용하고 있다. 전단력 선도와 굽힘 모멘트 선도를 그리고 전단력 및 굽힘 모멘트 값을 쓰시오

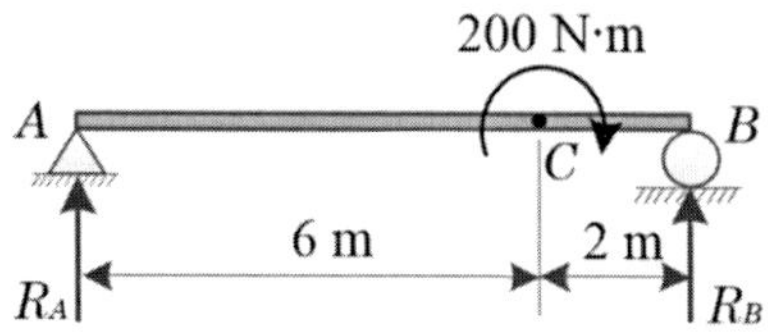

4-8 다음과 같은 돌출보에 등분포 하중($w = 2$ kN/m)과 C점에 10 kN의 힘이 작용하고 있다. 전단력 및 굽힘 모멘트 값을 구하고 전단력 선도(S.F.D)와 굽힘 모멘트 선도(B.M.D)를 그리시오.

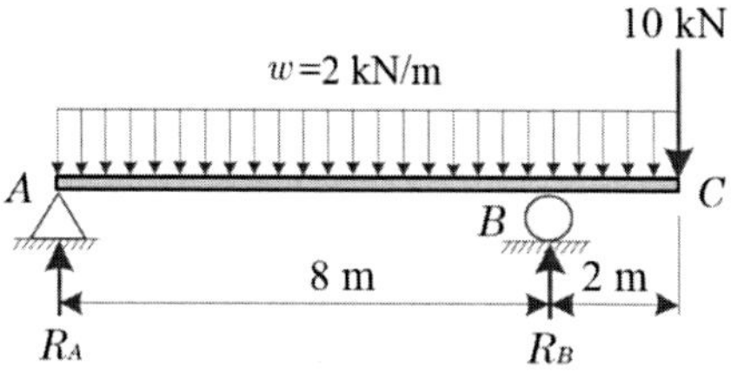

4-9 다음과 같은 돌출보 C-A 구간에 등분포 하중($w = 2$ kN/m), D 점에 2 kN의 힘이 작용하고 있다. 전단력 및 굽힘 모멘트 값을 구하고 전단력 선도(S.F.D)와 굽힘 모멘트 선도(B.M.D)를 그리시오.

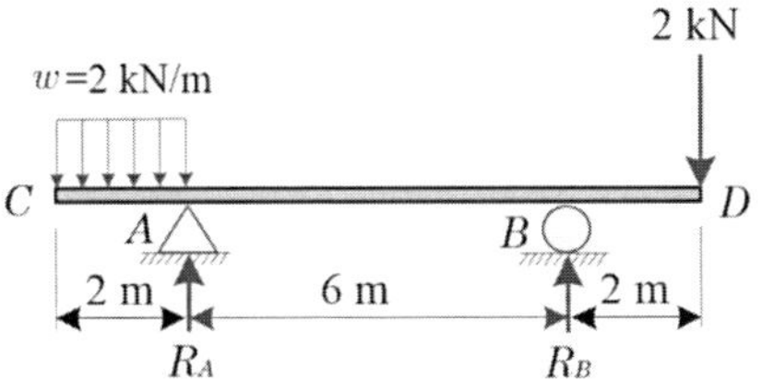

4-10 단순보의 지점 A와 B 사이에 C 점 있는 전단력 선도(S.F.D)가 아래 그림과 같다. 단순보의 힘의 상태와 힘을 그리고, 전단력이 0이 되는 지점(x 방향으로 A점으로부터 거리)을 구하시오. 또한 최대 굽힘 모멘트가 작용되는 점과 C 점에서의 굽힘 모멘트 값을 구하시오.(구조물인 보의 자중은 무시하고, 반력은 ↑방향을 '+'로 하고, 전단력 V와 굽힘 모멘트 M에 대한 양(+)의 부호 규약은 그림과 같다.)

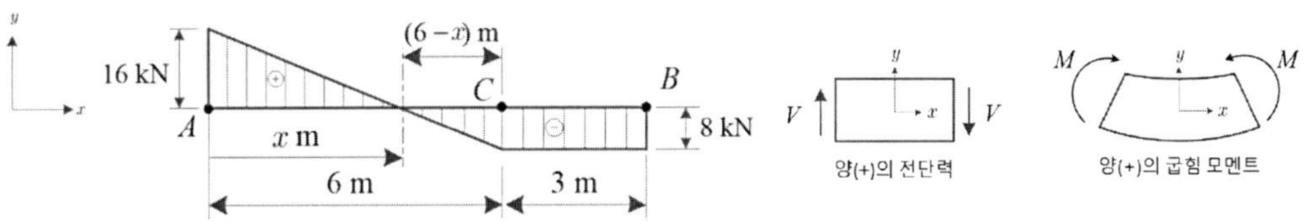

4-11 단순보의 지점 B 점과 C 점 사이에 등분포 하중이 작용하고 있다. 전단력 선도(S.F.D)를 그리시오. 전단력이 0이 되는 지점(B 점에서부터 x방향으로 거리)을 구하시오. 또한 최대 굽힘 모멘트가 작용되는 점과 C 점에서의 굽힘 모멘트 값을 구하시오.(구조물인 보의 자중은 무시하고, 반력은 ↑방향을 '+'로 하고, 전단력 V와 굽힘 모멘트 M에 대한 양(+)의 부호 규약은 그림과 같다.)

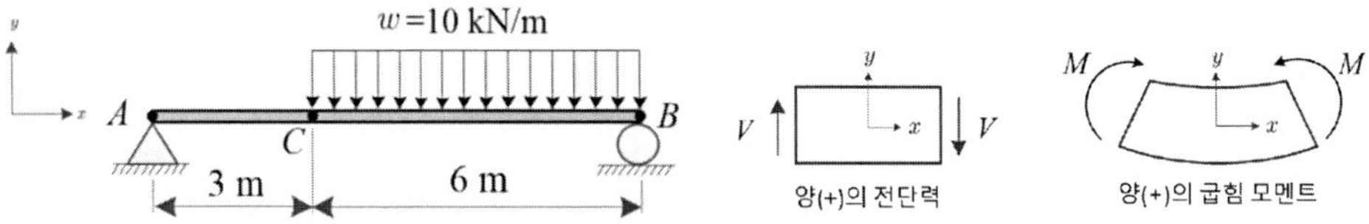

4-12 그림과 같이 집중 하중(a)과 등분포 하중(b)을 받는 돌출보의 경우 전단력 선도(S.F.D)와 굽힘 모멘트 선도(B.F.D)의 형태를 그리시오

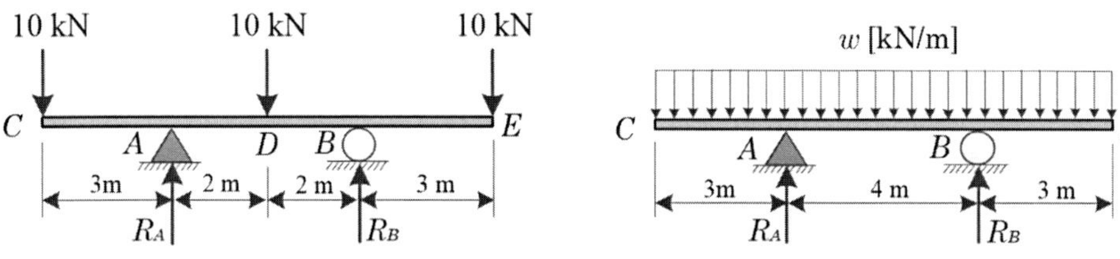

(a) (b)

연습문제 - 풀이

4-1 풀이 먼저 자유 물체도를 그리면 그림 (a)와 같다. 그림 (a)에서 30°의 각도로 경사진 힘을 모멘트를 구하기 위하여 수직 힘을 구한다.

삼각함수 공식을 활용하여 C점에 작용하는 수직 힘은 100 kN×sin 30° = 50 kN이다.

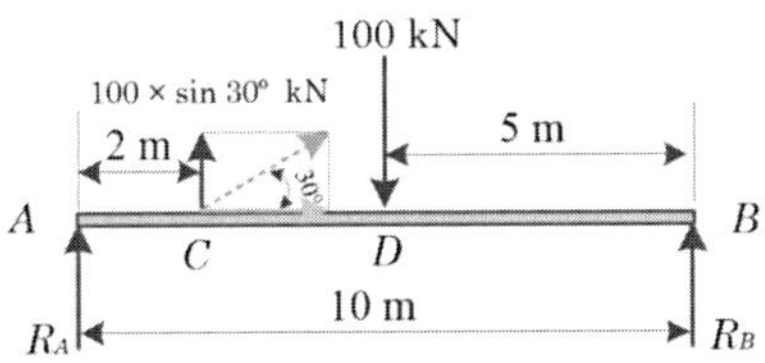

(a)

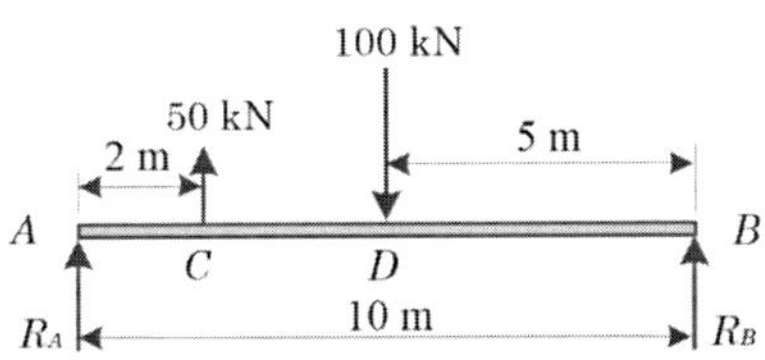

(b)

즉 그림 (b)와 같은 문제와 마찬가지이다.(A점은 힌지이므로 수평 방향과 수직 방향의 힘이 작용한다. 그러나 여기에서는 수평 방향 반력은 구하지 않으므로 자유 물체도에 그리지 않았다.)

힘은 평형 상태($+\uparrow \sum F_y = 0$)이므로

$100\text{ kN} - 50\text{ kN} = R_A + R_B$에서

반력 R_B를 구하기 위해, A점에서의 모멘트 식을 정리하면 아래와 같다.

$\circlearrowleft\!\!+ \sum M_A = 0;$

$M_A = 50\text{ kN}\times 2\text{ m} - 100\text{ kN}\times 5\text{ m}$

$+ R_B\text{ kN}\times 10\text{ m} = 0,$

$R_B\text{ kN}\times 10\text{ m} = 400\text{ kN}\cdot\text{m}$

$R_B = 40\text{ kN}$

$100\text{ kN} - 50\text{ kN} = R_A + R_B$ 에서 $R_A = 10\text{ kN}$

$\therefore\ \underline{R_A = 10\text{ kN},\ \ R_B = 40\text{ kN}}$

전단력 선도는 아래 그림과 같다.

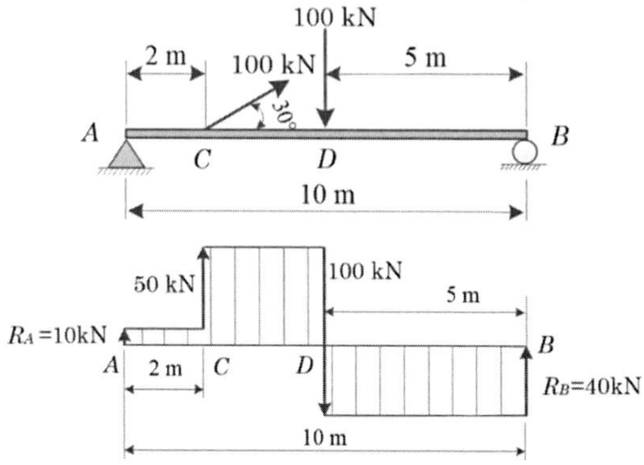

4-2 풀이

자유 물체도는 아래 그림과 같고 반력을 구하면 $R_A = 60$ kN, $R_B = 60$ kN이다

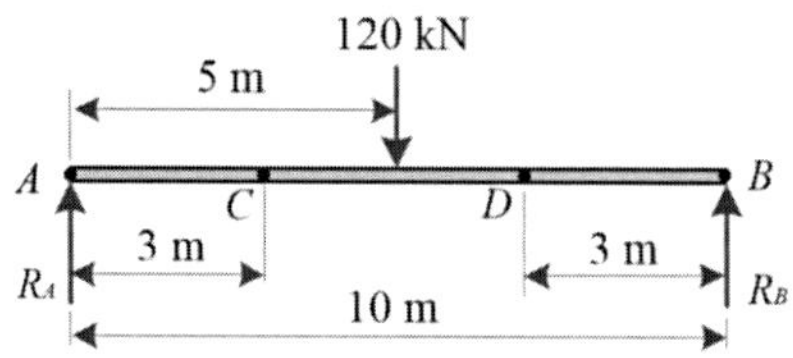

전단력을 구하면

A 점의 전단력 : R_A와 같으므로 60 kN(↑)

C 점의 전단력 : 등분포 하중의 시작점이므로 R_A와 같으므로 +60 kN

D 점의 전단력 : 등분포 하중의 마지막 점이므로 R_B와 같으므로 −60 kN

B 점의 전단력 : R_B와 같으므로 60 kN(↑)

C 점 ~ D 점 사이의 전단력은 거리는 4 m이고, 전단력 값이 +에서 시작하여 −로 변하는 음(−)의 기울기가 된다. 힘의 크기는 같지만 방향이 반대라는 의미이다.

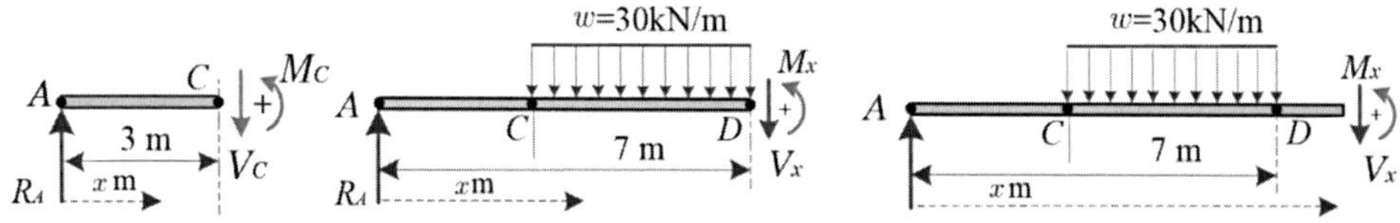

(a) (b) (c)

각 점에 대한 모멘트를 구하면

$\circlearrowright\!\!+\sum M_A = 0;\ M_A = R_A \times 0\ \mathrm{m} = 0$

$\circlearrowright\!\!+\sum M_C = 0;\ M_C - R_A \times 3\ \mathrm{m} = 0,\ M_C = 60\ \mathrm{kN} \times 3\ \mathrm{m} = 180\ \mathrm{kN \cdot m}$

$\circlearrowright\!\!+\sum M_D = 0;\ M_{D(x=7)} - R_A \times 7\ \mathrm{m} + 30\ \mathrm{kN/m} \times 4\ \mathrm{m} \times 2\ \mathrm{m} = 0$

$M_{D(x=7)} - 60\ \mathrm{kN} \times 7\ \mathrm{m} + 30\ \mathrm{kN/m} \times 4\ \mathrm{m} \times 2\ \mathrm{m} = 0$

$M_{D(x=7)} = 420\ \mathrm{kN \cdot m} - 240\ \mathrm{kN \cdot m} = 180\ \mathrm{kN \cdot m}$

$\circlearrowright\!\!+\sum M_B = 0;\ M_B = R_B \times 0\ \mathrm{m} = 0$

최대 굽힘 모멘트는 전단력이 0인 지점이므로 왼쪽부터 자유 물체도를 그려보면

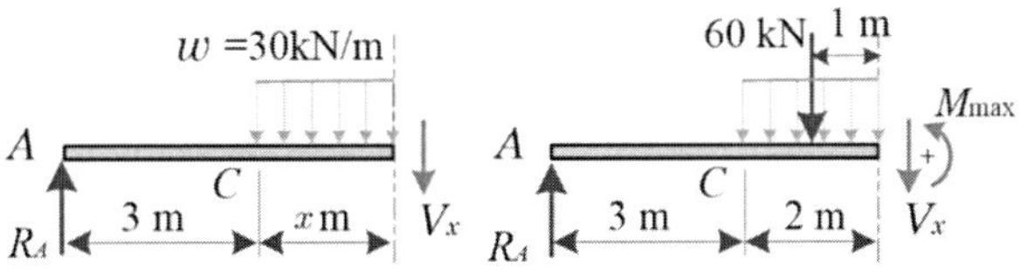

전단력이 0인 지점은

$V_x + wx - R_A = 0$에서

$V_x = R_A - wx = 60 - 30 \times x = 0$

따라서 $x = 2\ \mathrm{m}$

등분포 하중(w)가 시작되는 점에서 2 m이므로 A점에서부터는 5 m 위치이다.

최대 굽힘 모멘트는

$\circlearrowright\!\!+\sum M_{\max} = 0;\ M_{\max} - R_A \times 5\ \mathrm{m} + 30\ \mathrm{kN/m} \times 2\ \mathrm{m} \times 1\ \mathrm{m} = M_{\max} - 300 + 60 = 0$

$M_{\max} = 240\ \mathrm{kN \cdot m}$

- 전단력 선도와 굽힘 모멘트 선도는 그림과 같다

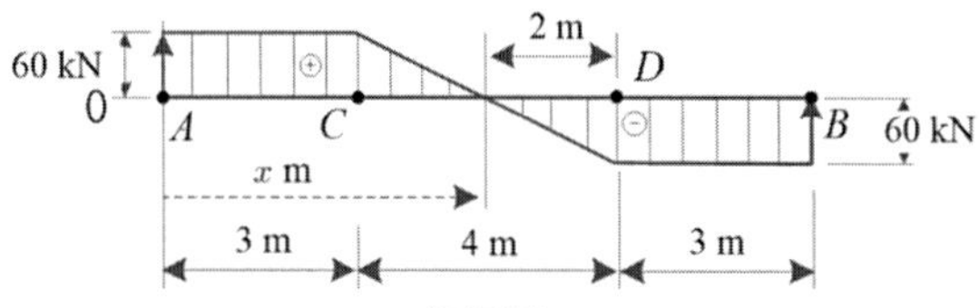

(S.F.D)

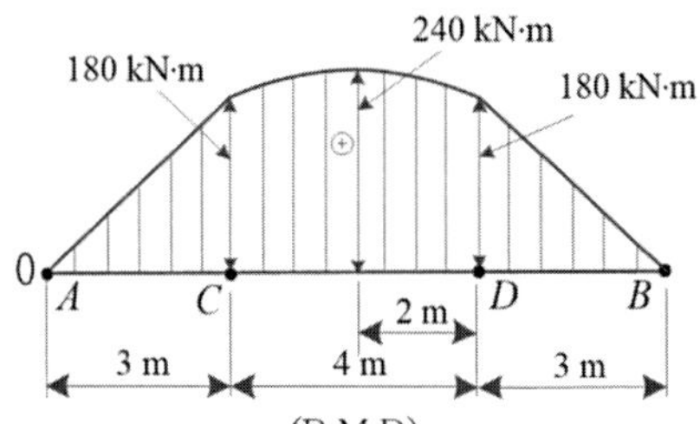

(B.M.D)

4-3 풀이

① 먼저 반력을 쉽게 구하기 위해 등분포 하중을 집중 하중으로 변환하여 자유 물체도를 그린다. 등분포 하중은 $\frac{1}{2}$ 위치(도심)에 집중 하중이 작용하므로 집중 하중으로 변환하면 등분포 하중의 중앙인 E 점 위치(등분포 하중의 중심 위치)에 120 kN이 작용한다 (등분포 하중은 1 m 당 30 kN이 작용하므로 4 m 걸친 분포 하중은 30 kN/m×4 m = 120 kN이므로 이 등분포 하중을 집중 하중으로 변환하면 계산이 쉬워진다).

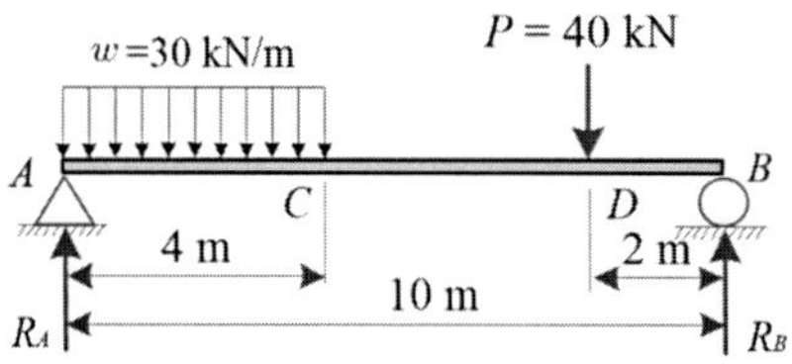

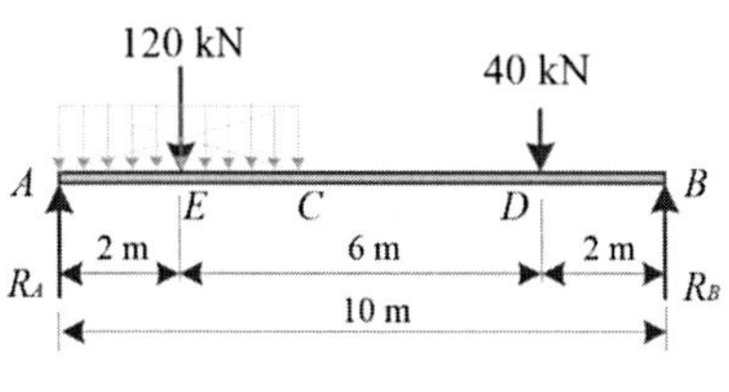

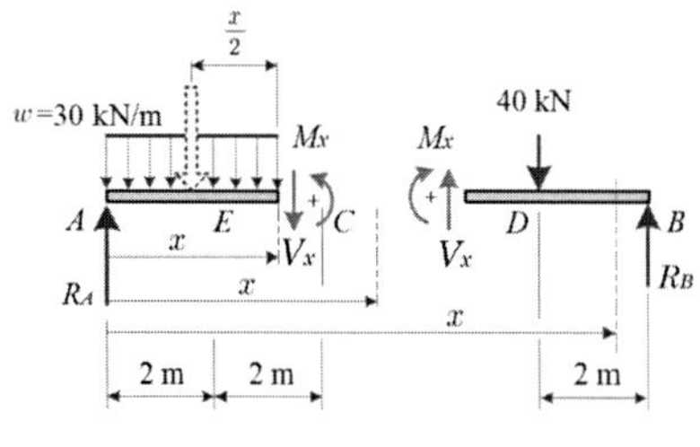

힘은 평형 조건($+\uparrow\sum F_y = 0$)에서 수직 반력을 구하면, 120 kN + 40 kN = $R_A + R_B$ 에서

$$160\,\text{kN} = R_A + R_B \qquad (1)$$

반력 R_B를 구하기 위해서 A 점에서의 모멘트를 계산한다.

$$\circlearrowright\!\!+\sum M_A = 0; \quad R_B \times 10\,\text{m} - 120\,\text{kN} \times 2\,\text{m} - 40\,\text{kN} \times 8\,\text{m} = 0$$

$$R_B = 56\,\text{kN}$$

식 (1)에 $R_B = 56$ kN을 대입하면 $R_A = 104$ kN

보통은 생략하지만, 검산을 하고 싶으면 B 점에서의 모멘트를 구하여 계산하면 된다.

$$\circlearrowright\!\!+\sum M_B = 0; \quad -R_A \times 10\,\text{m} + 120\,\text{kN} \times 8\,\text{m} + 40\,\text{kN} \times 2\,\text{m} = 0$$

$$R_A = 104\,\text{kN}$$

② 각 지점에서의 전단력 값을 구하기 위해서는 각 지점 사이의 거리 x위치에서 반력을 활용하여 전단력을 구하면 된다.

$0\,\text{m} \le x < 4\,\text{m}$, $+\uparrow\sum V = 0$, $V_A = R_A(104\,\text{kN}) - 0\,\text{kN} = 104\,\text{kN}$

$$V_C = R_A(104\,\text{kN}) - 120\,\text{kN} = -16\,\text{kN}$$

A 점에서의 에서의 전단력은 R_A(104 kN)이고, C점에서의 전단력은 −16 kN이므로, 전단력이 0이 되는 지점은 $A \sim C$ ($0\,\text{m} < x < 4\,\text{m}$)사이에 있음을 알 수 있다.

전단력 선도가 양(+)에서 음(−)으로 되거나 음(−)에서 양(+)으로 되는 곳이 전단력이 0이 되는 지점이다.

따라서 전단력이 0이 되는 지점을 구해보면

반력 = 거리 x 위치의 하중이므로

전단력 $V_x = R_A - 30 \times x = 0$

$$x = \frac{R_A}{30} = \frac{104}{30} = 3.47\,\text{m}$$

$4\,\text{m} < x < 8\,\text{m}$, $+\uparrow\sum V = 0$, $V_{C-D} = R_A(104\,\text{kN}) - 120\,\text{kN} = -16\,\text{kN}$

$8\,\text{m} < x \le 10\,\text{m}$, $+\uparrow\sum V = 0$, $V_B = R_A(104\,\text{kN}) - 120\,\text{kN} - 40\,\text{kN} = -56\,\text{kN}$

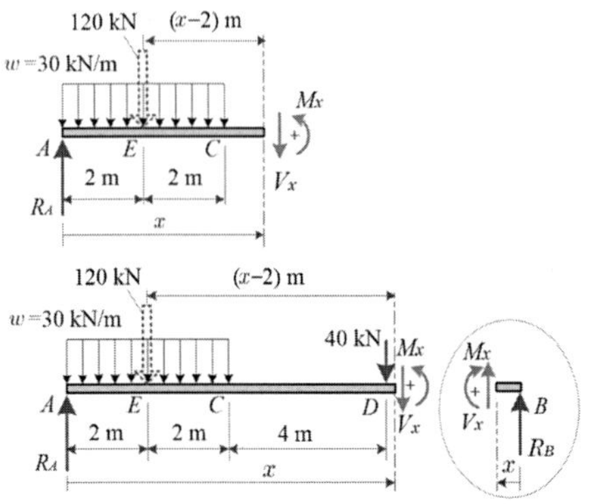

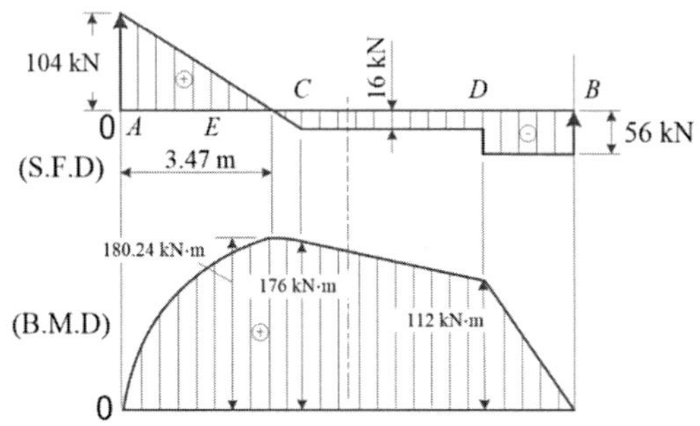

③ 각 지점에서의 굽힘 모멘트 값을 구하기 위해서는 각 지점 사이의 거리 x위치에서 모멘트 식을 세우고, 각 지점 거리를 대입하여 구하면 된다.

$0\,\mathrm{m} \le x < 4\,\mathrm{m}$, $\circlearrowleft \sum M_x = 0;\quad M_x - R_A(104\,\mathrm{kN}) \times x\mathrm{m} + w \times x \times \frac{x}{2} = 0$,

$$M_x = 104x - w\frac{x^2}{2} \qquad (2)$$

$x=0$에서의 모멘트를 구하려면 식 (2)에 $x=0$ 대입하면, $M_0 = 0$

전단력 0인 위치인 $x=3.47$에서의 모멘트를 구하면

$$M_x = 104x - w\frac{x^2}{2} = 104 \times 3.47 - 30 \times \frac{3.47^2}{2} = 361 - 181\ \mathrm{kN \cdot m}$$

<u>$x=3.47$ m에서 최대 굽힘 모멘트는 $M_{\max} = M_{x=3.47} = 180\ \mathrm{kN \cdot m}$</u>

$x=4$일 때 $M_4 = 104x - w\frac{x^2}{2} = 104 \times 4 - 30 \times 8 = 416 - 240\ \mathrm{kN \cdot m}$

$= 176\ \mathrm{kN \cdot m}$

$4\,\mathrm{m} < x < 8\,\mathrm{m}$,

$\circlearrowleft \sum M_x = 0;\ M_{4\sim8} - R_A(104\,\mathrm{kN}) \times x\mathrm{m} + 30\,\mathrm{kN/m} \times 4\mathrm{m} \times (x-2)\mathrm{m} = 0$,

$$M_{4\sim8} = 104x - 120x + 240 = -16x + 240 \qquad (3)$$

$x=4$일 때 식 (3)에 대입하면 $M_{x=4} = 176\ \mathrm{kN \cdot m}$ (위의 모멘트 크기와 같다)

$x=8$일 때는 $M_8 = -16x + 240 = -16 \times 8 + 240 = 112\ \mathrm{kN \cdot m}$

$8\text{ m} < x \le 10\text{ m}$, $\circlearrowright \sum M_x = 0$;

$x=8$일 때, $M_{8-10} - R_A(104\text{ kN})\times x\text{m} + 120\text{ kN}\times(x-2)\text{m} + 40\text{ kN}\times(x-8)\text{m} = 0$,

$M_8 = 104x - 120x - 40x + 240 + 320 = -56x + 560$, $M_8 = 112\text{ kN·m}$

$x=10$ 일 때, $M_{8-10} - R_A(104\text{ kN})\times x\text{m} + 120\text{ kN}\times(x-2)\text{m} + 40\text{ kN}\times(x-8)\text{m} = 0$,

$M_{10} = (1040 - 960 - 80)\text{ kN·m} = 0$

4-4 집중 하중과 등분포 하중이 단순보에 작용하는 경우

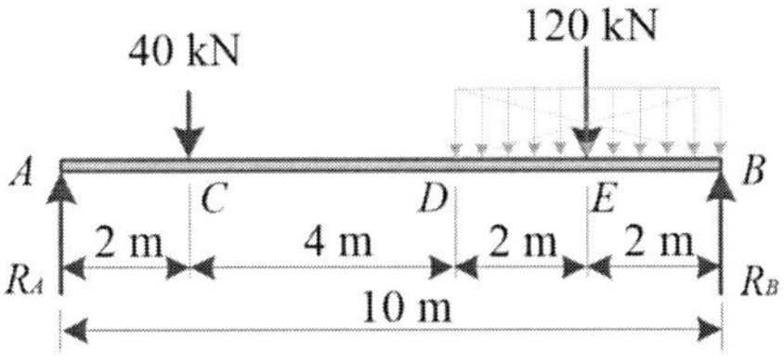

① 먼저 반력을 쉽게 구하기 위해 등분포 하중을 집중 하중으로 변환하여 자유 물체도를 그린다. 등분포 하중은 $\frac{1}{2}$ 위치의 도심에 집중 하중이 작용하므로 집중 하중으로 변환하여 그리면 E점 위치(등분포 하중의 중심 위치)에 120 kN으로 작용한다.(등분포 하중은 1 m 당 30 kN이 작용하므로 4 m 걸친 등분포 하중 120 kN을 집중 하중으로 변환한다).

힘은 평형 조건($+\uparrow\sum F_y = 0$)에서 수직 반력을 구하면, $40\text{ kN} + 120\text{ kN} = R_A + R_B$ 에서

$160\text{ kN} = R_A + R_B$ (1)

반력 R_B를 구하기 위해서 A 점에서의 모멘트를 계산한다.

$\circlearrowright \sum M_A = 0$; $R_B\times 10\text{ m} - 40\text{ kN}\times 2\text{ m} - 120\text{ kN}\times 8\text{ m} = 0$, $R_B = 104\text{ kN}$

식 (1)에 $R_B = 104\text{ kN}$을 대입하면 $R_A = 56\text{ kN}$

검산을 위해 B 점에서의 모멘트는

$\circlearrowright \sum M_B = 0$; $-R_A\times 10\text{ m} + 40\text{ kN}\times 8\text{ m} + 120\text{ kN}\times 2\text{ m} = 0$

$R_A = 56\text{ kN}$

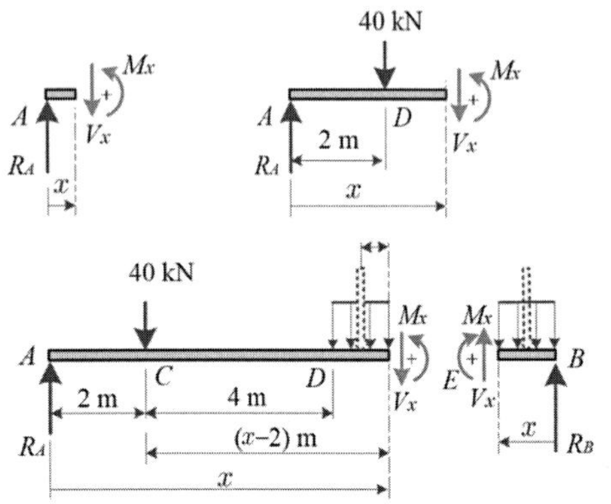

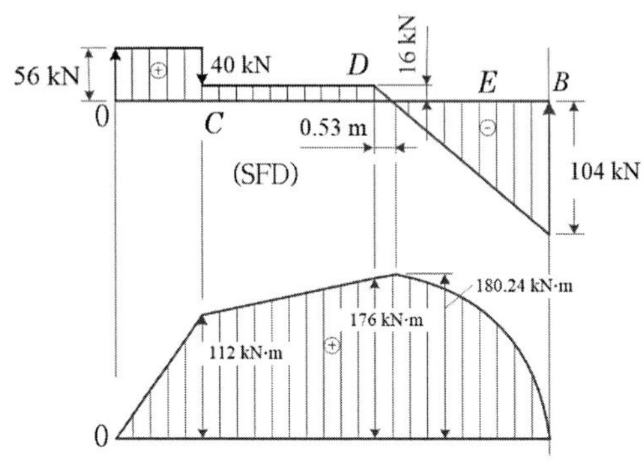

② 각 지점에서의 전단력 값을 구하기 위해서는 각 지점 사이의 거리 x위치에서 반력을 활용하여 전단력을 구하면 된다.

$0\,\text{m} \le x < 2\,\text{m}$, $+\uparrow\sum V=0$; $V_{A-C} = R_A(56\,\text{kN})$

$2\,\text{m} < x < 6\,\text{m}$, $+\uparrow\sum V=0$; $V_{C-D} = R_A(56\,\text{kN}) - 40\,\text{kN} = 16\,\text{kN}$

$6\,\text{m} < x \le 10\,\text{m}$, $+\uparrow\sum V=0$; $V_B = R_A(56\,\text{kN}) - 40\,\text{kN} - 120\,\text{kN} = -104\,\text{kN}$

그림에서 보면 전단력이 0이 되는 위치는 $6\,\text{m} < x \le 10\,\text{m}$에 있다.

전단력의 위치(x)를 구하려면 삼각형의 비례식을 활용하면 된다.

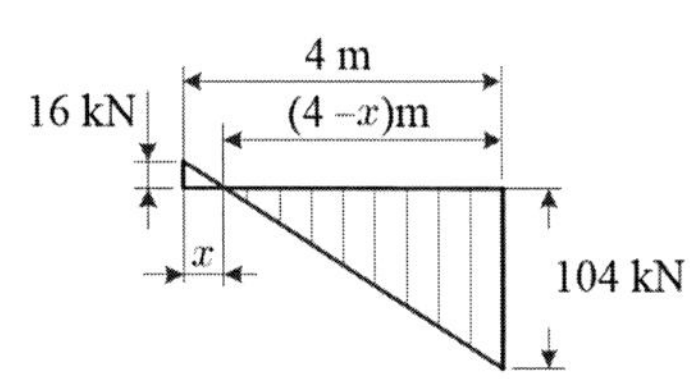

$16\,\text{kN} : 104\,\text{kN} = x\,\text{m} : (4-x)\,\text{m}$

또는 $16\,\text{kN} : x\,\text{m} = 104\,\text{kN} : (4-x)\,\text{m}$

$104x = 16(4-x)$,

$120x = 64$, $x = 0.53\,\text{m}$

전단력이 0인 위치를 찾기 위해서는

$+\uparrow\sum V_{V=0} = 0$; $56\,\text{kN} - 40\,\text{kN} - wx - \text{V} = 0$

$$\text{V} = 56 - 40 - 30x = 0,\ 30x = 16,\ x = \frac{16}{30} = 0.53\,\text{m}$$

③ 각 지점에서의 휨 모멘트 값을 구하기 위해서는 각 지점 사이의 거리 x위치에서 모멘트 식을 세우고, 각 지점 거리를 대입하여 구하면 된다.

$0\,\text{m} \le x < 2\,\text{m}$, $\circlearrowleft\!\!+\sum M_x = 0$; $M_{0-2} - R_A(56\,\text{kN}) \times x(0)\,\text{m} = 0$, $M_0 = 0$

$M_2 - R_A(56\text{ kN}) \times x\text{ m} = 0,\ M_2 = 56x$

$x = 2$일 때 $M_2 = 56x = 56\text{ kN} \times 2\text{ m} = 112\text{ kN·m}$

$2\text{ m} < x < 6\text{ m},\ \circlearrowright \sum M_x = 0;\ M_{2-6} - R_A(56\text{ kN}) \times x\text{m} + 40\text{ kN} \times (x-2)\text{m} = 0,$

$x = 2$일 때 $M_2 = 112\text{ kN·m}$

$x = 6$일 때 $M_6 = 56x - 40x + 80 = 16x + 80 = 16 \times 6 + 80 = 176\text{ kN}$

$6\text{ m} < x \leq 10\text{ m},\ \circlearrowright \sum M_x = 0;$

$x = 6$일 때, $M_{6-10} - R_A(56\text{ kN}) \times x\text{ m} + 40\text{ kN} \times (x-2)\text{m} = 0,$

$M_6 = 56\text{ kN} \times 6\text{ m} - 40 \times 4\text{ m} = 0,\ M_6 - 176\text{ kN·m}$

$x = 10$ 일 때, $M_{10} - R_A(56\text{ kN}) \times 10\text{ m} + 40\text{ kN} \times (x-2)\text{ m} + 120\text{ kN} \times (x-8)\text{m} = 0,$

$M_{10} = (560 - 320 - 240)\text{ kN·m} = 0$

굽힘 모멘트가 최대가 되는 위치는

전단력의 부호가 (+)에서 (−)로 되는 위치에서 발생하므로

$M_{max} - R_A(56\text{ kN}) \times (6+0.53)\text{m} + 40\text{kN} \times (4+0.53)\text{m} + 30\text{ kN/m} \times 0.53\text{ m} \times \frac{0.53}{2}\text{ m} = 0,$

$M_{max} = 365.68 - 181.2 - 4.24 = 180.24\text{ kN·m}$

4-5 풀이

보의 반력, 각 지점의 전단력과 최대 굽힘 모멘트 구하기, 전단력 선도와 굽힘 모멘트 선도 그리기

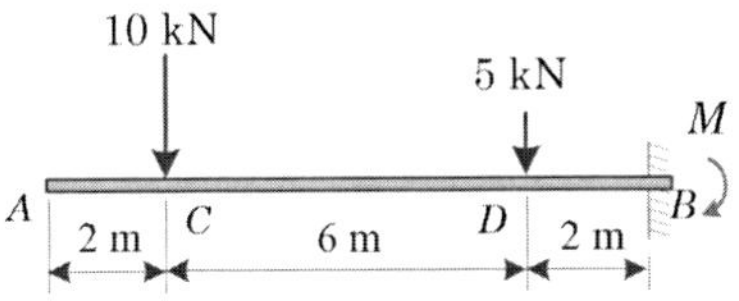

① 힘은 평형 상태이므로

$+\uparrow \sum F_y = 0;\ -10 - 5 + R_B = 0$ 에서 $R_B = 15\text{ kN}$

$\circlearrowright \sum M_B = 0;\ -10\text{ kN} \times 8\text{ m} \times 5\text{ kN} \times 2\text{ m} = -90\text{ kN·m},\ M_B = 90\text{kN·m}(\circlearrowright)$

② 각 지점에서의 전단력과 모멘트 값을 구하기 위해서는 각 지점 사이의 거리 x위치에서 전단력과 굽힘 모멘트 식을 세우고, 각 지점 거리를 대입하여 구하면 된다.

$0 < x < 2,\ V_x = 0,\ M_x = 0$

$2 < x < 8,\ V_x = -10\text{ kN},\ M_x + 10(x-2) = 0,\ M_x = -10x + 20,$

$x = 2$ 일 때 $M_C = 0$

$8 < x < 10,\ V_x = -15\text{ kN},\ M_x + 10(x-2) + 5(x-8) = 0,\ M_x = -15x + 60,$

$x = 8$ 일 때 $M_D = -15x + 60,\ M_D = -60\text{ kN·m}$

$x = 10$ 일 때 $M_B = -15x + 60,\ M_B = -90\text{ kN·m}$

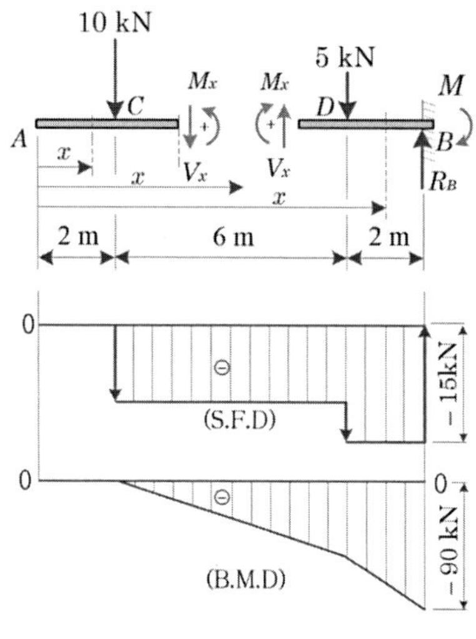

4-6 풀이

반력, 각 지점의 전단력과 최대 굽힘 모멘트, 전단력 선도와 굽힘 모멘트 선도 그리기

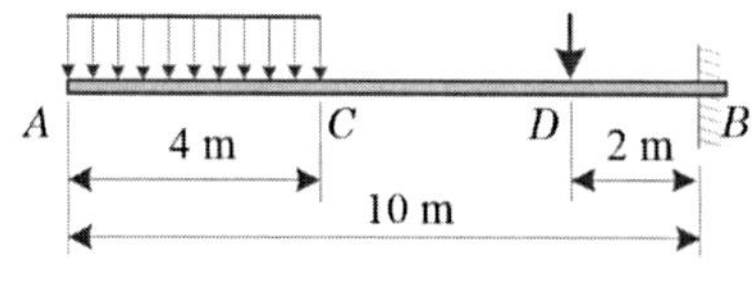

① 힘은 평형 상태이므로 등분포 하중을 집중 하중으로 변환하여 계산하면

10 kN이 4 m에 걸쳐 작용하는 등분포 하중은 10 kN/m×4 m＝40 kN인 집중 하중으로 변환하여 계산하면 반력과 모멘트를 쉽게 계산할 수 있다(전단력이나 모멘트를 구할 때는 집중 하중으로 변환하면 안되므로 유의해야 한다).

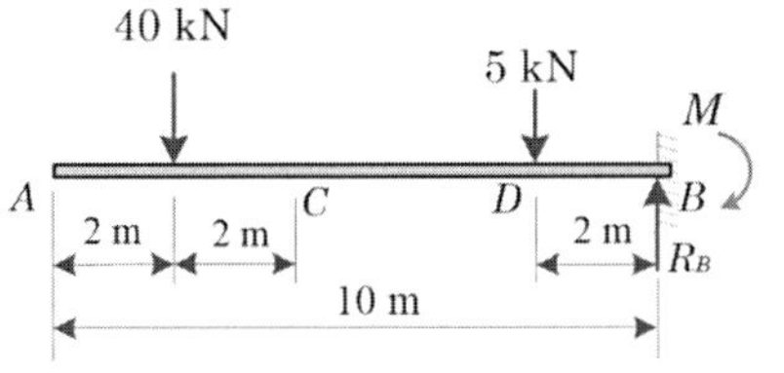

$+\uparrow\sum F_y = 0;\ -40\text{ kN} - 5\text{ kN} + R_B = 0,\ R_B = 45\text{ kN}$

$\circlearrowleft+\sum M_B = 0;\ -40\text{ kN}\times 8\text{ m} - 5\text{ kN}\times 2\text{ m} = -330\text{ kN}\cdot\text{m},\ M_B = 330\text{ kN}\cdot\text{m}(\circlearrowright)$

각 지점의 전단력 : $V_A = 0\text{ kN}$

$V_C = -10\text{ kN/m}\times 4\text{ m} = -40\text{ kN}$

$V_D = -40 + (-5)\text{ kN} = -45\text{ kN}$

$V_B = -40 + (-5)\text{ kN} = -45\text{ kN}$

각 지점의 모멘트는 $\circlearrowleft+\sum M_x = 0;\ M_{A=0} = 0\text{ kN}$

$M_{C=2} = -10\text{ kN/m}\times 4\text{ m}\times 2\text{ m} = -80\text{ kN}\cdot\text{m}$

$M_{D=8} = -40\text{ kN}\times(x-2)\text{m} - 5\text{ kN}\times(x-8)\text{m} = -240\text{ kN}\cdot\text{m}$

$M_{B=10} = -40\text{ kN}\times(x-2)\text{m} - 5\text{ kN}\times(x-8)\text{m} = -330\text{ kN}\cdot\text{m}$

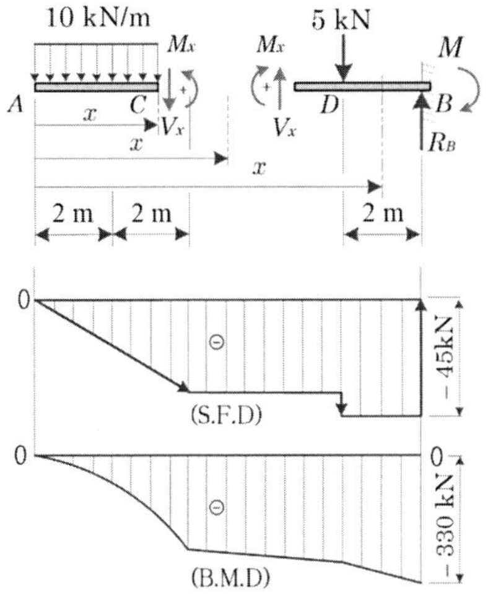

4-7 풀이

단순보의 C점에 굽힘 모멘트(200 N·m)가 작용하고 있다. 전단력 선도와 굽힘 모멘트 선도를 그리고 전단력 및 굽힘 모멘트 값을 쓰시오.

힘은 평형 상태($+\uparrow\sum F_y = 0$)이므로

$$\circlearrowleft^{+}\sum M_A = 0;\ R_B \times 8\text{ m} - 200\text{ N·m} = 0,\ R_B = 25\text{ N}$$

$$\circlearrowleft^{+}\sum M_B = 0;\ -R_A \times 8\text{ m} - 200\text{ N·m} = 0,\ R_A = -25\text{ N}$$

A-C 구간의 모멘트를 구하면

$$M_{A-C} = R_A \times x = -25x\text{ N}\quad M_A = 0,\ M_C = -25x = -25 \times 6 = -150\text{ N·m}$$

C-B 구간의 모멘트를 구하면

$$M_{C-B} = R_A \times x + 200\text{ N·m}$$

$$M_C = R_A \times x + 200 = -25 \times 6 + 200 = 50\text{ N·m}(C\text{ 점은 } x = 6\text{ m이므로})$$

$$M_B = R_A \times x + 200 = -25 \times 8 + 200 = 0\text{ N·m}(B\text{ 점은 } x = 8\text{ m이므로})$$

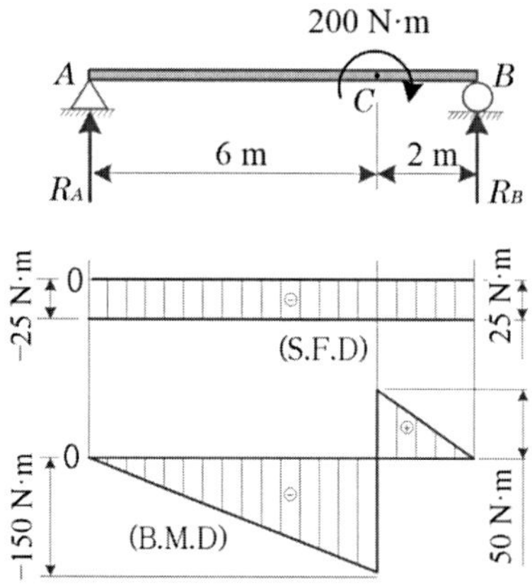

4-8 풀이

돌출보에 등분포 하중($w = 2$ kN/m)과 C점에 10 kN의 힘이 작용.

전단력 및 굽힘 모멘트 구하기.

전단력 선도(S.F.D)와 굽힘 모멘트 선도(B.M.D) 그리기.

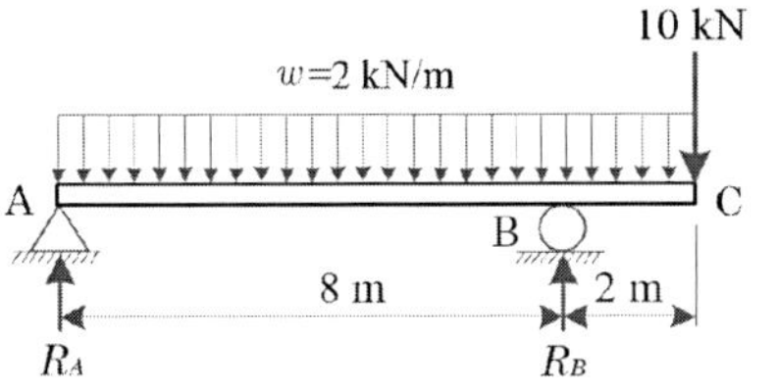

$+\uparrow\sum F_y = 0$, $\circlearrowright\sum M = 0$ 이어야 하므로

등분포 하중을 집중 하중으로 변환하면 집중 하중은 2 kN/m×10 m =20 kN이다.

$+\uparrow\sum F_y = 0;\ R_A + R_B = 20\text{ kN} + 10\text{ kN}$

$+\uparrow\sum F_y = 0$, $\circlearrowright\sum M = 0$ 이어야 하므로

반력 R_B를 구해 보면

$\circlearrowright\sum M_A = 0;\ R_B \times 8\text{ m} - (2\text{ kN/m} \times 10\text{ m} \times 5\text{ m}) - 10\text{ kN} \times 10\text{ m} = 0$, $R_B = 25\text{ kN}$

따라서

$R_A + R_B = 30$ kN에서 $R_A = 5$ kN

$\therefore\ R_A = 5\text{ kN},\ R_B = 25\text{ kN}$

각 지점의 전단력의 크기(그림 참조)

- $A - B$점 사이의 전단력은

  A 점에서의 전단력 $V_A = 5\text{ kN}(\uparrow)$ ($R_A = 5$ kN 이므로)

  $A - B$점 사이의 전단력 $V_{A-B} = 5\text{ kN} - wx$에서

  $$V_B = 5\text{ kN} - wx = 5\text{ kN} - 2\text{ kN/m} \times 8\text{ m} = -11\text{ kN}$$

  전단력이 0인 지점을 구하려면 $V_{A-B} = 5\text{ kN} - wx = 0$에서 $5\text{ kN} - 2x = 0$

  따라서 $x = 2.5$ m

  $B - C$ 점 사이의 전단력은

  $V_{B-C} = 5\text{ kN} - wx + 25$ kN에서 $5\text{ kN} - wx + 25\text{ kN}$

  $V_B = 5\text{ kN} - wx + 25\text{ kN} = 5\text{ kN} - 2\text{ kN/m} \times 8\text{ m} + 25\text{ kN} = 14\text{ kN}$

  $V_C = 10\text{ kN}$

  $\therefore\ V_A = 5\text{ kN},\ V_B = -11\text{ kN},\ 14\text{ kN},\ V_C = 10\text{ kN}$

■ A – B점 사이의 굽힘 모멘트는

$0\,\text{m} \le x < 8\,\text{m}$, $\circlearrowleft\!\!+ \sum M_x = 0$; $M_x - R_A(5\,\text{kN}) \times x\text{m} + w \times x \times \dfrac{x}{2} = 0$ (1)

$$M_{x=8} = 5x - w\frac{x^2}{2} = 5\,\text{kN}\times 8\,\text{m} - 2\times\frac{8^2}{2} = 40\,\text{kN} - 64\,\text{kN} = -24\,\text{kN·m}$$

$$M_{x=8} = -24\,\text{kN·m}$$

전단력 0인 위치인 $x=2.5$ m에서의 굽힘 모멘트(최대 굽힘 모멘트)를 구하면

$$M_{x=2.5} = 5x - w\frac{x^2}{2} = 5\,\text{kN}\times 2.5\,\text{m} - 2\times\frac{2.5^2}{2} = 12.5 - 6.25\,\text{kN·m} = 6.25\,\text{kN·m}$$

$x=2.5$ m에서 최대굽힘 모멘트는 $M_{max} = 6.25\,\text{kN·m}$

$x=0$에서의 모멘트를 구하려면 식 (1)에 $x=0$ 대입하면, $M_0 = 0$

$8\,\text{m} < x \le 10\,\text{m}$, $\circlearrowleft\!\!+ \sum M_x = 0$;

$x=8$일 때, $M_{8-10} - R_A(5\,\text{kN}) \times x\text{m} + w \times x \times \dfrac{x}{2} - 25\,\text{kN}\times(x-8)\text{m} = 0$

$$M_8 = 5\,\text{kN} \times 8\,\text{m} - 2\times\frac{8^2}{2} = -24\,\text{kN·m}$$

$x=10$ 일 때, $M_{10} - R_A(5\,\text{kN}) \times x\text{m} + w \times x \times \dfrac{x}{2} - 25\,\text{kN}\times(x-8)\text{m} = 0$, $M_{10} = 0$

$\therefore$ $M_0 = 0$, $M_{max} = 6.25\,\text{kN·m}$, $M_{x=8} = -24\,\text{kN·m}$, $M_{10} = 0$

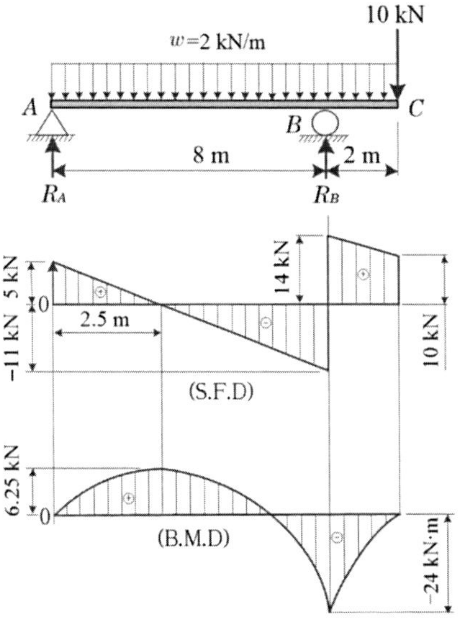

4-9 풀이

돌출보 $C-A$ 구간에 등분포 하중($w=2$ kN/m), D점에 2 kN의 힘이 작용

전단력 및 굽힘 모멘트 값 구하기.

전단력 선도(S.F.D)와 굽힘 모멘트 선도(B.M.D) 그리기

$+\uparrow\sum F_y=0$, $\circlearrowleft\sum M=0$ 이어야 하므로

분포 하중을 집중 하중으로 변환하면 집중 하중은 2 kN/m×2 m = 4 kN이다.

$+\uparrow\sum F_y=0;\ R_A+R_B=4\text{ kN}+2\text{ kN}$

반력 R_B를 구하기 위해 A점에서 모멘드를 구해보면

$\circlearrowleft\sum M_A=0;\ R_B\times 6\text{ m}-(2\text{ kN}\times 8\text{ m})+4\text{ kN}\times 1\text{ m}=0,\ R_B=2\text{ kN}$

따라서

$R_A+R_B=6$ kN에서 $R_A=4$ kN

$\therefore\ R_A=4\text{ kN},\ R_B=2\text{ kN}$

각 지점의 전단력의 크기(그림 참조)

- $C-A$점 사이의 굽힘 모멘트는

$0\text{ m}\le x<2\text{ m},\ \circlearrowleft\sum M_x=0;\ M_x+w\times x\times\frac{x}{2}=0,$

$M_{x=2}=-w\frac{x^2}{2}=-2\times\frac{2^2}{2}=-4\text{ kN}\cdot\text{m}$

$2\text{ m}<x\le 8\text{ m},\ \circlearrowleft\sum M_x=0;\ M_{2-8}+4\text{kN}\times(x-1)-R_A(4\text{kN})\times(x-2)\text{m}=0,$

$x=8$에서 $M_8=-4\times 7+4\times 6=-4\text{ kN}\cdot\text{m}$

$x=10$ 일 때, D점에서 B점으로의 방향을 x로 하면 $M_{10}+2\text{ kN}\times x\text{m}=0,$

$x=10$을 대입하면

$M_{10}=0,\ \therefore\ \underline{M_0=0,\ M_{x=2}=-4\text{ kN}\cdot\text{m},\ M_{x=8}=-4\text{ kN}\cdot\text{m},\ M_{10}=0}$

전단력 0인 위치인 $x=2$ m에서의 굽힘 모멘트(최대 굽힘 모멘트)를 구하면

$M_2=-w\frac{x^2}{2}=-2\times\frac{2^2}{2}=-4\text{ kN}\cdot\text{m}$

전단력 0인 위치인 $x = 8$ m에서의 굽힘 모멘트(최대 굽힘 모멘트)를 구하면

$M_8 = -4 \times 7 + 4 \times 6 = -4$ kN·m

$x = 8$ m에서 최대 굽힘 모멘트는 $M_{max} = -4$ kN·m

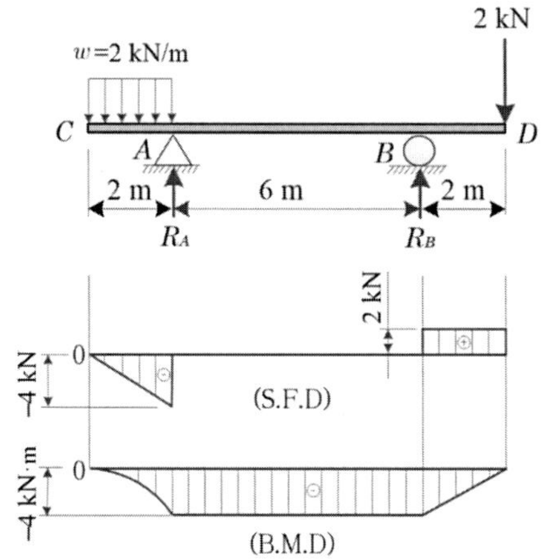

4-10 **풀이**

- 단순보의 지점 A와 B사이에 C점 있는 전단력 선도(S.F.D)
- 단순보의 힘의 상태와 힘을 그리기.
- 전단력이 0이 되는 지점(x방향으로 A점으로부터 거리)을 구하기.
- 최대 굽힘 모멘트가 작용되는 점과 C점에서의 굽힘 모멘트 값을 구하기

조건 : 구조물인 보의 자중은 무시하고, 반력은 ↑ 방향을 '+'로 하고, 전단력 V와 굽힘 모멘트 M에 대한 양(+)의 부호 규약은 그림과 같음

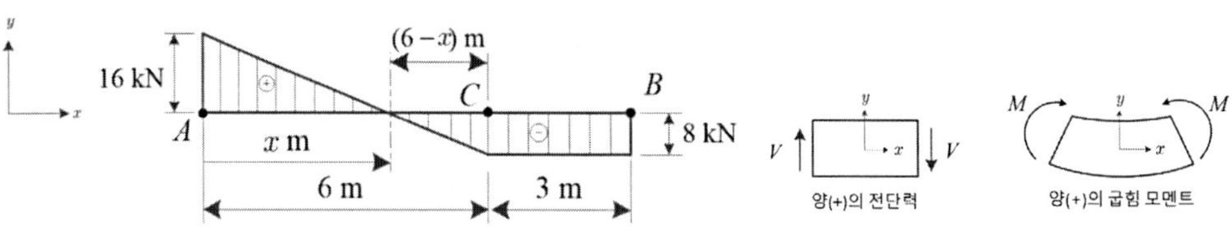

단순보의 지점 A와 B사이에 있는 하중의 수직 방향의 힘을 보여주는 것이 전단력 선도 이므로

- 전단력 선도를 그림으로 제시하는 경우

기울기가 있는 등변분포 선도 : 등분포 하중

기울기가 없는 등분포 하중 : 집중 하중으로 생각하면 된다.

- 반력을 구하는 방법
  ① 반력은 전단력의 크기이므로 A 점의 반력 R_A 의 크기는 16 kN이고, 방향은 ⊕이므로 주어진 문제에서 위(↑)방향 임을 알 수 있고, 힘의 크기도 양(+)임을 알 수 있다.
  ② 반력은 전단력의 크기이므로 B점의 반력 R_B의 크기는 8 kN이고, 방향은 ⊕이므로 주어진 문제에서 위(↑)방향 임을 알 수 있고, 힘의 크기도 양(+)임을 알 수 있다.
- A 점의 반력 R_A의 크기는 16 kN이고, 기울기가 C 점까지 줄어들고 있으므로 $A \sim C$ 점 까지의 거리(6 m)는 등분포 하중이 작용하고 있음을 알 수 있다.
  $C \sim B$ 점 까지의 거리(3 m)전단력이 전단력은 일정하므로 반력 R_B는 집중 하중으로 작용하고 크기는 8 kN임을 알 수 있다.
- 단순보와 하중, 반력을 그림으로 그려보면 그림 (a)와 같다.

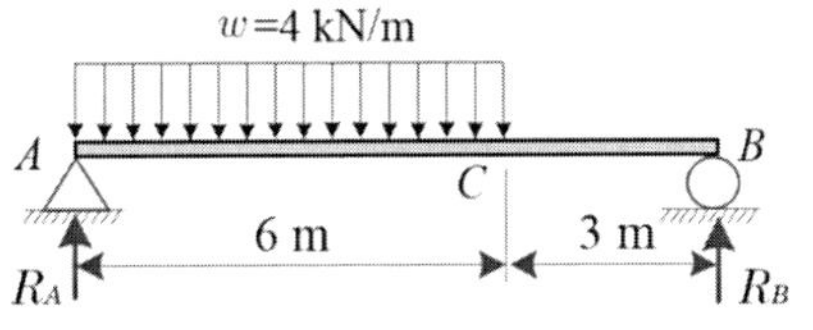

(a)

- 전단력이 0이 되는 지점(x방향으로 A점으로부터 거리)을 구하는 방법

전단력이 0이 되는 지점을 찾으려면 삼각형의 비례식을 활용하면 도움이 된다.

문제에 있는 전단력 선도의 삼각형 비례식은 다음과 같다.

즉 16 kN : x m = 8 kN : $(6-x)$ m

$8x = (6-x) \times 16$에서 $24x = 96$,

따라서 $x = 4$ m

- 최대 굽힘 모멘트가 작용되는 점의 모멘트 값을 구하는 방법

전단력이 0이 되는 지점이 최대 굽힘 모멘트가 작용하는 지점이고, 굽힘 모멘트 선도에서 기울기는 0이 된다.

따라서 $x = 4$ m에서 굽힘 모멘트를 구하면

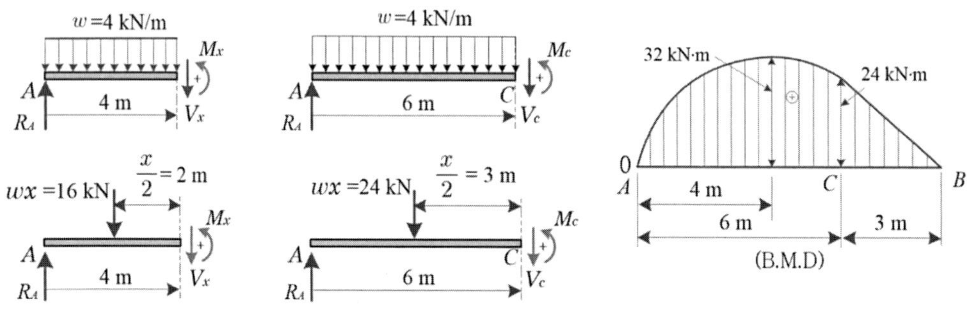

(a) (b) (c)

$\circlearrowright\sum M = 0,\ M(\text{모멘트}) = P(\text{힘}) \times l(\text{거리})$이므로

그림 (b)와 같이 자유 물체도를 그리고 A 점에서 4 m 떨어진 거리에서의 모멘트를 구하면

$$\circlearrowright\sum M_{x=4} = 0;\ M_{x=4} + 16\text{ kN}(=4\text{kN}\times 4\text{ m})\times 2\text{ m} - (R_A(=16\text{ kN})\times 4\text{ m}) = 0,$$

$$\therefore\ M_{x=4(\max)} = 32\text{ kN}\cdot\text{m}$$

C 점에서의 굽힘 모멘트의 크기는

$\circlearrowright\sum M_C = 0,\ M(\text{모멘트}) = P(\text{힘}) \times l(\text{거리})$이므로

그림 (c)와 같이 자유 물체도를 그리고 A 점에서 4 m 떨어진 거리에서의 모멘트를 구하면

$$\circlearrowright\sum M_C = 0;\ M_C + 24\text{ kN}(=4\text{ kN}\times 6\text{ m})\times 3\text{ m} - (R_A(=16\text{ kN})\times 6\text{ m}) = 0,$$

$$\therefore\ M_C = 24\text{ kN}\cdot\text{m}$$

전체 굽힘 모멘트 선도를 그리면 그림 (d)와 같다.

4-11 풀이

반력을 구하는 방법

- 단순보의 지점 B 점과 C 점 사이에 등분포 하중이 작용함.
- 전단력 선도(S.F.D) 그리기.
- 전단력이 0이 되는 지점(B 점에서부터 x방향으로 거리) 구하기.
- 최대 굽힘 모멘트가 작용되는 점과 C 점에서의 굽힘 모멘트 값 구하기

조건 : 구조물인 보의 자중은 무시하고, 반력은 ↑ 방향을 '+'로 하고, 전단력 V와 굽힘 모멘트 M에 대한 양(+)의 부호 규약은 그림과 같음

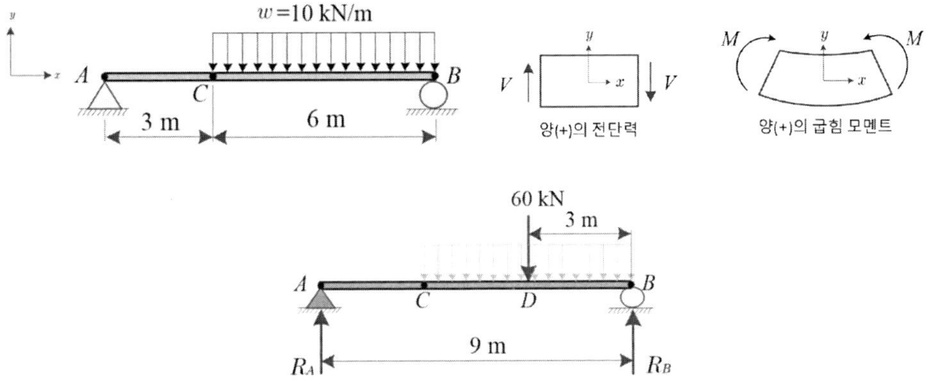

(a)

부호 규약에 따라 $+\uparrow\sum F_y = 0$, $\circlearrowleft\sum M = 0$ 이어야 하므로

그림 (a)와 같이 분포 하중을 집중 하중으로 변환하면

집중 하중은 10 kN/m×6 m=60 kN이다.

정역학에서 수직 힘은 평형이므로 $+\uparrow\sum F_y = 0$; 따라서 60 kN$= R_A + R_B$

R_B를 구하기 위하여, A 점에서의 모멘트를 구하면 $\circlearrowleft\sum M_A = 0$ 이어야 한다

$\circlearrowleft\sum M_A = 0$; $R_B \times 9\text{ m} - 60\text{ kN} \times 6\text{ m} = 0$, $9R_B = 360\text{ kN·m}$

$\therefore\ R_B = 40\text{ kN}$

$60\text{ kN} = R_A + R_B$에서 $60\text{ kN} = R_A + 40\text{ kN}$

$\therefore\ R_A = 20\text{ kN}$

A 점의 반력 R_A의 크기는 20 kN이고, B 점의 반력 R_B의 크기는 40 kN이다.

- 전단력 선도를 그리려면 A 점의 반력 R_A의 크기는 20 kN은 윗방향(↑) 이므로, A 점에서 20 kN을 위로 그린 후 C 점까지는 외부에서 작용하는 힘이 없으므로 20 kN을 유지한다.

  C 점에서 B 까지는 등분포 하중이므로 작용하는 힘이 1차 함수로 줄어든다.(등분포 하중 계산식을 참고하길 바란다)

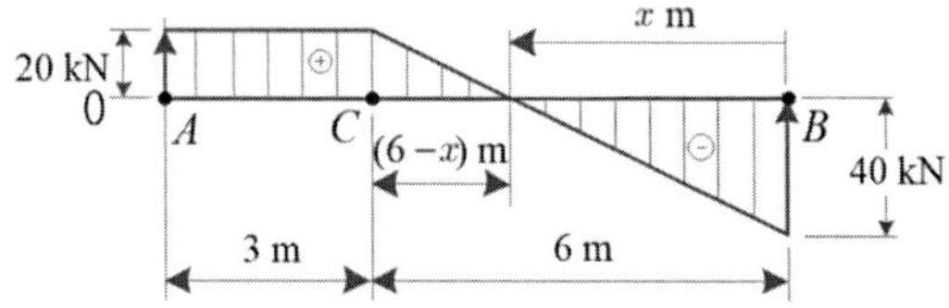

(b)

- B 점에서부터 전단력이 0인 지점까지의 거리를 구하려면
  삼각형의 비례식에서 $40\ \text{kN} : x\ \text{m} = 20\ \text{kN} : (6-x)\ \text{m}$
  $20\ \text{kN}\times x\ \text{m} = 40\ \text{kN}\times(6-x)\ \text{m}$ $(20x+40x)\ \text{kN·m} = 240\ \text{kN·m}$, $60x = 240$,
  $\therefore\ x = 4\ \text{m}$

- 두 지점의 모멘트 차는 전단력 선도의 면적이다. 전단력이 0인 점까지의 삼각형 면적과 같으므로 삼각형의 면적은 전단력이 0인 점까지의 거리가 x 이므로
  삼각형의 면적 $= \frac{1}{2}\times 40\ \text{kN}\times x\ \text{m} = 20x\ \text{kN·m}$ 이다
  $x = 4$는 이므로 $M_{\max} = \frac{1}{2}\times 40\times x = \frac{1}{2}\times 4\ \text{m}\times 40\ \text{kN} = 80\ \text{kN·m}$ 이다.
  따라서
  최대 굽힘 모멘트가 발생하는 지점은 $x = 4$ m이고, 최대 굽힘 모멘트는 80 kN·m이다
  굽힘 모멘트 선도를 그리면 그림 (c)와 같다. A점과 B 점은 거리가 0이므로 모멘트는 0이다.
  C 점에서의 굽힘 모멘트는 그림 (c)에서

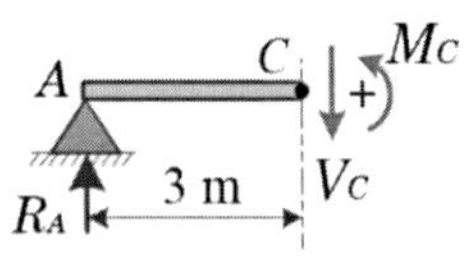

$\circlearrowright\!+\ \sum M_C = 0;\ M_C - R_A\times 3\ \text{m} = 0$에서 $R_A = 20$ kN이므로
$M_C - 20\ \text{kN}\times 3\ \text{m} = 0$
$\therefore M_C = 60\ \text{kN·m}$

굽힘 모멘트 선도(B.M.D)는 아래 그림과 같다

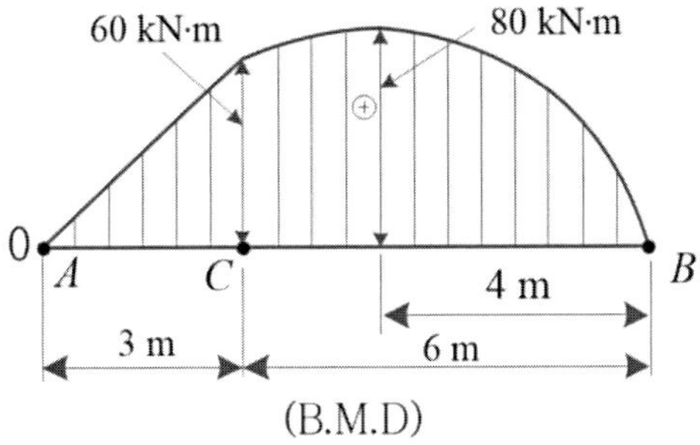

(c)

4-12 풀이

전단력 선도와 굽힘 모멘트 선도 형태 그리기

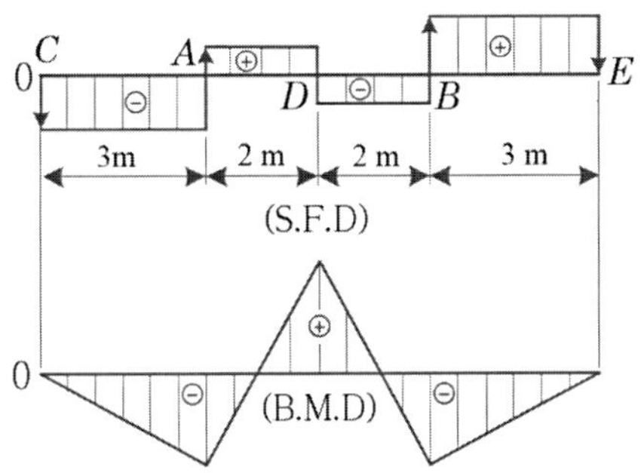

(a)

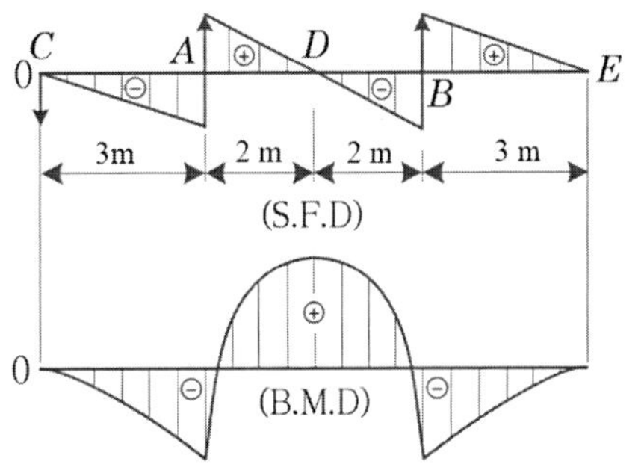

(b)

V 트러스

1 트러스의 형상과 명칭

트러스 철교, 다리, 지붕, 대형 구조물에 많이 활용되고 있다. 강체 구조물을 형성하기 위해 부재의 끝을 연결하기 위한 트러스는 힌지, 리벳, 볼트, 용접 등으로 결합하여 사용하고 있으며 부재는 축방향의 인장력이나 압축력을 받는다. 구조물을 해석할 때 외력에 대한 내력, 물체를 분리한 자유 물체도를 정확히 그려야 하며 작용과 반작용의 법칙이 활용된다.

안정된 평면 트러스의 기본형의 3개의 부재와 3개의 힌지로 구성되며. 트러스를 연장하면 1개의 힌지와 2개의 1부재가 생성되는 방식으로 연장되어야 안정성을 유지할 수 있다.

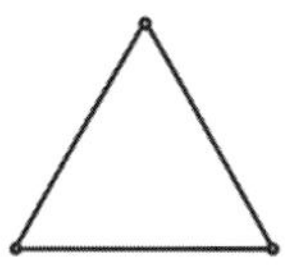
기본형

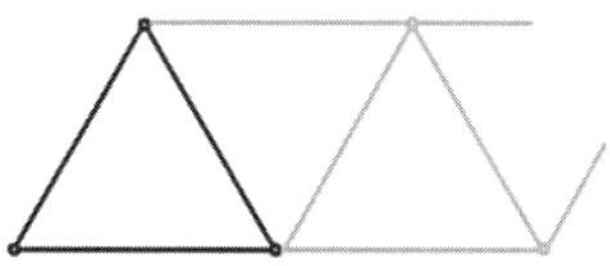
연장 트러스

사람이 보는 눈은 입체로 보이지만 트러스를 정면으로 보고 평면에 있는 것처럼 보고 문제를 풀이하는 것을 평면 트러스 라고 한다. 즉, 트러스의 각 부재가 한 평면 내에 있고, 외력도 모두 같은 평면 내에 있는 트러스를 말한다.

- **부재력** : 트러스에 하중이 작용하면 각 부재가 주어진 하중을 분담하게 되는데 이 분담하는 힘을 말한다.

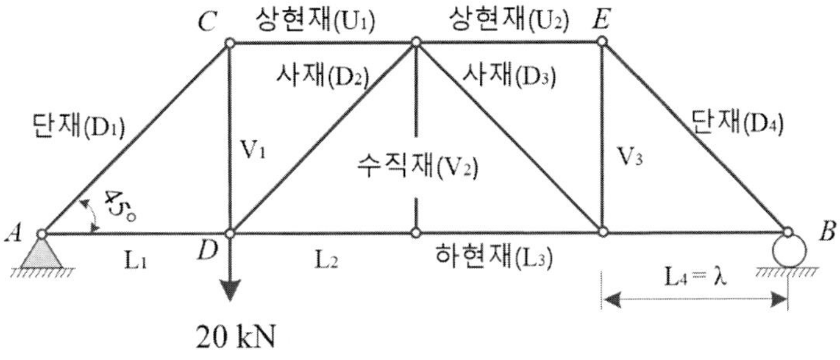

[그림] 평면 트러스의 명칭

트러스 부재는 현재와 복부재로 분류하며 다음과 같다.

① 현재(chord member): 트러스의 외부의 경계부에 있는 부재

- 상현재(upper chord member) : 윗부분의 현재(U_1, U_2,～ 등)
- 하현재(lower chord member) : 아랫부분의 현재(L_1, L_2,～ 등)

② 복부재(web member): 트러스의 상하부의 현재(외부 경계부)를 연결한 부재로 경사진 부재와 수직재, 외부의 양단 끝에 있는 부재가 있다

- 사재(diagonals member) : 경사진 복재(D_2, D_3,～ 등)
- 수직재(verticals member) : 수직인 복재(V_1, V_2,～ 등)
- 단주(end member) : 양단의 끝에 있는 부재(D_1, D_4,～ 등)

③ 격점(panel point), 격간, 격간 길이(panel length)

격점(panel point): 트러스 부재의 절점(교점)을 말하며 힌지로 표시한다.

격간 : 격점 사이의 부분

격간길이 : 현재의 격간 사이의 거리(λ)

2 트러스에서 힘의 방향

부재에서 보았을 때의 인장 및 압축 힘에서 그림과 같이 부재의 인장은 T (tension) ⊕, 압축은 C (compression) ⊖로 표현한다.

핀 A 방향으로 잡아당긴다 (인장)	힘은 반대 방향, 크기는 같다 (=)	부재는 인장되지 않으려고 한다 (압축)	힘은 반대 방향, 크기는 같다 (=)	핀 B 방향으로 잡아당긴다 (인장)

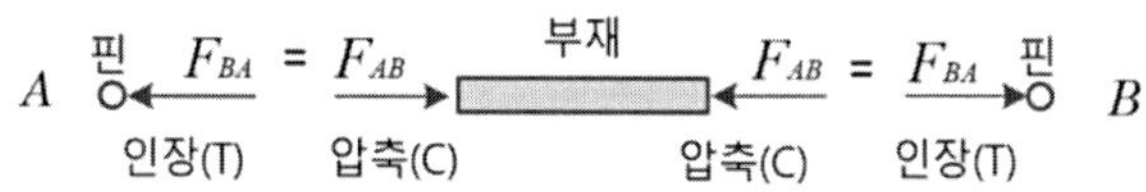

핀 A 방향에서 부재방향으로 압축한다.(압축)	힘은 반대 방향, 크기는 같다 (=)	부재는 압축되지 않으려고 밀어 낸다. (인장)	힘은 반대 방향, 크기는 같다 (=)	핀 B 방향에서 부재방향으로 압축한다.(압축)

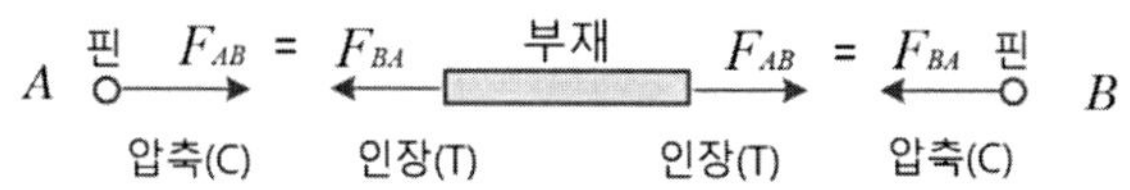

핀에서 보았을 때의 인장 및 압축 힘

- A지점에 있는 핀에서 F_{AB}의 부호 결정 : 수평 반력이 생기는 A지점을 기준으로 당기면 인장 (⊕), 밀면 압축(⊖)이 생긴다.

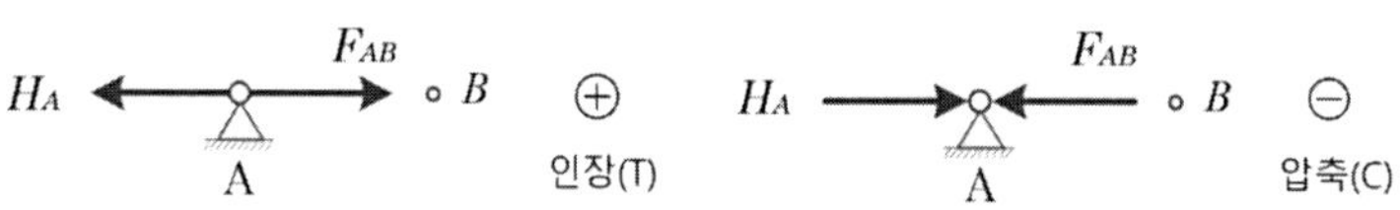

> 구조물 해석에서는 작용과 반작용의 법칙을 기억해야 한다.
> F_{AB}의 의미는 F : 힘(force), A : 힘의 시작점, B : 힘의 방향, 화살표의 끝 방향

예제 각 그림의 핀 A 에 작용하는 힘을 구하시오.(작용과 반작용 법칙을 생각하면 된다.)

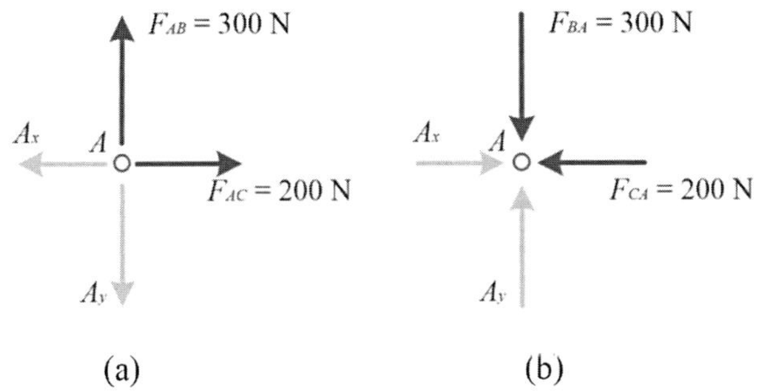	(a) $A_x = ($ $)$N $A_y = ($ $)$N (b) $A_x = ($ $)$N $A_y = ($ $)$N
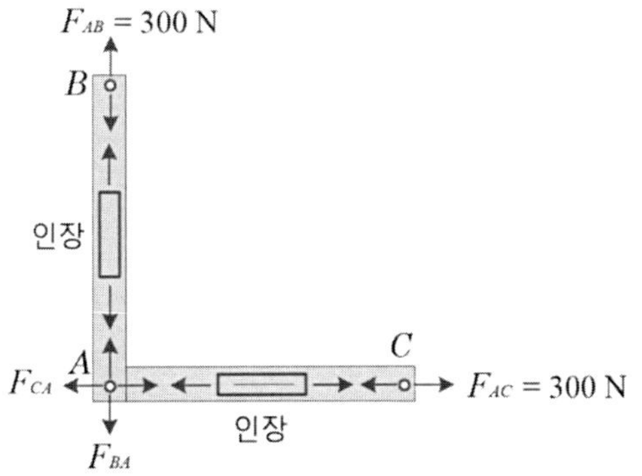	$F_{BA} = ($ $)$N $F_{CA} = ($ $)$N

트러스는 트러스의 부재와 절점에 작용하는 힘을 해석하며, 정역학에서 다루는 트러스는 전체가 정지 상태여야 하므로 부분도 정지 상태에 있어야 한다.

계산을 간단하게 하기 위한 가정으로는

가정 1 : 부재는 세장(얇고 길다)이고, 횡 하중(부재 방향과 수직인 힘)은 견디지 못하며, 하중은 절점에만 작용한다.

가정 2 : 절점은 핀으로 가정한다. 트러스의 부재 방향은 반대 방향으로 작용(힘의 평형)하고 힘의 크기는 같다. 트러스는 $\sum F_x = 0(\sum H = 0)$, $\sum F_y = 0(\sum V = 0)$, $\sum M = 0$ 이어야 하므로 트러스는 인장이나 압축하중을 받는다.

내력 : 물체가 붕괴되지 않게 하는 힘 (폐 삼각형을 만들면 절점의 평형 상태이다)

트러스 문제는 **단면법**과 **절점법**으로 풀이하며 강체의 평형을 이용하여 내력을 해석한다.

트러스는 $\sum F_x = 0(\sum H = 0)$, $\sum F_y = 0(\sum V = 0)$, $\sum M = 0$ 이어야 하므로
절점법은 각 격점(절점)에 대한 힘의 평형을 생각하여 부재력을 구할 때 사용하고, 단면법은 일부의 부재의 내력을 구할 때 편리하므로, 트러스를 하나의 단면으로 잘라 자유 물체도를 여기에 작용하는 힘(외력)과 부재력에 대해 힘의 평형 조건을 적용하여 부재력을 구하는 방법이다.

3 트러스 구조 해석

1) 절점법(method of joints)

- 조인트법, 격접법이라고 하며 트러스에 작용하는 모든 힘에 대한 평형 방정식을 세워서 트러스를 해석하는 방법의 하나이다.
- 절점에서 x방향(수평: H))과 y방향(수직 : V)의 힘이 평형($\sum F_x(H) = 0$, $\sum F_y(V) = 0$)되고, 모멘트도 평형이다. 따라서 작용하는 하나의 힘이 있으면 미지의 두 개 힘의 크기와 방향을 구할 수 있다.

- 작용하는 힘이 있는 조인트(절점)에서부터 힘을 구하기 시작하면 된다. 트러스 전체 부재력을 계산할 때 주로 사용한다.

- 모멘트를 활용하는 방법은 작용하는 하중이 많은 곳의 조인트에서의 모멘트를 구하는 방법으로 풀이하면 된다.

예제 그림과 같은 트러스에 대하여 각 부재에 작용하는 힘을 구하고, 각 부재의 인장 또는 압축 상태를 쓰시오.

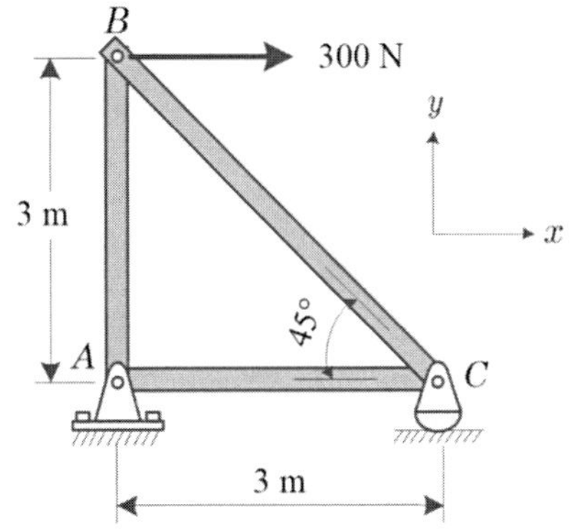

풀이

- 트러스의 계산 순서는 작용하는 하나의 힘(300 N)과 미지의 두 힘(F_{BC}, F_{BA})이 작용하고 있는 조인트에서 시작하면 된다. 이는 작용하는 적어도 하나의 힘이 주어지면 미지의 두 개 힘의 크기와 방향을 구할 수 있기 때문이다.

- 그림 (a)와 같이 방향을 알지 못할 경우 작용하는 힘을 활용하면 된다. 그림 (b)와 같이 먼저 작용하는 한 힘(300 N)이 오른쪽으로 작용하고 있으므로 조인트에서 힘이 평형이 되려면 작용과 반작용의 법칙에 의하여 반대 방향(←)으로 같은 힘(300 N)이 작용해야 한다.

- F_{BC} 의 방향을 구하기 위해서는 그림 (c)와 같이 조인트에 오른쪽 방향으로 힘(300 N)이 작용하고 있으므로 그림 (c)와 같이 수평 방향 힘이 반대 방향으로 작용($F_{BC}\sin 45°$)해야 된다. 힘의 합력에서 F_{BC} 의 방향은 (↖) 방향이 된다. 또한 F_{BA}의 방향을 구하기 위해서는 F_{BC}의 수직 성분($F_{BC}\cos 45°$)의 방향이 (↑)이어야 하므로 F_{BA}의 방향은 그림 (d)와 같이 아래 방향(↓)이다. 따라서 그림 (d)와 같이 방향이 정해진다.

- 또한 세 힘이 평형을 이루기 위해서는 그림 (e)와 같이 힘이 삼각형을 이루어야 한다.

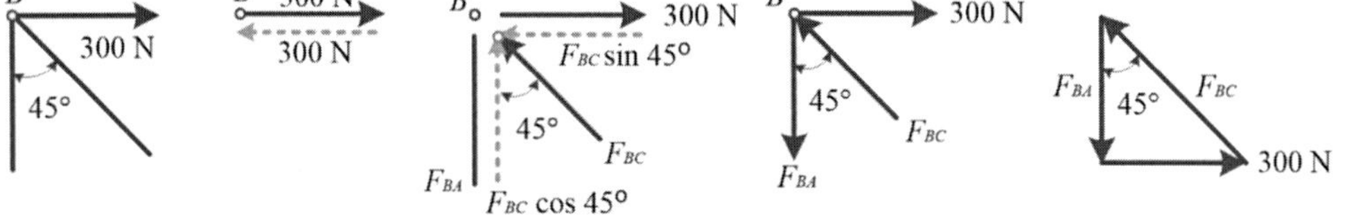

(a) (b) (c) (d) (e)

조인트 B 에서 작용하는 힘(300 N (→))을 활용하여 두 힘(F_{BC}, F_{BA})의 방향과 크기를 구한다.

그림 (c)와 (d)에서 x 방향의 힘 성분과 y 방향의 힘 성분을 구하며 다음과 같다.

x방향의 힘 성분 합력은 $\overset{+}{\rightarrow}\sum F_x = 0$; 300 N− F_{BC} sin 45 ° = 0, F_{BC}=424.3 N(C: 압축)

y방향의 힘 성분 합력은 $+\uparrow\sum F_y = 0$; F_{BC} cos 45 ° − F_{BA} = 0, F_{BA} =300 N(T: 인장)

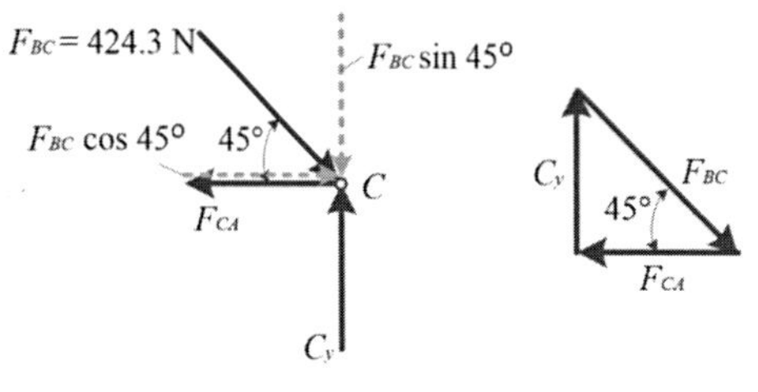

조인트(질점) C: F_{BC}의 크기와 방향을 알고 있으므로 힘의 평형에서 F_{CA}, C_y를 구한다.

- 조인트 C 에서의 힘의 평형 :세 힘이 평형을 이루기 위해서는 힘이 삼각형을 이루어야 한다.

  x방향의 힘 성분 합력은

  $\overset{+}{\rightarrow}\sum F_x = 0$;

  424.3 cos 45 ° N− F_{CA} = 0,

  F_{CA} =300 N(T: 인장)

y방향의 힘 성분 합력은

$+\uparrow\sum F_y = 0$; C_y −424.3 sin 45 ° N=0

C_y =300 N

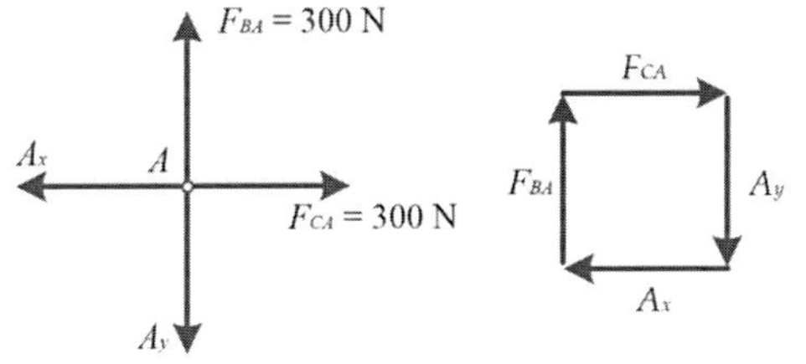

조인트A : 수직 힘(F_{BA})를 알고 있고, 수평 힘(F_{CA})를 알고 있으므로 힘의 평형으로부터 두 힘 (A_x, A_y)를 구한다.

- 조인트 A 에서의 힘의 평형 :네 힘이 평형을 이루기 위해서는 힘이 사각형을 이루어야 한다.

  x방향의 힘 성분 합력은

  $\overset{+}{\rightarrow}\sum F_x = 0$; $300\text{ N} - A_x = 0$,

  $A_x = 300\text{ N}$

  y방향의 힘 성분 합력은

  $+\uparrow\sum F_y = 0$; $300\text{ N} - A_y = 0$

  $A_y = 300\text{ N}$

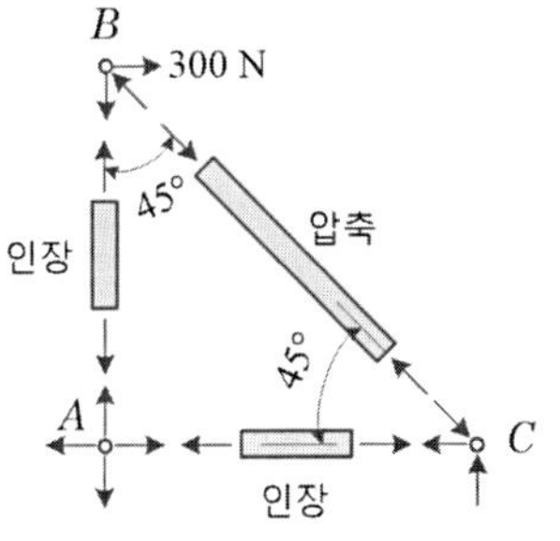

- 각 부재에 작용하는 힘의 방향은 각 조인트에 작용하는 힘의 방향을 그린다.
- 임의의 부재 단면에서 힘의 방향은 조인트에 작용하는 힘의 방향과 반대로 그리면 된다.

따라서

F_{BA} 부재 : 인장

F_{BC} 부재 : 압축

F_{CA} 부재 : 인장

모멘트를 활용한 힘의 크기와 방향을 구하는 방법

힘의 방향과 크기를 모르는 상태에서 트러스의 자유 물체도를 그려보면 (a)와 같다. 힘의 방향과 크기를 알기 위해서 모멘트가 0인 조건($\sum M_A = 0$; A 점에서 A_x, A_y의 거리는 0이므로) 먼저 A 점에 대한 모멘트를 구한다.

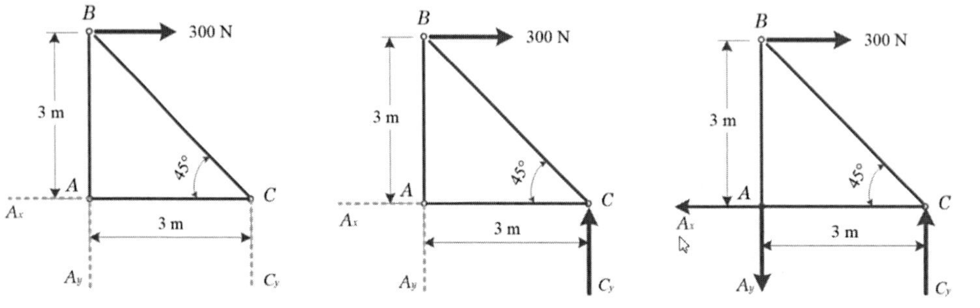

(a) (b) (c)

그림 (a)에서 $\sum M_A = 0$인 조건을 적용하여

A 점에 대한 모멘트(M_A =작용하는 힘(F)×거리(r))를 구하기 위해 반시계 방향을 (+)로 정의하면

$\circlearrowleft + \sum M_A = 0;$

$-300\ \text{N} \times 3\ \text{m} +$(부호는 +? −?) $C_y \times 3\ \text{m} = 0$ (합력이 0이 되려면 부호는 (+)이어야 하므로)

즉, $-300\ \text{N} \times 3\ \text{m} + C_y \times 3\ \text{m} = 0$

$C_y = 300\ \text{N}(\uparrow)$: 힘의 방향은 반시계 방향, 힘의 크기는 300 N이어야 모멘트 0이므로. (1)

x 방향(수평 방향)의 힘의 합이 0(평형조건) 오른쪽 방향을 (+)로 하면

$\xrightarrow{+} \sum F_x = 0;\ 300\ \text{N} - A_x = 0$(부호는 +? −?), (합력이 0이 되려면 부호는 (−)이어야 하므로)

$A_x = 300\ \text{N}(\leftarrow)$, 힘의 방향은 왼쪽 방향이고, 힘의 크기는 300 N. (2)

y 방향(수직 방향)의 힘의 합이 0(평형조건)

위쪽 방향을 (+)로 정의하면

$+\uparrow \sum F_y = 0;\ C_y - A_y = 0$이어야 하므로 $300\ \text{N} - A_y = 0$에서 $A_y = 300\ \text{N}$,

A_y는 C_y와 반대 방향이어야 힘이 평형 되므로

$A_y = 300\ \text{N}(\downarrow)$, 힘의 방향은 아래쪽 방향이고, 힘의 크기는 300 N. (3)

식 (2), (3)에서 구한 A 점에서의 반력을 작용과 반작용의 법칙을 적용하면 그림 (a)와 같이 $F_{AC} = 300\ \text{N}(\rightarrow)$, $F_{AB} = 300\ \text{N}(\uparrow)$ 임을 알 수 있다.

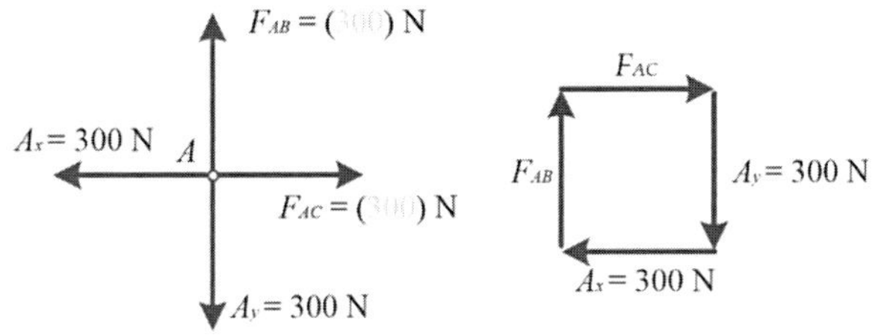

식 (1)에서 구한 반력(C_y)을 C 점에서 작용과 반작용의 법칙을 적용하면, 그림 (a)와 같이 $F_{AC}=F_{CA}$이므로 $F_{CA}=300$ N(←), $F_{CB}\sin 45°=C_y=300$ N이므로 $F_{CB}=424.3$ N(↘) 임을 알 수 있다.

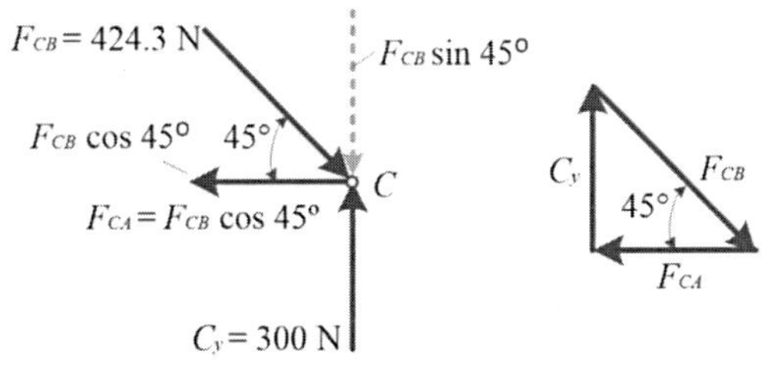

점 B 에서의 작용과 반작용의 법칙을 적용하면, $F_{AB}=F_{BA}$이므로 $F_{BA}=300$ N(↓)이고, $F_{CB}=F_{BC}$이므로 $F_{BC}=424.3$ N(↖)임을 알 수 있다. 따라서 $F_{CB}=F_{BC}$는 조인트 양쪽으로 인장하고 있으므로 임의 단면 부재 $F_{CB}=F_{BC}$는 압축 상태이다.

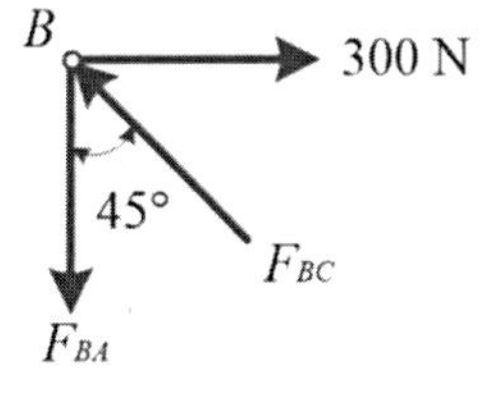

각 부재의 인장 또는 압축 상태

- $F_{CB}=F_{BC}$는 조인트 양쪽으로 인장하고 있으므로 임의 단면 부재 $F_{CB}=F_{BC}$는 압축 상태
- $F_{CA}=F_{AC}$는 조인트 양쪽에서 압축하고 있으므로 임의 단면 부재 $F_{CA}=F_{AC}$는 인장 상태

- $F_{AB} = F_{BA}$ 는 조인트 양쪽에서 압축하고 있으므로 임의 단면 부재 $F_{AB} = F_{BA}$ 는 인장 상태

2) 영(무력)부재 찾는 방법

변형이나 처짐을 감소시키고, 구조적인 안정을 위해 부재력이 0인 부재를 배치하는 것을 말한다.

– 영(무력)부재의 판별 3단계

1) 반력(R) 표시

길이가 주어지지 않는다면 반력의 유, 무 만을 표시하고 값을 정확히 구할 수 있는 경우는 그 값을 계산한다.

2) 3부재 이하로 절단한 후 영(무력)부재 확인

부재의 배치 경사에 관계없이 외력과 평행한 부재는 부재력이 존재하지만 외력이 없는 부재는 영부재이다.

- 외력과 평행한 부재가 있는 점 : 경사진 부재는 영(무력)부재 (그림 (a))

외력 F_{BA}에 평형한 부재 F_{CB}는 방향이 반대이고 힘이 평형하므로 F_{BD}는 무력부재(힘이 작용하지 않는 부재)임 : 정역학 평형이 아닐 때 힘이 작용하여 구조물을 안전을 위해 설치하는 부재임.

- 외력과 경사재가 있고 평행한 부재가 없는 점 : 영(무력)부재 없음 (그림 (b))

3) 영(무력)부재를 없애고 각 절점에서 이 과정을 반복

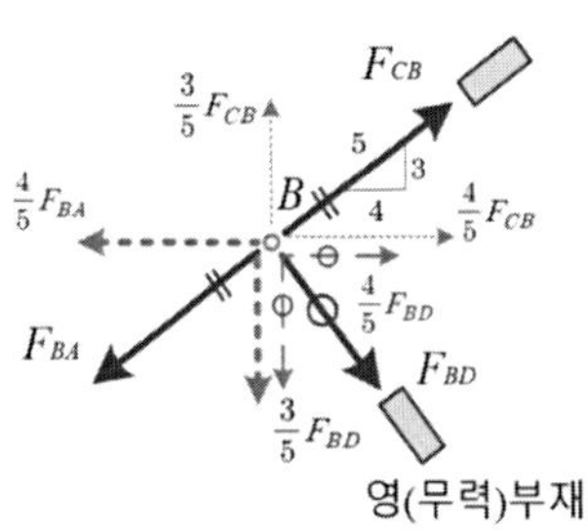

영(무력)부재

(a)

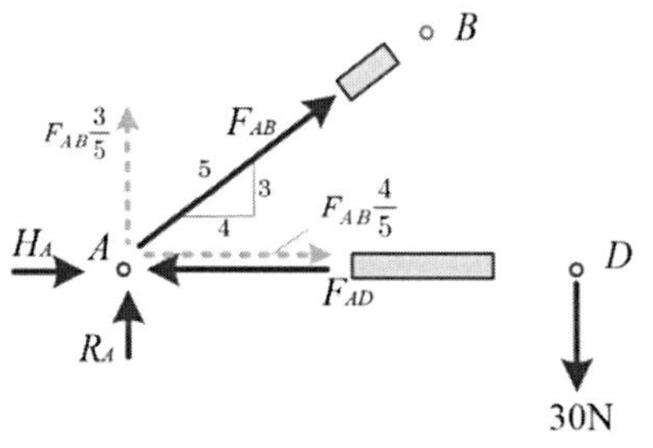

영(무력)부재 없음

(b)

예제 그림과 같은 구조물에 걸리는 힘과 반력, 부재력을 구하시오(단, 모든 부재는 강체이며 핀 조인트로 연결되었다고 가정한다)

E 점에서의 반력(R_E)을 구하시오.

조인트 A점에서의 힘을 자유 물체도로 그리시오.

AB 부재에 작용하는 힘과 부재력의 크기를 구하시오

AF 부재에 작용하는 힘과 부재력의 크기를 구하시오

BF 부재에 작용하는 부재력의 크기를 구하시오

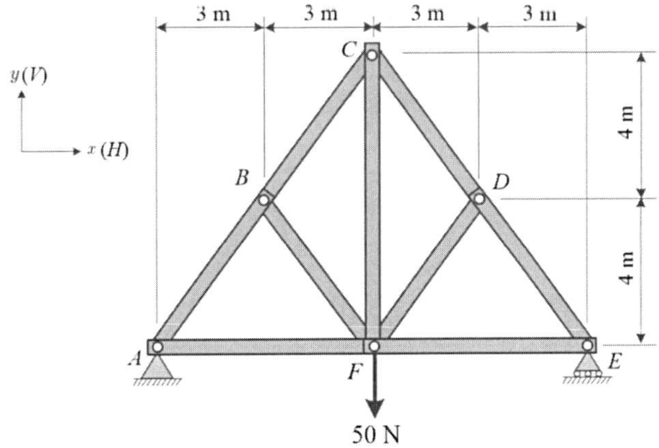

풀이 트러스는 $\sum F_x = 0(\sum H = 0)$, $\sum F_y = 0(\sum V = 0)$, $\sum M = 0$ 이어야 하므로 방향은 다음과 같이 가정한다.

$\overset{+}{\rightarrow}\sum F_x(H) = 0$, $+\uparrow\sum F_y(V) = 0$, $\circlearrowleft\sum M_A = 0$

반력을 구하기 위해서 $+\uparrow\sum F_y = 0$, $R_A + R_F = 50\text{ N}$

$\circlearrowleft\sum M_A = 0$; $-50\text{ N}\times 6\text{ m} + R_E\text{ N}\times 12\text{ m} = 0$, $\therefore \underline{R_E = 25\text{ N},\ R_A = 25\text{ N}}$

아래 그림과 같이 조인트 A에서 자유 물체도를 그리면

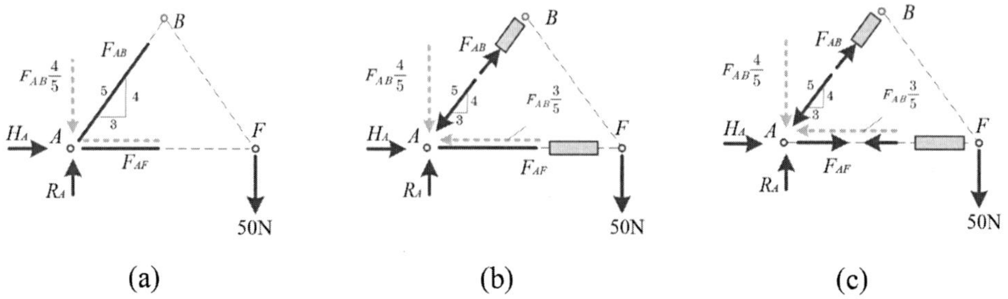

그림 (a)에서 R_A의 작용 방향은 위쪽이고(↑), $R_A = 25\text{ N}$ 이므로

- R_A의 작용에 대한 반작용으로 위에서 누르는 힘의 크기(F_{AB}의 수직 성분)는 $F_{AB}\frac{4}{5}$, 방향은 (↓)가 되므로, F_{AB}의 방향은 힘의 합력과 분해에서 (↙) 방향이 됨(그림 (b)참조).
- 힘의 합력과 분해에서 F_{AB}의 수평 방향은 (←)이며, 힘의 크기는 $F_{AB}\frac{3}{5}$가 된다(그림 b 참조).
- F_{AF}의 방향은 F_{AB}의 수평 방향(←)의 힘에 반작용으로 작용해야 평형이 되므로 오른쪽(→)이다. (그림 (c) 참조)

힘의 크기를 구하기 위해 $+\uparrow\sum F_y = 0$, $\overset{+}{\rightarrow}\sum F_x(H) = 0$를 계산하면

$+\uparrow\sum F_y = 0;\ R_A - F_{AB}\frac{4}{5} = 0,\ 25\text{ N} = F_{AB}\frac{4}{5},\ F_{AB} = 31.25\text{ N}$ (↙) 따라서 조인트 A를 압축하므로 부재 AB 는 압축을 받는다.

$\overset{+}{\rightarrow}\sum F_x(H) = 0,\ H_A - F_{AB}\frac{3}{5} + F_{AF} = 0$, H_A는 힘의 작용이 없으므로 0 N

($F_{AB}\frac{3}{5}$의 반작용 힘이 F_{AF}와 같으므로 힘의 평형에서 0이다)

$$0 - 31.25 \times \frac{3}{5} = -F_{AF},\ F_{AF} = 18.75\text{ N}\ (\rightarrow)$$

따라서 F_{AF}의 힘의 방향은 부재력 AF 는 수평 방향의 반작용 방향인 인장(←)이다.

따라서 힘이 작용하는 방향을 조인트에서 부재에 작용하는 힘을 인장 (↗) 방향으로 가정하면(보통 인장으로 가정하여 그린다고 하는 교재도 있다) 그림 (d)와 같다.

힘의 분해에서 H_A의 방향은 오른쪽 방향(→)으로 가정하여 그린다.(힌지이므로 자유 물체도에서 수평 방향의 힘은 꼭 그려야 되며, 반대 방향으로 가정하여 그려도 된다. A점에서 H_A는 외부에서 힘이 작용하지 않으므로 0이기 때문이다.)

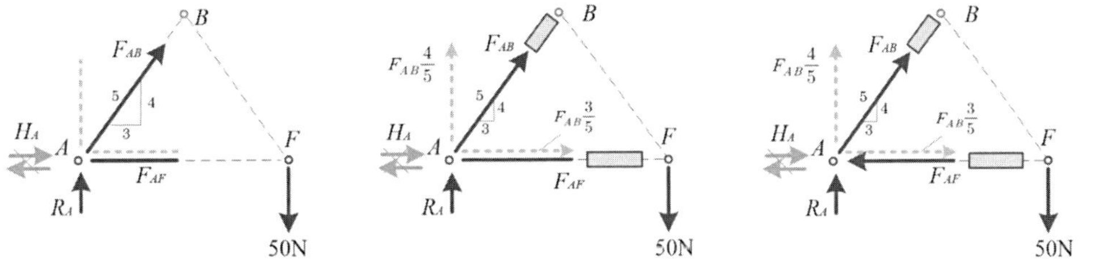

(d) (e) (f)

힘 F_{AB}를 힘의 합력과 분해에서 수평 성분과 수직 성분으로 분해하면 수직 성분 힘은 $F_{AB}\frac{4}{5}$이고 방향은 (↑)가 되고, 수평 방향 성분 힘은 $F_{AB}\frac{3}{5}$ 방향은 (→)이다.(그림 (e)참조)

따라서 부재력은 힘 $F_{AB}\frac{3}{5}$의 반대 방향이어야 힘이 평형이므로 F_{AF}의 방향은 인장(←)이다.(그림 (f) 참조)

- BF 부재에 작용하는 부재력의 크기

조인트 B가 부재에 작용한 힘을 위주로 힘의 크기와 방향을 그리면 그림 (g)와 같다. 양쪽으로 작용하는 힘이 같으므로 F_{BD}의 힘은 0이 되어 무력부재(힘을 받지 않는 부재)이다.

$F_{AB}=F_{BA}$(힘의 크기가 같고 작용점과 힘의 방향만 다르다),

$+\uparrow\sum F_y=0,\ \frac{4}{5}F_{BC}-\frac{4}{5}F_{BA}-\frac{4}{5}F_{BF}=0$에서

$\frac{4}{5}F_{CB}=\frac{4}{5}F_{BA}$ (힘의 크기는 같고 방향만 다르다) 힘이 평형이다.

따라서 $\frac{4}{5}F_{BF}=0$(무력부재)이다.

$\overset{+}{\rightarrow}\sum F_x(H)=0,\ \frac{3}{5}F_{BC}-\frac{3}{5}F_{BA}-\frac{3}{5}F_{BF}=0$에서

$$\frac{3}{5}F_{BC}=\frac{3}{5}F_{BA}$$(힘의 크기는 같고 방향만 다르다) 힘이 평형이다.

따라서 $\frac{3}{5}F_{BF}=0$(무력부재)이다.

따라서 F_{BF}는 무력부재(힘이 작용하지 않은 부재이며 안전하지 않은 상황에서 힘이 작용하여 안전하게 할 수 있는 부재)이다

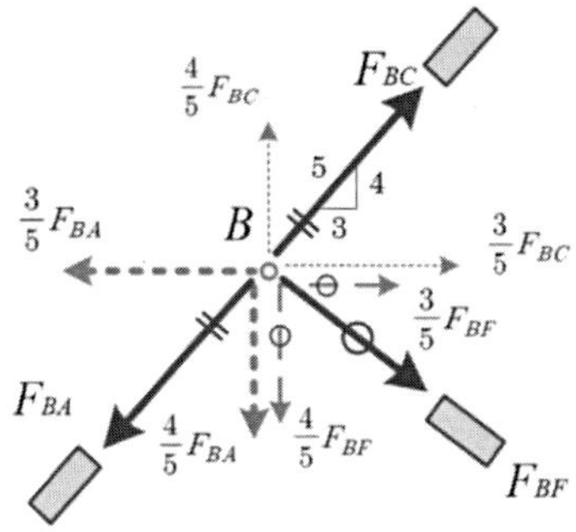

(g) 조인트 B에서 부재가 받는 힘

예제 각 부재에 작용하는 부재력 (F_{CA}, F_{CD}, F_{AC}, F_{AD}, F_{AE})을 구하시오.

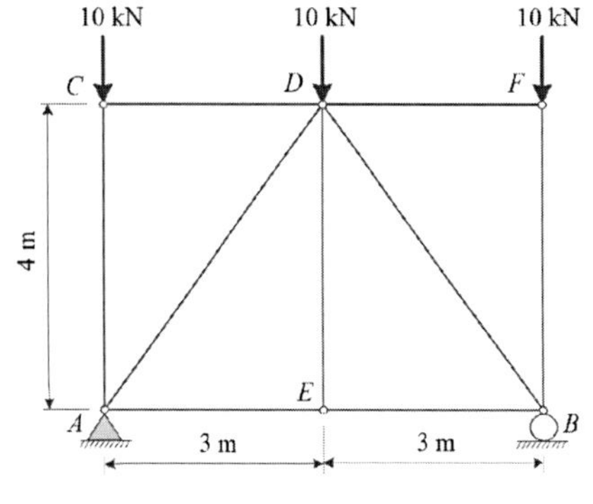

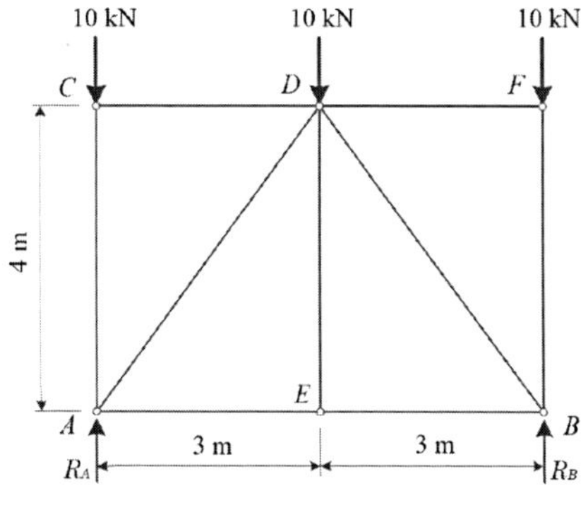

자유 물체도

풀이 트러스의 자유 물체도를 그리고 부재력을 구하기 위해

반력 R_A, R_B를 구하면 작용과 반작용의 법칙에 의하여 트러스를 누르는 힘은 총 30 kN

$30\,kN = R_A + R_B$(여기서 $R_A = R_B$)

$R_A = R_B = \dfrac{10+10+10}{2} = 15\,kN$ 이다

풀이 방법 1)

먼저 힘이 작용되는 절점인 C 점에서 단면을 가상으로 절단하였을 때 절단한 부재에서 힘의 방향을 밖으로 나가면 양(+)으로 가정하여 해석해 보면,

부재력 F_{CA}는 바로 구할 수 있다(작용과 반작용 법칙 = 힘 평형)

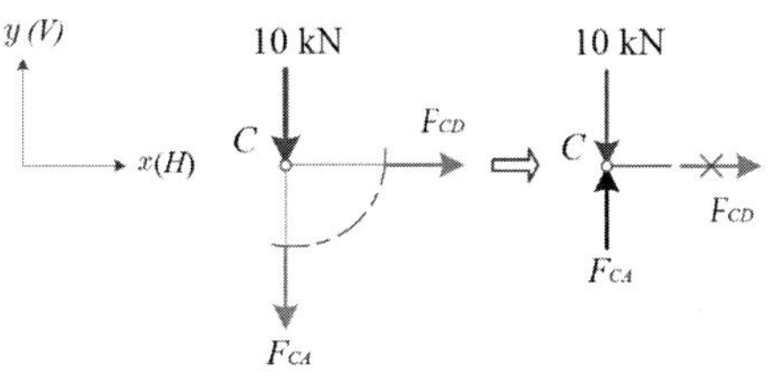

(a) 절단 힘 방향 가정 → 힘의 평형 해석

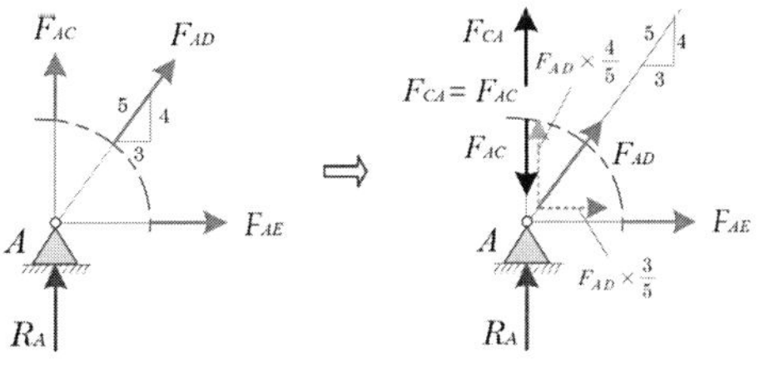

(b) 절단 힘 방향 가정 → 힘의 평형 해석

C 점에서 $+\uparrow\sum F_y(V)=0;\ -10\,kN - F_{CA}=0,\ \therefore F_{CA}=-10\,kN(\downarrow)\ \ \therefore F_{CA}=10\,kN(\uparrow)$

여기서, $F_{CA} = F_{AC}$의 힘의 방향은 절단면에서 밖으로 나가는 힘을 양(↓)으로 가정하여 그렸으나 계산 값이 음(−)이므로 방향이 가정한 방향과 반대임을 알 수 있다

F_{AD}의 방향을 구하기 위하여 F_{AD}의 방향을 양(↗)으로 가정한 뒤

A 점에서 수직 방향의 합력을 구하면

$+\uparrow\sum F_y(V)=0;\ R_A + F_{AC} + F_{AD}\times\dfrac{4}{5}=0,$

$15\,kN - 10\,kN + F_{AD}\times 0.8 = 0,\quad F_{AD} = -6.25\,kN(\nearrow)$

$\therefore F_{AD} = 6.25\,kN(\swarrow)$

$F_{AD} = 6.25\,kN(\swarrow)$ 이므로 $F_{AD}\times\dfrac{3}{5} = 6.25\,kN\times 0.6 = 3.75\,kN(\leftarrow)$

$\overset{+}{\rightarrow}\sum F_x(H)=0;\ F_{AE} + F_{AD}\times\dfrac{3}{5}=0\quad F_{AE} - 6.25\,kN\times 0.6 = 0,\ \therefore F_{AE} = 3.75\,kN(\rightarrow)$

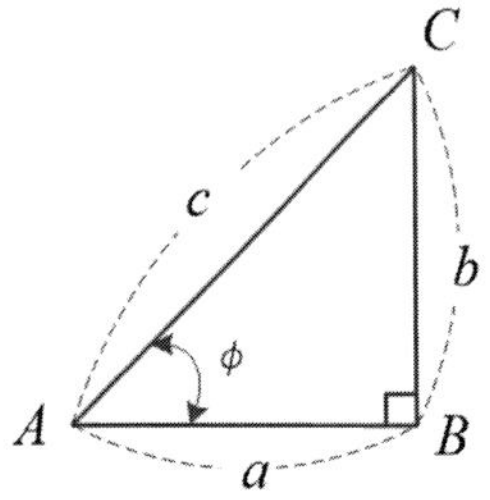

빗면의 길이를 알기 위해서
피타고라스의 정리를 이용하면
$a=3,\ b=4$이므로
답 $c=\sqrt{a^2+b^2}=\sqrt{3^2+4^2}=5\ \mathrm{m}$
각의 크기를 알기 위해서 삼각함수를 사용하면

$$\cos\phi=\frac{a}{c}=\frac{3}{5}=0.6,\ \sin\phi=\frac{b}{c}=\frac{4}{5}=0.8$$

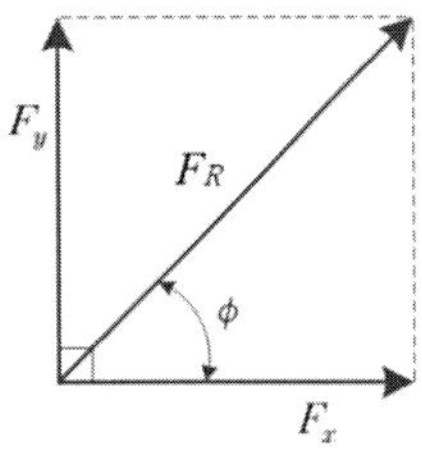

힘의 합력에서 각을 구하려면
삼각함수에서

$$\cos\phi=\frac{F_x}{F_R},\quad \sin\phi=\frac{F_y}{F_R}$$

풀이 방법 2)

그림 (c)와 같이 질점 C에서 힘은 평형이므로 작용과 반작용의 법칙에 따라 방향은 바로 (↑)로 그려도 된다,

질점 C에서 F_{CD}는 수평 방향으로 작용하는 힘이 없으므로 $\overset{+}{\rightarrow}\sum F_x(H)=0;\ \therefore\ F_{CD}=0$

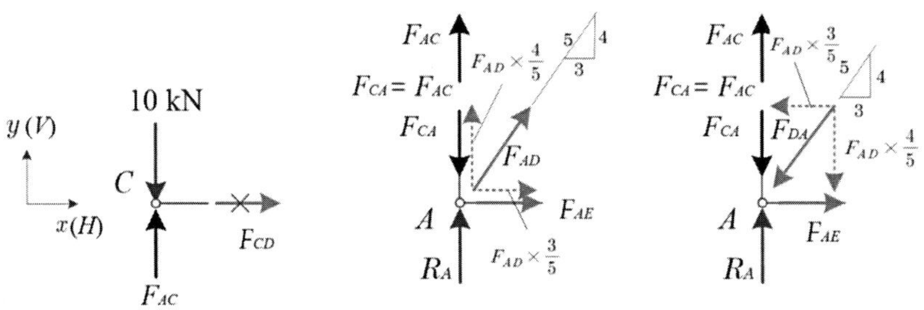

(c) (d) (e)

수직 방향의 힘인 $F_{AC}=10\ \mathrm{kN}$(↓)를 알고 있고, 이제 F_{AD}의 방향을 구하려면(↗, ↙(?))
그림 (d)에서와 같이 F_{AD}의 방향을 양(↗)으로 가정하고, A점에서 수직 방향의 합력을 구하면

$$+\uparrow\sum F_y(V)=0;\ R_A-F_{AC}+F_{AD}\times\frac{4}{5}=0\text{이므로}$$

$15\ \text{kN} - 10\ \text{kN} + F_{AD} \times 0.8 = 0$에서 $F_{AD} = -6.25\ \text{kN}(\nearrow)$

$\therefore\ F_{AD} = 6.25\ \text{kN}(\swarrow)$ 즉, 임의로 가정한 방향과 반대 방향이다.

즉, 수직 성분인 $F_{AD} \times \frac{4}{5}\ (\downarrow)$, 수평 성분인 $F_{AD} \times \frac{3}{5}\ (\leftarrow)$이다.

$\overset{+}{\rightarrow} \sum F_x(H) = 0;\ F_{AD} \times \frac{3}{5}$의 방향은 $(\leftarrow)$이므로

$F_{AE} - F_{AD} \times \frac{3}{5} = 0$에서 $F_{AE} - 6.25\ \text{kN} \times 0.6 = 0,$

$\therefore\ F_{AE} = 3.75\ \text{kN}(\rightarrow)$

그림 (e)에서와 같이 F_{AD}의 방향을 양$(\swarrow)$으로 하여 A 점에서 수직 방향의 합력을 구하면

$+\uparrow \sum F_y(V) = 0;\ R_A - F_{AC} - F_{AD} \times \frac{4}{5} = 0$이므로

$15\ \text{kN} - 10\ \text{kN} - F_{AD} \times 0.8 = 0$에서 $F_{AD} = 6.25\ \text{kN}(\swarrow)$ 양(+)의 값이므로

$\therefore\ F_{AD} = 6.25\ \text{kN}(\swarrow)$

$\overset{+}{\rightarrow} \sum F_x(H) = 0;\ F_{AD} \times \frac{3}{5} = F_{AE}$이어야 힘이 평형이므로 $F_{AE} = 6.25\ \text{kN} \times 0.6$

$\therefore\ F_{AE} = 3.75\ \text{kN}(\rightarrow)$

반력과 방향(즉, 작용과 반작용의 법칙)을 이해하게 된다면 임의의 방향을 양(+)으로 가정하지 않고서도 빠르게 해석할 수 있다.

3) 단면법(절단법)

- 절단한 단면을 한쪽에 대하여 평형 방정식($\sum F_x(H) = 0,\ \sum F_y(V) = 0,\ \sum M = 0$)을 적용하여 부재력을 계산하는 방법으로, 임의의 부재력을 계산할 때 주로 사용한다.
- 순서는 다음과 같다

  1) 구하는 부재를 포함하여 세 개 부재 이하로 절단한다.

  2) 절단 방향으로 화살표로 표시하여 인장은 ⊕로 가정한다.

  3) $\sum F_x(H) = 0,\ \sum F_y(V) = 0,\ \sum M = 0$ 적용

4) 트러스의 부재력 계산은 등가구조로 바꾸어 해석하면 간단하게 계산된다.

$\sum M = 0$인 점에서 적용할 때 계산할 것이 적어지는 위치(교점이나 힘의 출발점)를 선택하면 계산이 쉬어진다.

트러스 한쪽 부재에 작용하는 힘은 뉴턴의 3법칙(작용과 반작용의 법칙)에 의하여 다른 쪽 부분에 작용하는 힘과 크기는 같고 방향을 반대이다.

잘린 단면에 작용하는 부재의 미지의 힘은 항상 당기는 인장력으로 가정하고 풀이하라. 풀이한 후 값이 양이면 인장이고, 값이 음이면 압축 상태이다.

또는 미지의 방향을 정해서 그 값이 양(+)이면 같은 방향, 음(−)이면 힘의 반대 방향으로 작용한다고 생각하고 풀이하면 된다. 그러나 방향을 정하는 방법(작용과 반작용, 모멘트의 합은 0)을 알면 더 편리할 것이다

예제 다음 그림과 같은 트러스에 힘 P가 작용하고 있다. 각 부재(CB, EB, EG)에 작용하는 힘의 방향을 구하시오.(인장 또는 압축 상태)

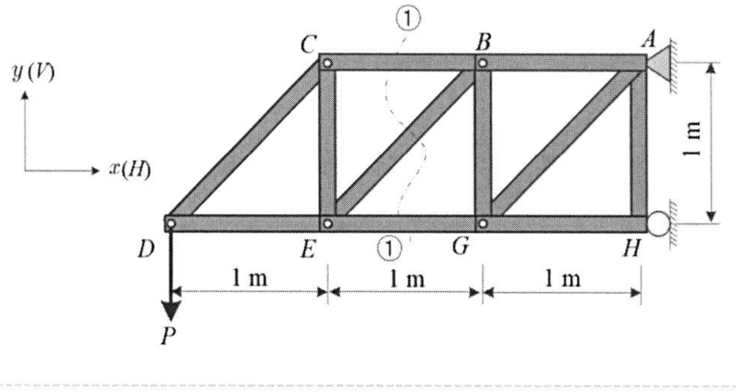

1) 구하는 부재를 포함하여 세 개 부재 이하로 절단한다.

2) 힘의 방향 표기 방법 3가지

첫째, 절단 방향으로 화살표로 표시하여 인장은 ⊕로 가정한다.

둘째, 힘의 방향을 모를 때는 힘의 방향을 압축이든 인장이든 그려 놓는다. 힘의 방향을 인장으로 그려놓고 계산 값이 양이면 인장으로 계산 값이 음이면 압축 방향으로

하면 된다.

셋째, 주어진 힘의 방향에 대한 반작용 법칙을 생각하여 힘의 방향을 그리면 더 편리할 수 있다.

3) 평형식($\sum F_x(H)=0$, $\sum F_y(V)=0$, $\sum M=0$)을 적용하여 계산한다.

① 힘 F_{CB}의 방향을 구하기 방법

그림 (a)에서 F_{CB}의 힘과 방향을 구하기 위해서는 E 점에서 모멘트를 0이 되게 하면 된다.

$\sum M_E = 0$의 의미는 E 점 기준으로 물체를 돌리는 힘이 0이라는 의미이다.

$\sum M_E = 0$; E 점에서 모멘트는 힘이 평형이어야 하므로 힘 P에 의한 모멘트 방향은 반시계 방향이므로, 힘 F_{CB}에 의한 모멘트 방향으로 시계 방향이 되어야 한다. 따라서 거리 ($\overline{EC}$)와 수직인 힘 F_{CB}는 수평으로 오른쪽 방향(→)이 되어야 한다.

② 힘 F_{GE}의 방향을 구하는 방법

그림 (b)에서 F_{GE}의 힘과 방향을 구하기 위해서는 수평과 수직 모멘트가 작용하지 않는 점인 B 점에서 힘의 평형을 구하면 된다.

B 점에서 수평 방향의 힘(F_{CB}, F_{BC})은 모멘트 식에서 거리가 0 이므로 모멘트는 0이다.

마찬가지로 경사 방향의 힘(F_{EB}, F_{BE})도 모멘트 식에서 거리가 0 이므로 모멘트는 0이다.

$\sum M_B = 0$, 교점을 B로 잡는 이유는 두 힘의 교점을 잡으면 힘과 수직 거리가 없기에 모멘트가 0이 되어 수식 계산을 안 해도 되기 때문이다.

모멘트가 작용하는 힘은'B에서 떨어진 거리($\overline{BG}$)×G점에 작용하는 힘(F_{GE})'이다. B에서 힘 P에 의해 작용하는 모멘트는 반시계 방향이므로, 힘의 평형식(작용과 반작용의 법칙에 의하여 한 점에 작용하는 모멘트는 0이다)에서 힘(F_{GE})는 시계 방향으로 작용해야 한다.

따라서 힘 F_{GE}의 방향은 (←)이다.

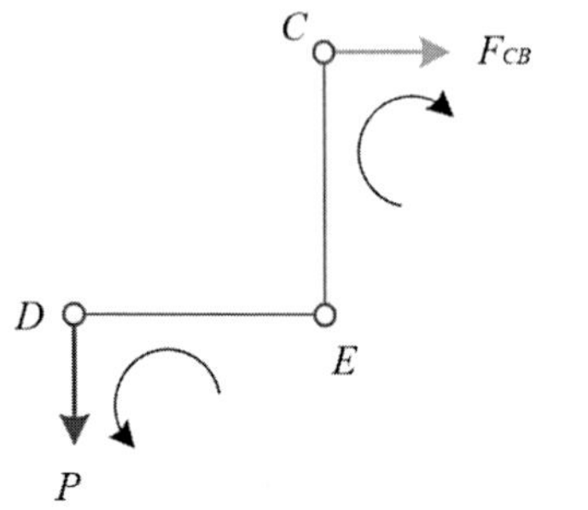

(a)

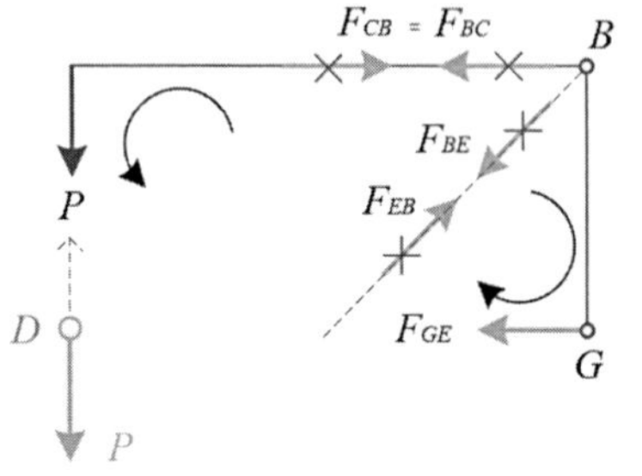

(b)

③ 힘 F_{GE}와 힘 F_{EB}의 방향을 구하는 방법

그림 (c)의 E 점에서 수직 방향의 힘이 평형임을 보이면 쉽게 구할 수 있다. 힘 P 는 아래 방향(↓)이므로 힘의 평형에서 F_{EC}의 힘의 방향은 힘 P 의 반대 방향이어야 하므로 윗 방향(↑)이다.

힘의 합력과 분해에서 F_{EB}의 방향은 (↗), F_{EG}의 방향은 (→)이다.

F_{EG}의 방향이 (→)이므로 힘 F_{GE}의 방향은 (←)이다.

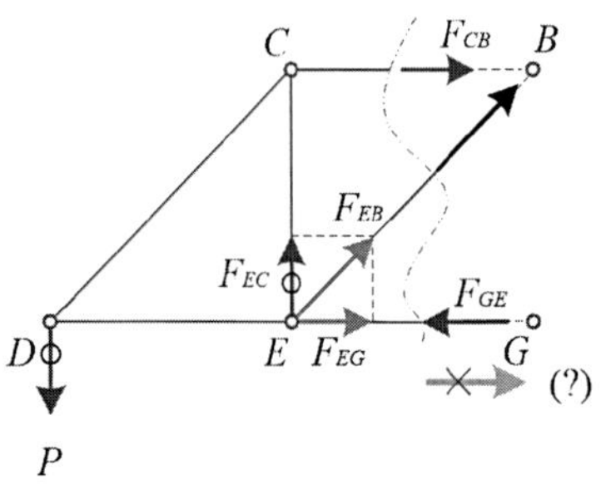

(c)

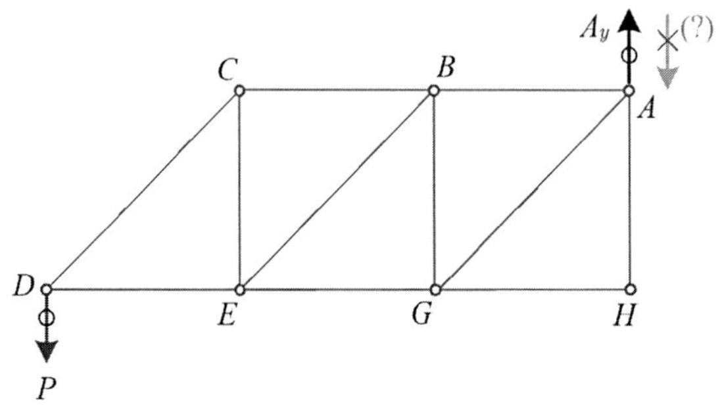

(d)

④ 반력 A_y를 구하는 방법

그림 (d)에서 수직 방향 힘의 평형식($\sum F_y(V)=0$)서 힘의 평형을 구하면 A_y의 방향은 D 점에 작용하는 P 힘의 반대 방향인 (↑) 방향이다.

⑤ 반력 A_x, H_x를 구하는 방법

힘의 평형으로 힘의 방향을 완성하면 A_x, A_y은 힘의 작용과 반작용 법칙에 의하여 방향 반력 A_x의 방향은 F_{BC}의 힘의 방향(←)과 반대인 (→) 방향이다.

반력 H_x의 방향은 F_{EG}의 힘의 방향(→)과 반대인 (←) 방향이다.

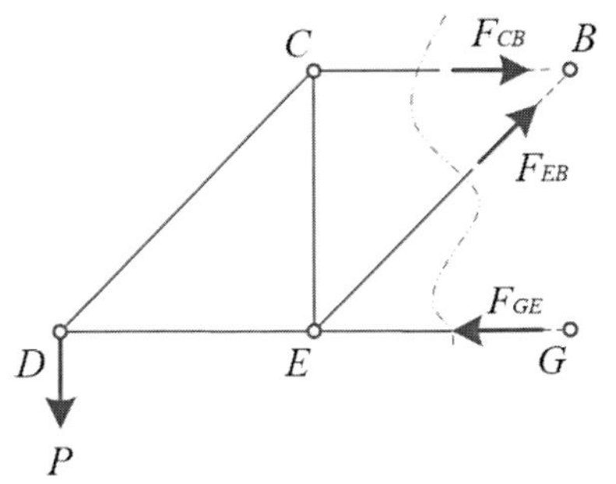

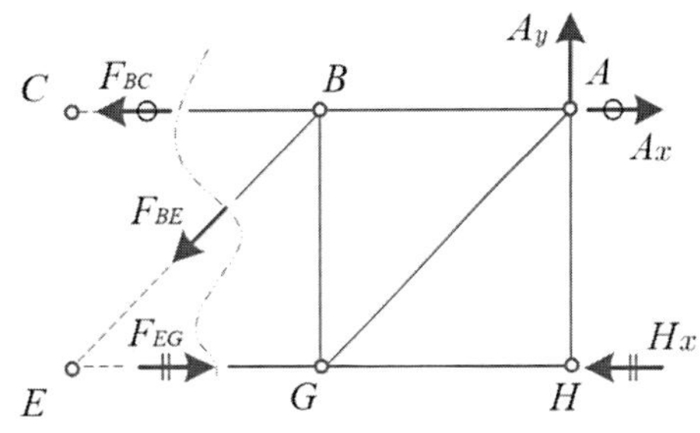

예제 다음 그림과 같이 D 점에 30 kN의 힘이 작용하고 있고, 트러스 구조물이 힌지와 롤러로 지지되어 있다. (CD, EA, DE)에 작용하는 힘의 방향을 구하시오. 또한 트러스 각 부재(CD, EA, DE)에 작용하는 부재력의 방향을 구하시오.

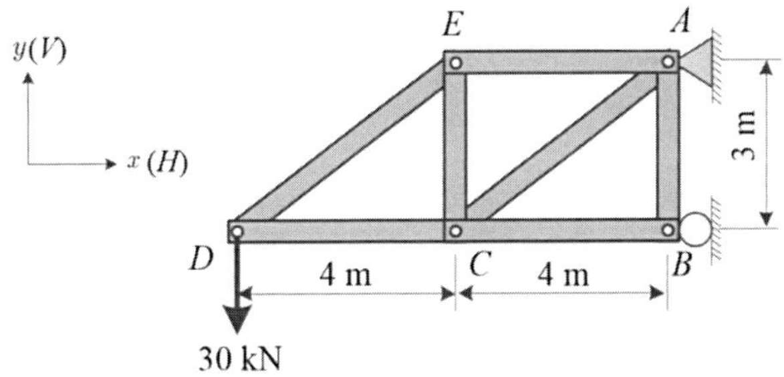

풀이

- 힘 F_{CD}의 방향을 구하려면, 그림 (a)와 같이 정역학에서 모멘트의 합은 0 이므로 E 점에서 모멘트를 구하면 된다.

  E 점에 대한 모멘트는 정역학에서 평형이므로 0이다. 즉, $\circlearrowleft \sum M_E = 0$

  $\circlearrowleft \sum M_E = 0$; 30 kN×4 m − F_{CD} kN×3 m = 0 이어야 하므로 힘의 방향이 반대이어야 한다. 즉, E 점에서 30 kN 힘은 반시계 방향이므로, E 점에서 힘 F_{CD}는 시계 방향으로 회전되어야 하므로 힘 F_{CD}의 방향은 왼쪽 방향(←)이다.

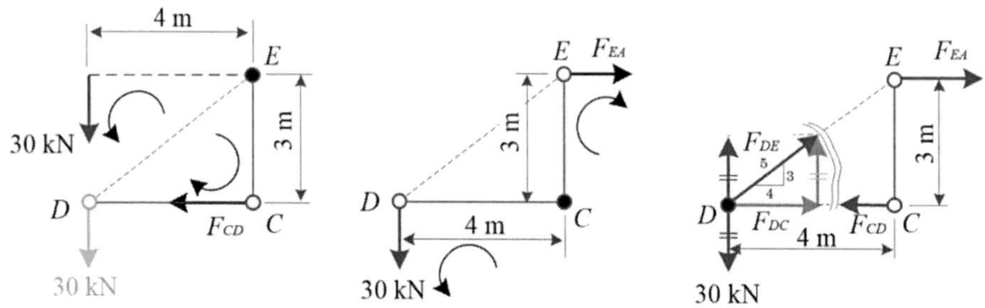

(a) (b) (c)

- 힘 F_{EA}의 방향을 구하려면, 그림 (b)과 같이 C 점에서의 모멘트를 구하면 된다.

  $\circlearrowright\sum M_C = 0$; 30 kN×4 m − F_{EA} kN×3 m = 0 이어야 하므로 힘이 평형이 되려면 힘의 방향이 반대이어야 한다. 따라서 힘 F_{EA}의 방향은 (→)이다.

- 힘 F_{DE}의 방향을 구하려면, 그림 (c)와 같이 D 점에서의 힘의 평형을 구하면 된다.

  작용과 반작용의 법칙, 힘의 합력과 분해로 풀이한다.

  하중이 작용하는 D 점에서 작용과 반작용의 법칙을 적용하면

  하중이 아랫 방향으로 30 kN이 작용하므로 힘의 평형이 되려면 윗 방향(↑ : $+y$ 방향)으로 작용해야 한다. 윗 방향으로 작용하고 있으므로 힘의 합력과 분해에서 힘 F_{DE}의 방향은 힘이 오른쪽 위로 올라가는 경사 방향(↗)으로 작용한다.

- 힘의 방향 계산방법

  ① 단면에 작용하는 힘을 인장으로 가정(힘 F_{DC} 방향은 (→ : $+x$ 방향)으로 가정)하고 문제를 풀이하여 계산 값이 양(+)면 같은 방향, 계산 값이 음(−)이 나오면 힘은 반대 방향으로 하면 된다.

  예로, F_{DC}의 방향을 가정 (→ : $+x$ 방향)으로 하였을 때 계산 값이 양(+)면 같은 방향 (→)

  계산 값이 음(−)이 나오면 힘은 반대 방향 (←)으로 하면 된다(그림 (c) 참조)

  ② 정역학에서는 작용과 반작용의 법칙에 따라 힘이 평형이므로, 한 지점에서 모멘트를 구하면힘의 방향을 결정할 수 있다. 그림 (a)의 E 점에서의 모멘트를 구하면 F_{CD}의 방향(←)을 바로 구할 수 있다.

- 트러스 각 부재(CD, EA, DE)에 작용하는 부재력의 방향은 힘의 작용과 반대 방향이다.

※ 힌지에 작용하는 힘과 부재력의 방향에 대하여

힌지에 작용하는 힘을 구하느냐? 아니면 부재력을 구하느냐? 문제를 잘 읽어보면 된다. 힌지를 잡아당기면(인장), 부재력은 반대 방향으로 당겨지지 않으려는 힘이 작용해야 하므로 압축이다.(작용과 반작용의 법칙)

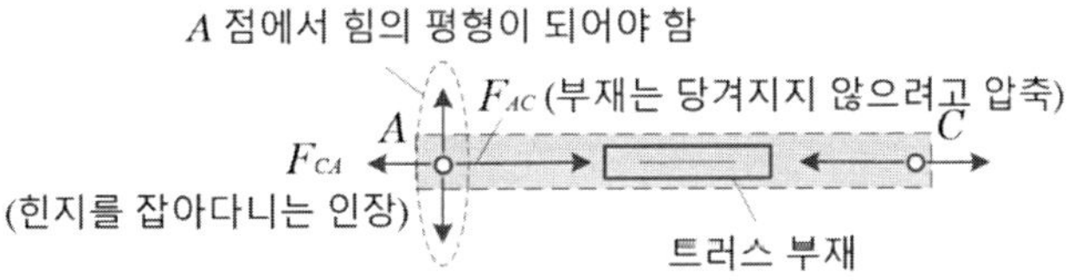

Ⅵ 보속의 응력(stress)과 도심

외력에 대한 물체 내부에서 저항하려는 성질을 **응력** 또는 **내력**이라고 하고, **단위 면적당 크기(세기)를 응력**(σ , 시그마)이라 한다.

– 작용 상태에 따른 하중

- 축 하중: 축 방향으로 작용하여 재료가 인장되는 인장 하중, 축방향으로 압축하는 압축 하중
- 전단하중: 종이를 가위로 잘라내듯이 작용하는 하중
- 비틀림 하중: 힘의 전달에 비틀림 모멘트를 일으키는 하중
- 굽힘 하중: 하중의 작용으로 재료를 굽혀지게 하는 하중

1 응력(stress) 또는 내력

- 응력 또는 내력 : 외력에 대한 물체 내부에서 저항하려는 성질이며, 단위 면적당 크기(세기)를 응력(σ, 시그마라고 읽음)이라 한다.
- 수직(법선) 응력(normal stress)과 전단(접선) 응력(shearing(tangential) stress)
- 수직(법선) 응력(normal stress) $\sigma = \dfrac{P}{A}$

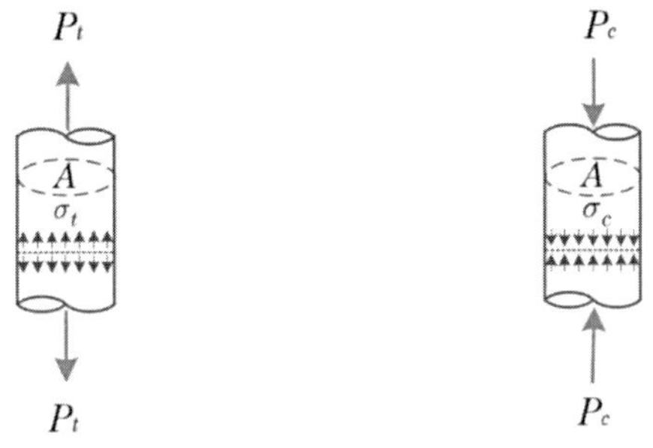

인장 응력 $\sigma = \dfrac{P_t}{A}(+)$　　　　압축 응력 $\sigma = \dfrac{P_c}{A}(-)$

2 전단 응력

가위로 종이를 자르듯이 재료의 단면에 평행하게 작용하여 재료를 전단하고자 할 때 재료의 내부에 발생하는 응력을 전단 응력이라고 한다.

전단(접선)응력(shearing(tangential) stress) : $\tau = \dfrac{F}{A}$ (τ : 타우(tau))

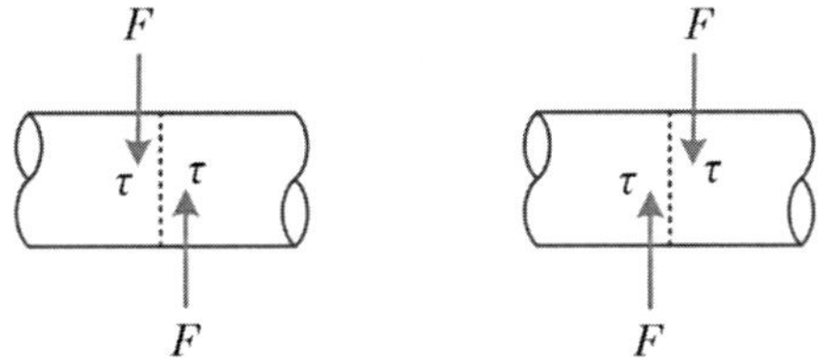

[+ 전단]　　　　[− 전단]

1) 리벳의 전단 응력

강판이나 형강 등의 이음 작업에는 분해 조립할 수 있는 볼트와 너트가 사용되기도 하고 영구적으로 결합하기 위한 용접이나 리벳 작업 등 을 사용한다. 리벳 이음은 비교적 간단하고 응용 범위가 넓어 보일러, 탱크, 항공기, 선체 등에 사용하며 겹치기 이음과 맞대기 이음 방식이 있으며 강도나 기밀을 위해서는 강판의 두께, 인장 강도와 전단 강도. 리벳의 직경, 리벳의 수, 이음 효율 등을 계산하여야 한다.

리벳 이음의 강도 계산에서 주로 파괴되는 경우는 다음과 같이 분류할 수 있다. 리벳의 전단(그림 a), 리벳 구멍사이의 강판의 절단(그림 b), 리벳으로 인한 강판 가장자리 판의 찢김, 리벳이나 판의 구멍에 작용하는 압축, 리벳과 강판의 가장자리 절개 등이 있다.

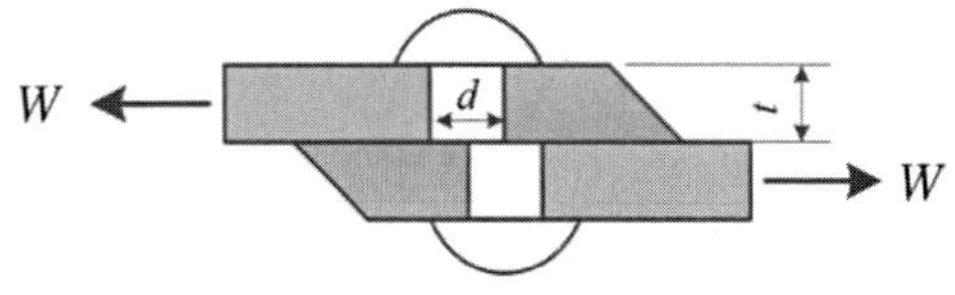

(a) 리벳의 전단

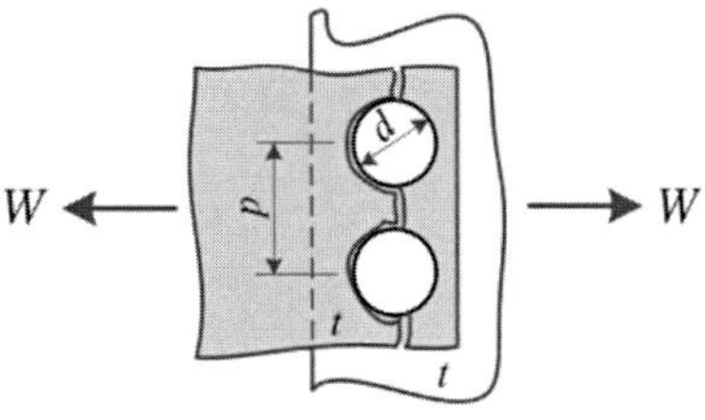

(b) 리벳 구멍 사이의 판의 절단

① 리벳의 전단 응력 식 $\tau = \dfrac{W}{A}$

② 리벳 또는 강판의 압축 응력 식 $W = dt\sigma_c$

③ 강판의 인장 응력 식 $W = (p-d)t\sigma_t$

여기서, 인장력(W : 1 피치당 하중[N]), 강판의 두께 : t mm, 피치(리벳 간격): p mm, 리벳 지름(외경): d mm, 전단 응력 : τ, 인장 응력 :σ_t, 압축 응력 : σ_c

2) 리벳의 전단 응력 계산(그림 (a) 참조)

$$\tau = \frac{W}{A} = \frac{W}{\frac{\pi d^2}{4}} = \frac{4W}{\pi d^2}$$

1피치당 작용하는 하중, A: 리벳이 전단되므로 리벳의 단면적 ($A = \dfrac{\pi d^2}{4}$)

따라서, 리벳의 직경(d)을 구하려면 전단 응력과 하중이 주어지면 대입하여 구한다.

예제 작용하는 하중이 1000 N, 리벳의 전단 응력은 10 N/㎟ 이 작용한다면 리벳의 직경(mm)을 구하시오.

풀이

$d^2 = \dfrac{4 \times 1{,}000}{\pi \tau} = \dfrac{4{,}000}{3.14 \times 10}$, $d = 11.3$ mm이므로 최소 직경이므로 조금 더 큰 12 mm 사용하면 된다.

3) 리벳 구멍 사이의 판의 전단(그림 (b) 참조)

강판의 두께 : t mm, 피치(리벳과 리벳 사이의 거리): p mm, 리벳 지름(외경): d mm, 판의 인장 응력 :σ_t N/㎟이다.

작용 하중과 강판의 인장 응력과의 관계식은

$$W = (p - d)\, t\, \sigma_t$$

예제 작용하는 하중이 1000 N, 리벳의 직경이 12 mm, 강판의 두께 10 mm, 강판의 인장 응력(σ_t)이 50 N/㎟ 라면 리벳과 리벳사이의 거리인 피치(mm)를 구하시오.

풀이 $W = (p - d)\, t\, \sigma_t$에서

1000 N $= (p - 10)$ mm×10 mm×50 N/㎟,

$2 = (p - 10)$에서 피치$(p) = 12$ mm

예제 다음 그림과 같이 케이블에 하중 100 kN의 기계가 들어 있는 박스를 매달고 있다. 케이블 AB 와 AC 에 걸리는 케이블의 장력은 $T_{AB} = 100$ N, $T_{AC} = 100$ N 이다.

1) 케이블의 직경은 2 ㎝ 일 때 B, C 부분에서 케이블 내에 발생하는 인장 응력은 몇 [N/㎠]인가 ?
2) 케이블의 허용응력이 150 MPa이면 케이블의 단면적을 구하시오.

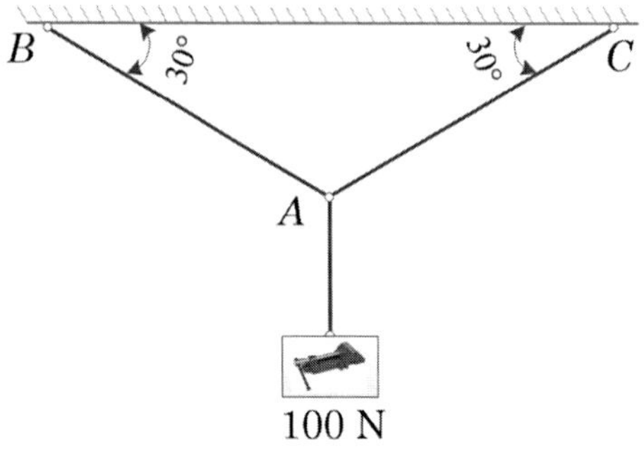

풀이

인장 응력 $\sigma = \dfrac{T}{A} = \dfrac{100}{\dfrac{\pi d^2}{4}} = \dfrac{100}{\dfrac{3.14 \times 2^2}{4}} = \dfrac{100}{3.14} = 31.85\ [\text{N/cm}^2]$

케이블에 작용하는 인장력(T_{AB}, T_{AC})은 $T_{AB} = 100\,\text{kN}$, $T_{AC} = 100\,\text{kN}$이므로 케이블에 작용하는 인장 응력은

$\sigma = \dfrac{T}{A}$에서, $A = \dfrac{T}{\sigma} = \dfrac{100 \times 10^3}{150 \times 10^6} = 6.7 \times 10^{-4}\ \text{m}^2 \fallingdotseq 6.7\text{cm}^2$

추가 예제 케이블은 강체이고, 각각의 케이블 AB와 AC에 걸리는 인장력이 100 kN이다. 케이블의 단면적이 5 ㎠ 이라면 케이블 내에 발생하는 인장 응력은 몇 [kN/㎠]인가 ?

풀이

인장 응력 $\sigma = \dfrac{T}{A} = \dfrac{100 \times 10^3}{5} = 20 \times 10^3 [\text{N/cm}^2] = 20\ \text{kN/cm}^2$

3 보 속의 굽힘 응력

순수 굽힘 (pure bending) : 순수 굽힘 상태의 보에 하중이나 우력을 받으면 보의 단면에는 전단력과 굽힘 모멘트가 동시에 발생되어 응력이 발생되므로 이를 전단 응력과 수직 응력이라고 한다. 순수 굽힘 상태의 보에서는 전단 응력은 매우 작아서 굽힘 모멘트에 의한 수직 응력만을 굽힘 응력(bending stress)이라고 한다.

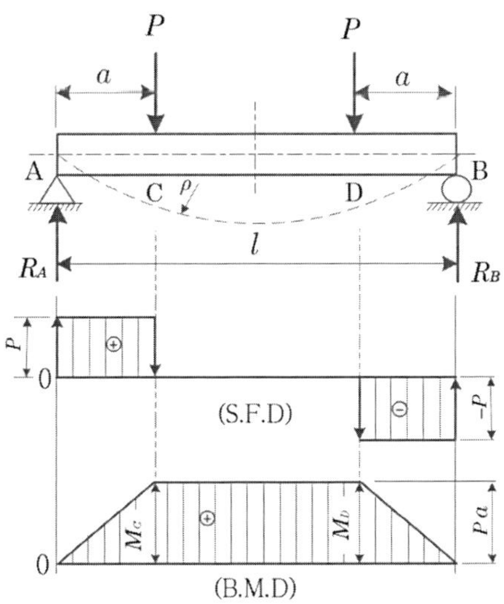

[그림] 순수 굽힘 상태의 보

보의 중앙 부분(C - D 구간)에는 전단력이 걸리지 않으므로 균일한 굽힘 모멘트 ($M = Pa$)의 크기는 같다. 이와 같이 C - D 부분의 상태를 순수 굽힘 상태라고 하며 다음과 같은 조건으로 굽힘 응력을 계산한다.

① 보의 균질이며, 단면이 균일하고 중심축에 대해서 대칭면을 갖는다.

② 모든 하중들은 대칭면 내에서 작용하며, 굽힘 변형도 그 평면 내에서 일어난다.

③ 보의 횡 단면은 구부러진 후에도 평면을 유지하고, 구부러진 축선에 대하여 직교한다.

④ 재료는 훅(Hooke's)의 법칙($\sigma = E\varepsilon$)에 따르며, 인장 및 압축에 대한 세로탄성계수인 영(young) 계수는 같다.

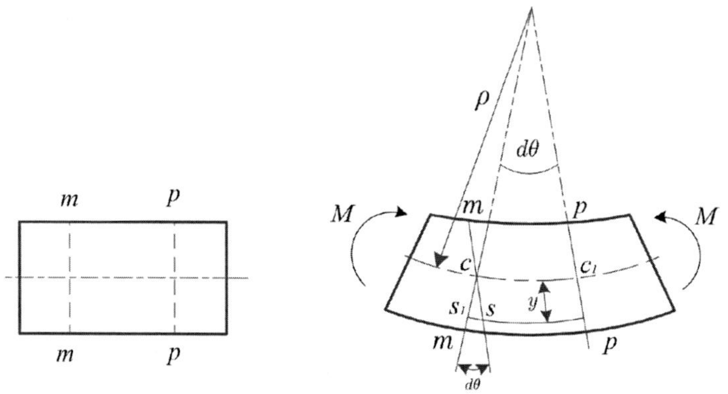

[그림] 보 속의 굽힘 응력(인장과 압축)

중립축인 $\widehat{cc_1}$은 늘어나거나 축소되지 않아 이 곡선을 탄성곡선(elastic curve)이라고 하며, 이 곡선의 곡률 반지름을 ρ라고 하면 탄성 곡선의 곡률은 $\frac{1}{\rho}$이다. 이 곡선으로부터 y 만큼 떨어진 거리에서의 축방향 변형률 ε과 굽힘 응력 σ_b를 구하면

$$\varepsilon = \frac{\widehat{s_1 s}}{\widehat{c c_1}} = \frac{y d\theta}{\rho d\theta} = \frac{y}{\rho} \text{ 이므로}$$

$$\sigma_b = E\varepsilon = \frac{E}{\rho} y \qquad (1)$$

여기서 $\frac{E}{\rho}$는 일정한 값이므로 $\sigma_b \propto y$이다.

따라서 보의 단면에 생기는 굽힘 응력 σ_b는 중립면으로 부터의 거리 y에 비례한다.

중립축에 대한 단면 1차 모멘트가 0이 되므로 중립축은 단면의 도심을 지난다.

따라서 단면 2차 모멘트인 I, M에 관한 식으로 구해보면

$\frac{1}{\rho} = \frac{M}{EI}$, 혹은 $M = \frac{EI}{\rho}$, $\frac{E}{\rho} = \frac{M}{I}$ 를 식 (1)에 대입하면

$$\sigma_b = \frac{M}{I} y$$

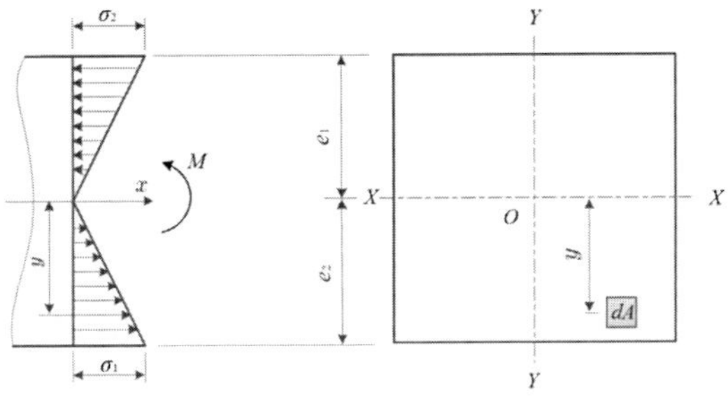

[그림] 보 속의 저항 모멘트

최대 굽힘 응력은 y값이 최대일 때 발생하므로

식 $\sigma_b = \dfrac{M}{I}y$ 의 y값 대신에 e_1, e_2를 대입하면

각 단의 단면계수 Z_1, Z_2는

$Z_1 = \dfrac{I}{e_1}$, $Z_2 = \dfrac{I}{e_2}$ 이므로

$$\sigma_{b1} = \frac{M}{I}y = \frac{M}{Z_1 e_1}e_1 = \frac{M}{Z_1}\text{(압축)}$$

$$\sigma_{b2} = \frac{M}{I}y = \frac{M}{Z_2 e_2}e_2 = \frac{M}{Z_2}\text{(인장)}$$

만약 $e = e_1 = e_2$라면, 단면이 Z축에 대칭이고, 최대 인장 응력과 최대 압축 응력의 절대값이 값이 같으므로

$$\sigma_{\max} = -\sigma_{\min} = \frac{Me}{I} = \frac{M}{Z},$$

$\sigma = \pm\dfrac{M}{Z}$, $M = \sigma Z$ (여기서 M: 굽힘 모멘트에 저항하는 보의 응력 모멘트 = 저항 모멘트)

예제 그림과 같이 외팔보에 등분포 하중($w=20$ kN/m)이 보의 단면이 10 cm×10 cm 길이의 정사각형에 작용하고 있다. 최대 굽힘 응력 σ_b [Mpa]를 구하시오

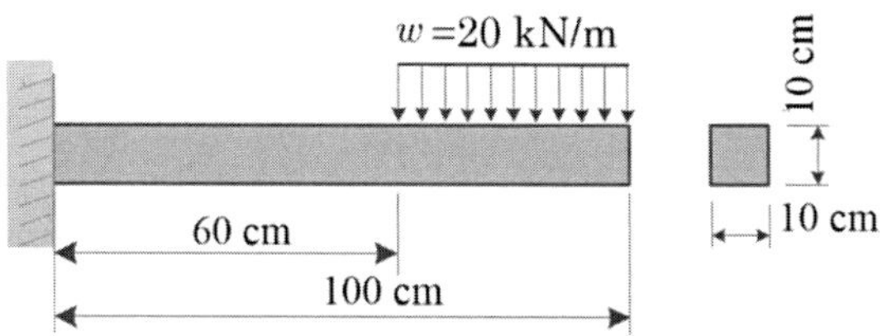

풀이

$$\sigma = \frac{M}{Z}\text{에서 단면계수 } Z = \frac{bh^2}{6} = \frac{0.1\times0.1^2}{6} = 1.67\times10^{-4}\ \text{m}^3$$

$$\sigma = \frac{M}{Z} = \frac{wx\times l}{Z} = \frac{20\times0.4\times0.6}{1.6\times10^{-4}} = 76,800\ \text{kPa}$$

$$\sigma_{\max} = 76.8\ \text{MPa}$$

4 훅(Hooke's)의 법칙과 탄성계수

훅의 법칙(Hooke's law) : 외력에 의한 재료의 변형 중 응력이 비례한도에 이르면 응력(σ)과 변형률(ε)이 비례한다 또는 탄성한도 내에서 신장량(λ)은 하중(P)과 길이(l)에 비례하고, 단면적(A)에는 반비례한다.

$$\text{응력}(\sigma = \frac{P}{A}) \propto \text{변형률}(\varepsilon = \frac{\lambda}{l})$$

$$\text{응력}(\sigma) = \text{비례상수}\times\text{변형률}(\varepsilon)$$

여기서 비례상수는 탄성에 의해 결정되는 재료의 성질이므로 탄성계수(modulus of elasticity)라고 한다.

$$\text{응력}(\sigma) = \text{탄성계수}\times\text{변형률}(\varepsilon)$$

$$\sigma = E\varepsilon$$

$$E = \frac{\sigma}{\varepsilon} = \frac{\frac{P}{A}}{\frac{\lambda}{l}} = \frac{Pl}{A\lambda}, \quad \therefore \lambda = \frac{Pl}{AE}$$

예제 지름이 10 mm, 길이가 100 mm인 재료에 20 kN의 하중을 가했더니 0.02 mm 늘어났다. 종탄성계수는 몇 GPa인가?

풀이 $\sigma = E\varepsilon$

$$E = \frac{\sigma}{\varepsilon} = \frac{\frac{P}{A}}{\frac{\lambda}{l}} = \frac{Pl}{A\lambda} = \frac{Pl}{\frac{\pi d^2}{4} \times \lambda} = \frac{4Pl}{\pi d^2 \lambda} = \frac{4 \times 20 \times 10^3 \times 100}{\pi (10)^2 \times 0.02} = \frac{8,000,000}{6.28}$$

$= 1,273,885 \text{ MPa} \fallingdotseq 1,273 \text{ GPa}$

예제 허용 압축 응력이 50 MPa이고, 두께가 3 mm인 중공 원통에 25 kN의 압축 하중을 작용하려고 한다. 중공 원통의 바깥 지름의 두께를 구하시오.

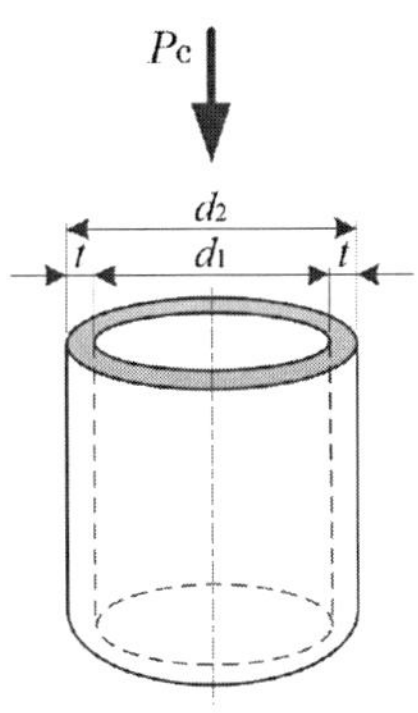

풀이

허용 압축 응력 $\sigma_{ctl} = \frac{P_c}{A}$

$$\sigma_{ctl} = \frac{P_c}{A} \text{ 에서 } A = \frac{P_c}{\sigma_{ctl}} = \frac{\pi(d_2^2 - d_1^2)}{4}$$

$$d_2^2 - d_1^2 = \frac{4 \times (25 \times 10^3)}{\pi \times (50 \times 10^6)} = \frac{100,000}{157,079,633} = 6.366 \times 10^{-4}\,\text{m}^2$$

$$= 636.6\,\text{mm}^2$$

$$d_1 = d_2 - 2t = d_2 - 2 \times 3 = (d_2 - 6)\text{mm}$$

$$d_2^2 - d_1^2 = d_2^2 - (d_2 - 6)^2$$

$$= d_2^2 - (d_2^2 - 12d_2 + 36)$$

$$= d_2^2 - d_2^2 + 12d_2 - 36$$

$$= (12d_2 - 36)\text{mm}^2 = 636.6$$

$$d_2 = \frac{636.6 + 36}{12} = 56.05\text{ mm}$$

예제 그림과 같은 단순 지지보에 등분포 하중($w = 100$ N/m)이 작용하고 있다. 보의 단면이 20 mm×20 mm의 정사각형에 작용하고 있다. 최대 굽힘 응력 σ_b[Mpa]를 구하시오

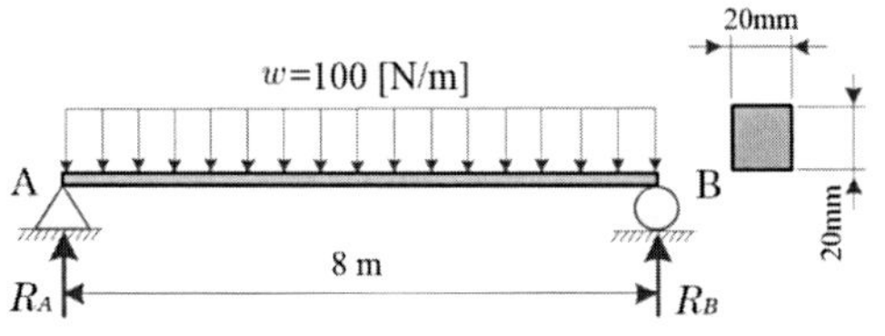

풀이 힘은 평형 상태($+\uparrow\sum F_y = 0$)이므로

$100\text{ N/m}\times 8\text{ m} = R_A + R_B$

$\circlearrowleft\!\!+ \sum M_A = 0;\ \ R_B \times 8\text{ m} - 800\text{ N}\times 4\text{ m} = 0$

$R_B = 400\text{ N},\ R_A = 400\text{ N}$

최대 굽힘 모멘트는 중앙에 발생되므로. 보의 중앙인 4 m 지점에서의 굽힘 모멘트를 구하면

$\circlearrowright\sum M = 0;\ M_{\max} = 400\text{ N}\times 4\text{ m} - 400\text{ N}\times 2\text{ m} = 800000\text{ N}\cdot\text{mm}$

$\sigma = \dfrac{M}{Z}$에서 단면계수 $Z = \dfrac{bh^2}{6} = \dfrac{20\times 20^2}{6} = 1333.3\text{ mm}^3$

$\sigma_{b(\max)} = \dfrac{M_{\max}}{Z} = \dfrac{800000}{1333.3} = 600\text{ N/mm}^2$

$\sigma_{b(\max)} = 600\text{ Mpa}$

원형 단면의 전단 응력 문제를 풀이 해보면

예제 그림과 같이 길이 $l = 4$ m인 단순보에 균일 분포 하중 w가 작용하고 있으며 보의 최대 굽힘 응력 $\sigma_{\max} = 85$ N/㎠ 일 때 최대 전단 응력은 약 몇 kPa인가?(단, 보의 단면적은 지름이 11 cm 인 원형 단면이다.) 2019년 1회 기계기사

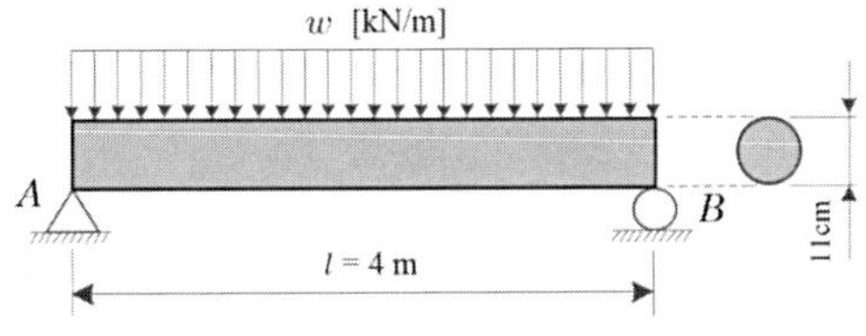

풀이 $M_{\max} = \sigma Z$

$$\frac{wl}{8} = \sigma\frac{\pi d^3}{32},\ w = \frac{8\sigma\pi d^3}{32\times l} = \frac{8\times 850\times\pi\times(0.11)^3}{32\times 4} = 0.0555\text{ kN/m}$$

최대 전단 응력은 원의 중앙 점에서 작용하므로

최대 전단 응력 식은 $\tau_{\max} = \dfrac{4F}{3A} = \dfrac{4\times 0.111}{3\times(\pi\times r^2)}$이므로

$$\tau_{\max} = \frac{4F}{3A} = \frac{4\times 0.111}{3\times(\pi\times 0.055^2)} = 15.57\text{ kPa}$$

$\fallingdotseq 15.6$ kPa

힘 $F = R_A + R_B = \dfrac{wl}{2}$이므로 $F = \dfrac{0.0555\times 4}{2} = 0.111$ kN

$\sigma = 85\times 10^4$ N/㎡ = 850 kN/㎡(kPa)

예제 그림과 같이 단면 지름이 10 cm인 외팔보에 등분포 하중이 작용하고 있다. 고정단의 응력[MPa]을 구하시오.

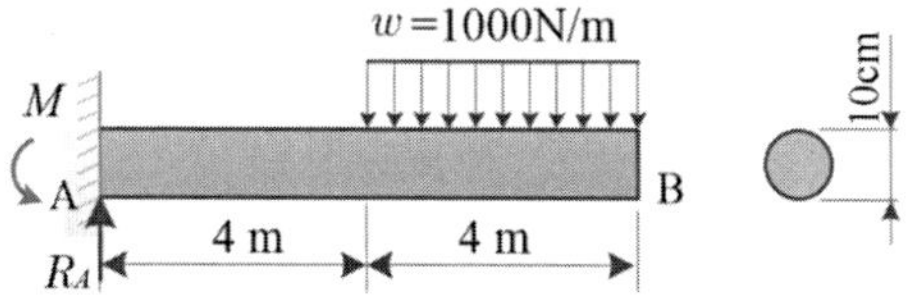

풀이 고정단인 A점의 반력은 1000 N/m×4 m=4,000 N

고정단 A점에서의 모멘트는

$$\circlearrowright\!\!+\sum M_A = 0;\ M = 1000\ \text{N/m}\times 4\ \text{m}\times 6\ \text{m} = 24{,}000\ \text{N}\cdot\text{m}$$

응력 구하는 식은 $\sigma = \dfrac{M}{Z}$에서

단면계수 $Z = \dfrac{\pi d^3}{32} = \dfrac{\pi \times 0.1^3}{32} = 9.8 \times 10^{-5}\ \text{m}^3$

$$\sigma = \frac{M}{Z} = \frac{24{,}000}{9.8 \times 10^{-5}} \fallingdotseq 2{,}449\times 10^5\ \text{N/m}^2 \ \fallingdotseq 244.9\times 10^6\ \text{N/m}^2$$

$$\fallingdotseq 244.9\ [\text{MPa}]$$

예제 1,000 N·m의 굽힘 모멘트가 작용하고 있는 원통 보의 단면에 50 MPa의 응력이 발생한다. 이 원통 보의 지름을 구하시오.

풀이

응력 구하는 식은 $\sigma = \dfrac{M}{Z}$에서 $Z = \dfrac{M}{\sigma}$이므로

$$Z = \frac{M}{\sigma} = \frac{1{,}000}{50 \times 10^6} = 20 \times 10^{-6}\ \text{m}^3 = 20\ \text{cm}^3$$

$Z = \dfrac{\pi d^3}{32}$에서

$$d = \sqrt[3]{\frac{32Z}{\pi}} = \sqrt[3]{\frac{32 \times 20}{\pi}} = \sqrt[3]{203.7} = 5.88\ \text{cm} \ \fallingdotseq 58.8\ \text{mm}$$

예제 길이가 4 m인 외팔보의 자유단에 집중 하중 5 kN이 작용하고 있다. 폭이 10 cm이고 허용응력이 50 MPa일 때 균일 강도의 보를 제작하고자 한다. 고정단에서의 높이(h [cm])를 구하시오.

풀이

$$\sigma = \frac{M}{Z} = \frac{6 \times Pl}{bh^2} \text{에서}$$

$$h = \sqrt[2]{\frac{6 \times Pl}{b \times \sigma}} = \sqrt[2]{\frac{6 \times 5000 \times 4}{0.1 \times 50 \times 10^6}} = \sqrt[2]{\frac{120,000}{5 \times 10^6}} = 0.155 \text{ m} \fallingdotseq 15.5 \text{ cm}$$

5 보 속의 전단 응력

직사각형 단면의 전단 응력 τ는

$I = \frac{bh^3}{12}$, 여기서 bh는 단면적 A이므로

최대 전단 응력은 중앙($y = 0$ 일 때) 에서 발생하므로 $\tau_{\max} = \frac{3F}{2bh} = 1.5\frac{F}{A}$

최소 전단 응력은 중앙에서 전체 높이의 $\frac{1}{2}$ 위치 ($y = \frac{h}{2}$ 일 때)에서 발생하므로 $\tau_{\min} = 0$

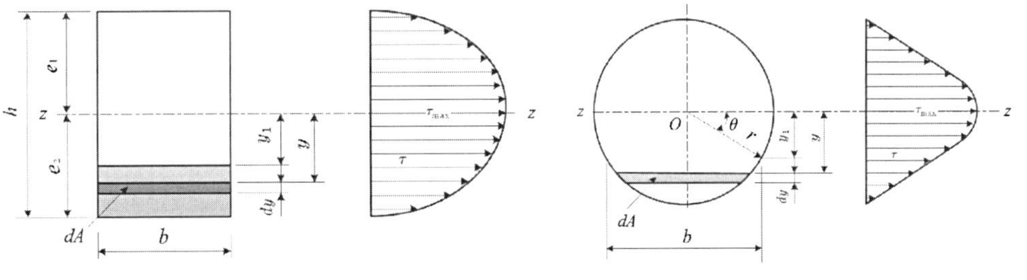

[그림] 보 속의 전단 응력

원형 단면의 전단 응력 $I = \frac{\pi r^4}{4}$

최대 전단 응력은 중앙($y=0$ 일 때)에서 발생하므로 $\tau_{\max} = \frac{4}{3} \cdot \frac{F}{A}$

최소 전단 응력은 중앙에서 반지름 거리 ($y=r$ 일 때)에서 발생하므로 $\tau_{\min} = 0$

예제 그림은 직사각형 단면의 단순보의 C점에 집중 하중 100 kN이 작용하고 있다. 최대 전단 응력[kPa]을 구하시오

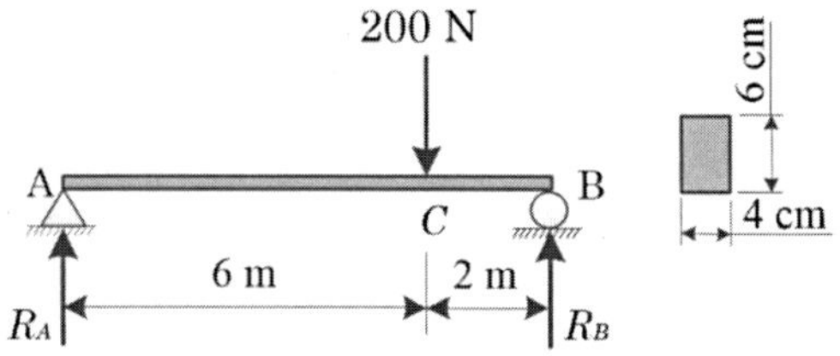

풀이 힘은 평형 상태($+\uparrow\sum F_y = 0$)이므로, 작용하는 힘(200 kN)=반력($R_A + R_B$)이다.

먼저 반력 R_B를 구하기 위해 A점에서의 모멘트를 구한다.

$\circlearrowleft\sum M_A = 0$; $\circlearrowleft\sum M_A = -(200\text{ N} \times 6\text{ m}) + R_B \times 8\text{ m} = 0$

$R_B = 150\text{ N}$, $R_A = 50\text{ N}$

$\therefore$ $\underline{R_A = 50\text{ N},\ R_B = 150\text{ N}}$

지점 A-C 구간의 전단력(V)을 구하면 $50\text{ N} - V = 0$, $V = 50\text{ N}$

지점 C-B 구간의 전단력(V)을 구하면 $50\text{ N} - 200\text{ N} - V = 0$, $V = -150\text{ N}$

따라서 최대 전단력은 $V_{\max} = -150\text{ N}$

최대 전단 응력을 구하면

$$\tau_{\max} = 1.5 \times \frac{V}{A} = 1.5 \times \frac{150}{0.04 \times 0.06} = 93,750\text{ N/m}^2 = 93.7 \times 10^3\text{ N/m}^2 = 93.7\text{ kPa}$$

$\therefore$ $\underline{\tau_{\max} \fallingdotseq 93.7\text{ kPa}}$

예제 다음과 같이 등분포 하중($w = 100$ N/m)이 외팔보에 작용하고 있다. 이 때의 최대 전단 응력[Pa]을 구하시오

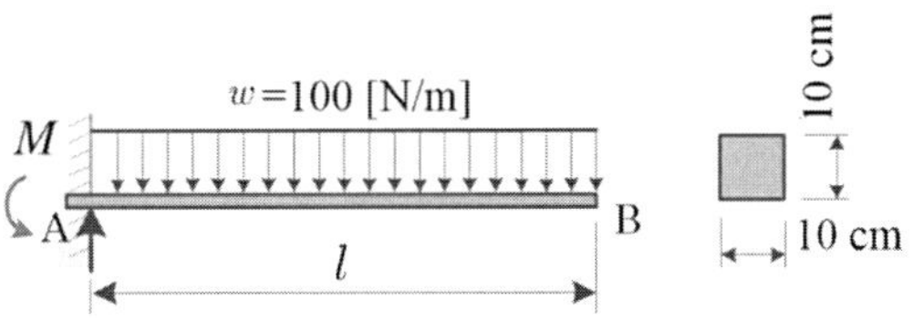

풀이 전단력 $V_{max} = wl = 100 \times l = 100l$ N

단면적 $A = b \times h = 0.1 \times 0.1 = 0.01$ ㎡

$$\tau_{max} = \frac{3}{2} \times \frac{V}{A} = \frac{3}{2} \times \frac{100l}{0.1 \times 0.1} = 15{,}000l \text{ Pa}$$

예제 다음과 같은 단면을 가진 보에 굽힘 모멘트 10 kN·m이 작용하고 있다. 이 때 보가 받는 굽힘 응력[MPa]을 구하시오.

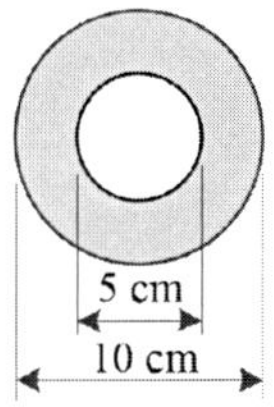

풀이

응력 구하는 식은 $\sigma = \dfrac{M}{Z}$에서

$$Z = \frac{\pi(d_2^4 - d_1^4)}{32 d_2} = \frac{\pi(10^4 - 5^4)}{32 \times 10} = \frac{29452}{320} = 92 \text{ cm}^3 = 92 \times 10^{-6} \text{ m}^3$$

$$\sigma = \frac{M}{Z} = \frac{10}{92 \times 10^{-6}} = 108{,}696 \text{ kN/m}^2 = 108.7 \text{ MPa}$$

예제 다음 그림과 같은 보의 단면 계수[㎤]와 단면 2차 모멘트[cm⁴]를 구하시오.

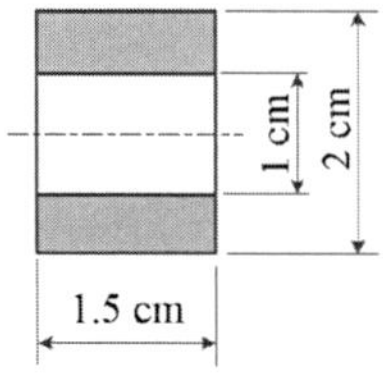

풀이 단면 모멘트 $I = I_1 - I_2$에서

$$I = \frac{1.5 \times 2^3}{12} - \frac{1.5 \times 1^3}{12} = \frac{1.5 \times 7}{12} \fallingdotseq 0.875 \text{ cm}^4$$

풀이 단면계수 $Z = \frac{1}{6}\frac{b(h_2^3 - h_1^3)}{h_2} = \frac{1}{6}\frac{1.5(2^3 - 1^3)}{2} \fallingdotseq 0.88 \text{ cm}^3$

6 도심

단면 1차 모멘트가 0이 되는 점을 단면의 도심(centroid of area)이라고 한다.

예제 그림과 같은 단면의 도심 좌표($\bar{x}$, $\bar{y}$)를 구하시오

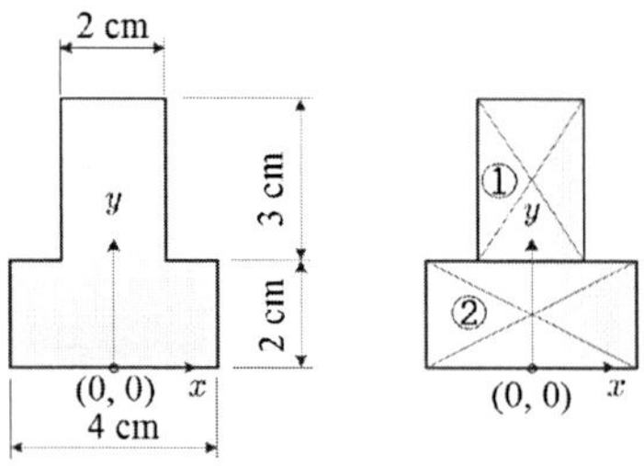

풀이 y축의 도심을 구하기 위해 직사각형으로 나누어 면적을 구한다.

전체 면적(A)=①의 면적(A_1)+②의 면적(A_2)=(2 cm×3 cm)+(4 cm×2 cm)=14 ㎠

$\overline{y_G} \times A = (A_1 \times \overline{y_1}) + (A_2 \times \overline{y_2})$에서

(여기서 $\overline{y_G}$: 전체 면적(A)의 y축 도심,

$\overline{y_1}$: 원점으로부터 A_1의 y축 도심, $\overline{y_2}$: 원점으로부터 A_2의 y축 도심)

단면은 직사각형이므로 y축의 중심은 원점으로 부터 $\overline{y_1} = 3.5$ ㎝, $\overline{y_2} = 1$ ㎝

$$\overline{y_G} = \frac{(A_1 \times \overline{y_1}) + (A_2 \times \overline{y_2})}{A} = = \frac{(2 \times 3 \times 3.5) + (4 \times 2 \times 1)}{14} = \frac{21+8}{14} \fallingdotseq 2.07㎝$$

$\overline{y_G} = 2.07$ ㎝

x축의 도심($\overline{x}$)은 원점에 있으므로 0 이다.

예제 그림과 같은 단면의 도심 좌표($\overline{x}$, $\overline{y}$)를 구하시오

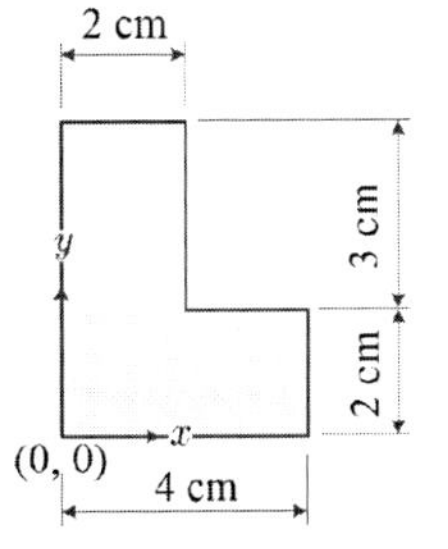

풀이 1 단면의 도심은 아래 그림과 같이 2가지로 풀이하여 도심의 위치를 비교해보자.

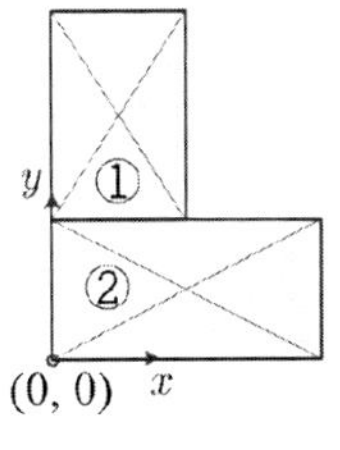

풀이 y축의 도심을 구하기 위해 직사각형으로 나누어 면적을 구한다.

전체 면적(A) = ①의 면적(A_1) + ②의 면적(A_2) = (2 ㎝×3 ㎝) + (4 ㎝×2 ㎝) = 14 ㎠

$\overline{y_G} \times A = (A_1 \times \overline{y_1}) + (A_2 \times \overline{y_2})$에서

(여기서 $\overline{y_G}$: 전체 면적(A)의 y축 도심,

$\overline{y_1}$: 원점으로부터 A_1의 y축 도심, $\overline{y_2}$: 원점으로부터 A_2의 y축 도심)

단면은 직사각형이므로 y축의 중심은 원점으로 부터 $\overline{y_1} = 3.5$ ㎝, $\overline{y_2} = 1$ ㎝

$$\overline{y_G} = \frac{(A_1 \times \overline{y_1}) + (A_2 \times \overline{y_2})}{A} == \frac{(2 \times 3 \times 3.5) + (4 \times 2 \times 1)}{14} = \frac{21+8}{14} \fallingdotseq 2.07\text{㎝}$$

$\overline{y_G} \fallingdotseq 2.07$ ㎝

$\overline{x_G} \times A = (A_1 \times \overline{x_1}) + (A_2 \times \overline{x_2})$에서

(여기서 $\overline{x_G}$: 전체 면적(A)의 x축 도심,

$\overline{x_1}$: 원점으로부터 A_1의 x축 도심, $\overline{x_2}$: 원점으로부터 A_2의 x축 도심)

단면은 직사각형이므로 x축의 중심은 원점으로 부터 $\overline{x_1} = 1$ ㎝, $\overline{x_2} = 2$ ㎝

$$\overline{x_G} = \frac{(A_1 \times \overline{x_1}) + (A_2 \times \overline{x_2})}{A} == \frac{(2 \times 3 \times 1) + (4 \times 2 \times 2)}{14} = \frac{6+16}{14} \fallingdotseq 1.57\text{㎝}$$

$\therefore\ \overline{x_G} = 1.57$ ㎝, $\overline{y_G} \fallingdotseq 2.07$ ㎝

풀이 2 y축의 도심을 구하기 위해 직사각형으로 나누어 면적을 구한다.

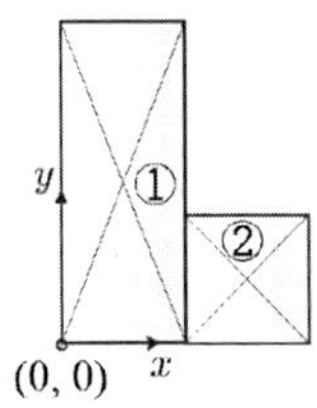

전체 면적(A)=①의 면적(A_1)+②의 면적(A_2)=(2 ㎝×5 ㎝)+(2 ㎝×2 ㎝)=14 ㎠

$\overline{y_G} \times A = (A_1 \times \overline{y_1}) + (A_2 \times \overline{y_2})$에서

(여기서 $\overline{y_G}$: 전체 면적(A)의 y축 도심,

$\overline{y_1}$: 원점으로부터 A_1의 y축 도심, $\overline{y_2}$: 원점으로부터 A_2의 y축 도심)

단면은 직사각형이므로 y축의 중심은 원점으로 부터 $\overline{y_1} = 2.5$ ㎝, $\overline{y_2} = 1$ ㎝

$$\overline{y_G} = \frac{(A_1 \times \overline{y_1}) + (A_2 \times \overline{y_2})}{A} == \frac{(2 \times 5 \times 2.5) + (2 \times 2 \times 1)}{14} = \frac{25+4}{14} ≒ 2.07\,\text{cm}$$

$\overline{y_G}$ ≒2.07 ㎝

$\overline{x_G} \times A = (A_1 \times \overline{x_1}) + (A_2 \times \overline{x_2})$에서

(여기서 $\overline{x_G}$: 전체 면적(A)의 x축 도심,

$\overline{x_1}$: 원점으로부터 A_1의 x축 도심, $\overline{x_2}$: 원점으로부터 A_2의 x축 도심)

단면은 직사각형이므로 x축의 중심은 원점으로 부터 $\overline{x_1}$ =1 ㎝, $\overline{x_2}$ =3 ㎝

$$\overline{x_G} = \frac{(A_1 \times \overline{x_1}) + (A_2 \times \overline{x_2})}{A} = \frac{(2 \times 5 \times 1) + (2 \times 2 \times 3)}{14} = \frac{10+12}{14} ≒ 1.57\,\text{cm}$$

∴ $\overline{x_G}$ =1.57 ㎝, $\overline{y_G}$ ≒2.07 ㎝

예제 다음 그림과 같은 도형의 도심 좌표($\overline{x}$, $\overline{y}$)를 구하시오.

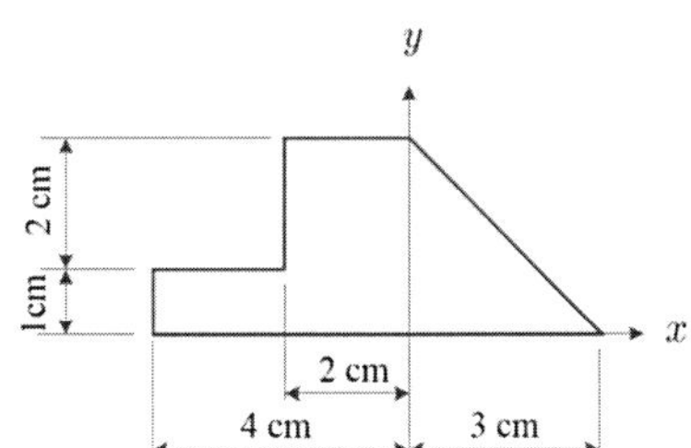

풀이 삼각형의 중심을 구한다. 전체 (①+②)−③로 구해도 되고, 3조각으로 나누어 계산해도 같은 값이 나온다.

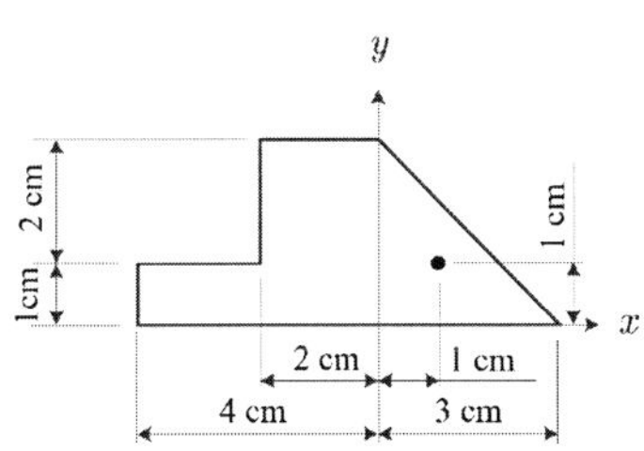

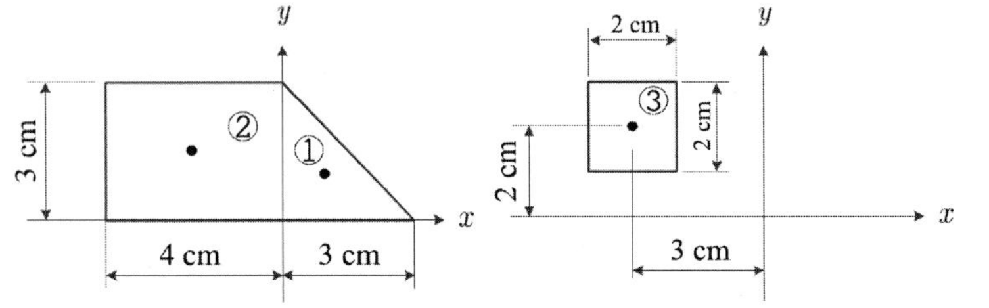

구분	A(㎠)	x(㎝)	y(㎝)	xA(㎤)	yA(㎤)
①	4.5	1	1	4.5	4.5
②	12	−2	1.5	−24	18
③	−4	−3	2	12	−8
sum	12.5			−7.5	14.5

$$\bar{x}=\frac{\sum \tilde{x}A}{\sum A}=\frac{-7.5}{12.5}=-0.6\text{ cm},\ \bar{y}=\frac{\sum \tilde{y}A}{\sum A}=\frac{14.5}{12.5}=1.16\text{ cm}$$

〈표〉 면적, 중심 위치, 단면 계수와 단면 2차 모멘트 정리

순서	치수	면적(A)	단면계수(Z)	단면 2차 모멘트(I)
1	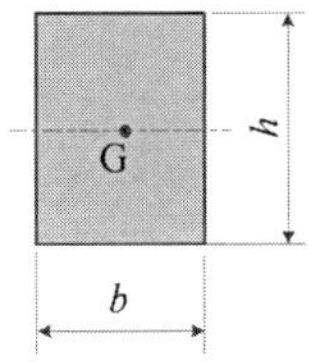	$A = bh$	$\frac{bh^2}{6}$	$\frac{bh^3}{12}$
2	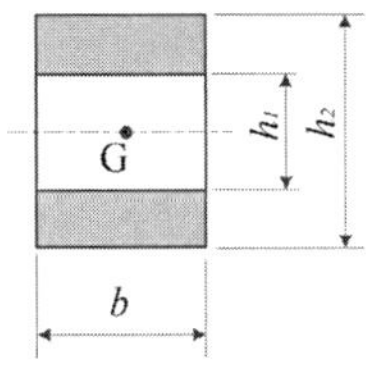	$A = b(h_2 - h_1)$	$\frac{1}{6}\frac{b(h_2^3 - h_1^3)}{h_2}$	$\frac{b(h_2^3 - h_1^3)}{12}$
3	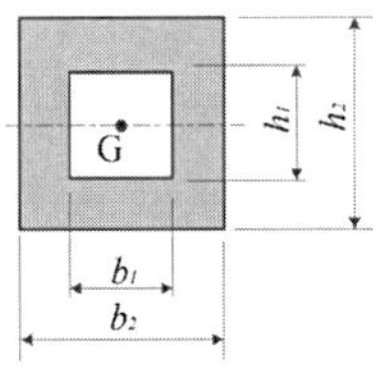	$A = (b_2 \times h_2) - (b_1 \times h_1)$	$\frac{1}{6}\frac{h_2^4 - h_1^4}{h_2}$	$\frac{1}{12}(h_2^4 - h_1^4)$
4	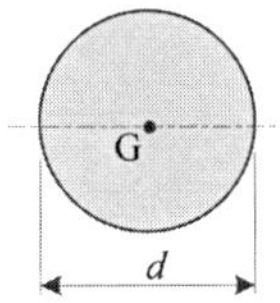	$A = \frac{\pi d^2}{4}$	$\frac{\pi d^3}{32}$	$\frac{\pi d^4}{64}$
5	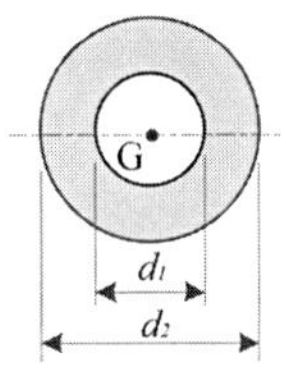	$A = \frac{\pi(d_2^2 - d_1^2)}{4}$	$\frac{\pi}{32}\frac{d_2^4 - d_1^4}{d_2}$	$\frac{\pi}{64}(d_2^4 - d_1^4)$

참고문헌

R·E·F·E·R·E·N·C·E

권진회 외 공역(2017). 정역학, 시그마 프레스. (원저 J. L. Meriam, L. G. Kraige, J. L. Bolton. Mechanics for Engineering STATICS. Wiley.

고승기 외 공역(2021). **공학도를 위한 정역학 12판**. 한국맥그로힐.(원저, Ferdinand P. Beer, E. Russell Johnston, David Mazurek. Vector Mechanics for Engineers Statics. McGraw-Hill)

박민규(2013). EBS 물리학의 이해. ㈜엠디엔피교육.

박완신, 황경선, 김기옥 (2019). **고등학교 역학**. 서울특별시교육청.

유주식 (2021). **쉽게 배우는 핵심 정역학 2판**, 교육과학사.

유주식 (2014). **쉽게 배우는 기본 물리학**. 교육과학사

이용순 외 (2011). **고등학교 역학**. 교육과학기술부.

정경동 저(2021). 토목직 공무원 시험대비 응용역학. 한솔아카데미.

정두환, 장기석 (2022). **대학과정 재료역학**. 일진사.

정성모 원저(김지환 외 편저) (2009). **신편 기계설계학**. 북스힐

정현조 외 공역 (2015). **공업역학 정역학**. 프로텍미디어.(원저 R.C. Hibbeler, Kai Beng Yap, Mechanics for Engineering STATICS, PEARSON)

최진수 편저(2018). 공무원 물리. 서울고시각.

황봉갑 (2020). **기계3역학 기초**. 일진사.

홍성대 (2020). **수학의 정석**. 성지출판(주).

EBS(2011). TV 중학 과학·3, 한국교육방송공사.

교실 면적 (1994). 건축설계대사전편찬위원회, 건축설계대사전 설계편 https://terms.naver.com/entry.nhn?docId=2268820&cid=51331&categoryId=51333에서 검색함 (2022. 3. 5.)

사이버국가고시센터(https://www.gosi.kr/uat/uia/gosiMain.do)

서울특별시 인재개발원 인터넷 원서접수(https://gosi.seoul.go.kr)

수학의 공식 https://www.mathfactory.net/11255에서 검색함(2022. 3. 5.)

아산 장영실 과학관 : 장영실과학관 http://www.jyssm.co.kr

[랜선과학관나들이] 아산장영실과학관:

https://scienceall.com/%eb%9e%9c%ec%84%a0%ea%b3%bc%ed%95%99%ea%b4%80%eb%82%98%eb%93%a4%ec%9d%b4-%ec%95%84%ec%82%b0%ec%9e%a5%ec%98%81%ec%8b%a4%ea%b3%bc%ed%95%99%ea%b4%80/에서 검색함(2022. 3. 5.)

엘리베이터의 구조도 한국승강기 안전공단 https://www.koelsa.or.kr/

타워크레인 원리, '타워크레인', 거중기 힘 계산 도르래

https://www.sciencetimes.co.kr/news/%EC%95%84%ED%8C%8C%ED%8A%B8-%EA%B1%B4%EC%84%A4-%ED%98%84%EC%9E%A5%EC%9D%98-%EC%96%B4%EB%B2%A4%EC%A0%80%EC%8A%A4-%ED%83%80%EC%9B%8C%ED%81%AC%EB%A0%88%EC%9D%B8/

한국산업인력공단 국가자격시험

: http://www.q-net.or.kr/cst006.do?id=cst00601&code=1204&gSite=Q&gId=

색 인

I·N·D·E·X

색 인

I·N·D·E·X

■ 저자 약력 ■

김성일 세한대학교 교육학부 기술교육과 교수

학력

- 전북대학교 공과대학 정밀기계공학과 졸업
- 전북대학교 대학원 기계공학과 응용기계 전공(공학석사)
- 전북대학교 대학원 정밀기계공학과 생산공학 전공(공학박사)

자격증 : 기계기술사, 전산응용가공(CAM)산업기사, 기계설비유지관리자(특급)

저서 및 보고서

- 제 4차 산업혁명과 함께 하는 발명 및 창의공학설계 수업의 실제. 2019
- 고등학교 기술·가정 발명, 창의공학설계 분야 집필담당(미래엔) 2018.
- 레저보트목형 가공자동화기술 개발. 세한대학교 해양레저선박기술지원센터, 2006
- 발명교사의 전문성 제고를 위한 운영모형 개발 연구 및 발명교사 직무 매뉴얼: 표준작업분석표를 중심으로[별책 4. 발명교사 직무매뉴얼]. 2012.6~2012.12.
- 발명교사 표준연수 운영매뉴얼. [별책 3. 발명교사 표준연수 운영매뉴얼]. 2012.6~2012.12.
- 발명교원인증제 관리운영편람 [별책 2. 발명교원인증제 관리운영편람]. 2012.6~2012.12.

주요 경력

- LG전자(주) 생산기술연구원 기술개발연구소(자동화기술개발), 연구원 1990.04.~1992.02
- 전북대학교자동차 분야 국책지원사업단 주임연구원. 1996. 1. ~ 1997. 2.
- 우수논문발표상 4회(한국기술교육학회 2010, 한국기계기술학회 2017, 2018, 2021)
- 세한대학교 취업 · 창업지원센터장. 2015. 6 ~ 2018.01
- 세한대학교 창업동아리(세한메이커즈) 지도교수 2017. 3~ 현재
- 공과대학 공학인증 평가위원 3회(2011년 이후~)
- 한국연구재단, 산학연, 중기청, 산업기술평가원 평가위원 (2011~ 현재)
- 한국기술교육학회 부회장 역임(2013.3~2017.2)
- 대한공업교육학회 부회장(2017.9~현재), 한국생산제조학회(2003~현재), 대한기계학회(2010~현재), 한국실과교육연구학회 및 한국기계기술학회(2017~현재) 이사 활동

기초부터 쉽게 배우는 정역학

초판발행 2022년 3월 2일

지은이 김성일
펴낸이 오판근
펴낸곳 (주)교우
주 소 서울시 동대문구 약령시로 8 교우빌딩 2층 (주)교우
전 화 02-925-2861 / **팩 스** 070-7966-8610, **편집부** 02-925-2825
홈페이지&북스토어 www.kyowoo.co.kr / **이메일** kyowoo@kyowoo.co.kr

등 록 1994년 3월 24일 제1994-000013호
ISBN 979-11-251-0353-0 (93550)

(주) 교우는 보다 혁신적이고 참신한 도서를 다양하게 기획하고 있습니다.
책으로 펴내고자 하는 아이디어나 원고는 메일로 보내주세요.
(주) 교우는 전과정을 책임지고 최선을 다하겠습니다.

값 19,000원

교우미디어는 (주) 교우의 Imprint 사입니다.
수학정원·과학정원은 (주) 교우의 새로운 브랜드명입니다.

잘못된 책은 구입하신 서점에서 교환해 드립니다.